T0222201

Einführung in die Mathematik für Lehramtskandidat*innen

Michael Meyer

Einführung in die Mathematik für Lehramtskandidat*innen

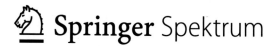 Springer Spektrum

Michael Meyer
Institut für Mathematikdidaktik
Universität zu Köln
Köln, Deutschland

ISBN 978-3-662-64026-5   ISBN 978-3-662-64027-2   (eBook)
https://doi.org/10.1007/978-3-662-64027-2

Die Deutsche Nationalbibliothek verzeichnet diese Publikation in der Deutschen Nationalbibliografie; detaillierte bibliografische Daten sind im Internet über http://dnb.d-nb.de abrufbar.

Planung/Lektorat: Annika Denkert
Springer Spektrum ist ein Imprint der eingetragenen Gesellschaft Springer-Verlag GmbH, DE und ist ein Teil von Springer Nature.
Die Anschrift der Gesellschaft ist: Heidelberger Platz 3, 14197 Berlin, Germany

Für Marlene

Vorwort – die Idee des Buches

Oder: Wie arbeite ich mit diesem Buch?

Warum hat eine Rechenoperation wie die Division eigentlich nur ein einziges Ergebnis? Warum kann ich zwei (natürliche) Zahlen addieren und weiß, dass das Ergebnis wieder eine natürliche Zahl ist? Was ist eigentlich eine natürliche Zahl? …

Wie beweise ich eine Aussage? Wie komme ich auf diesen (Hilfs-)Satz? …

Die Schulmathematik beruht bei Weitem nicht nur auf den vier verschiedenen Grundrechenarten und Zusätzen aus der weiterführenden Schule. Um Mathematik zu verstehen (bzw. zu unterrichten) bedarf es nicht nur des Wissens um mathematische Objekte, sondern auch um den Umgang mit ihnen: Mathematische Objekte selbst sind an sich nicht sichtbar. Es ist zwar möglich, eine natürliche Zahl beispielsweise durch eine Anzahl von Nüssen zu (re-)präsentieren, aber damit habe ich nur einen bestimmten Aspekt erfasst (und etwa noch nicht gerechnet). In den unteren Schulstufen wird es vermieden, die natürlichen Zahlen zu definieren. Auch an anderen Stellen wird die mathematische Präzision häufig durch Darstellungen der empirischen Realität ersetzt (z. B. ein Quader durch einen Spielwürfel). Dies hat auch gute Gründe, die dann aber der Lehrperson bekannt sein sollten, damit diese inhaltlich und didaktisch begründete Entscheidungen über die zu vermittelnden Inhalte treffen kann. Vergleichbares gilt für eine zentrale mathematische Tätigkeit: das Beweisen. Wenngleich in den unteren Schulstufen kaum noch bewiesen (besser: begründet) wird (was äußerst schade ist), so werden gerade hierdurch die Verbindungen zwischen den Elementen der Mathematik deutlich. Und auch diese Verbindungen sind für das o. g. Ziel einer Lehrperson von großer Bedeutung.

Die Idee des Buches ist einfach erklärt: Es geht in erster Linie um die Einführung in mathematische Denk- und Schreibweisen und erst danach um das Erlernen bestimmter mathematischer Inhalte. Um den Fokus stets auf dieses Ziel gerichtet zu halten, ist der Ablauf der einzelnen Kapitel (mit Ausnahme des ersten Kapitels) stets gleich: Zu Beginn werden vorbereitende Aufgaben präsentiert, die an der schulischen Mathematik ansetzen. Die Bearbeitung der Aufgaben wird dringend empfohlen, insofern hierdurch bereits ein tiefgreifender Einblick in die mathematischen Inhalte des jeweiligen Kapitels erhalten werden kann. Einige typische Lösungsansätze für die vorbereitenden Übungen werden am Ende des Buches präsentiert, sodass dort ggf. Hinweise erhalten werden können.

Der wesentliche Schwerpunkt der den vorbereitenden Aufgaben nachfolgenden Darstellungen besteht darin, ausgehend von den bearbeiteten Inhalten, den Fokus auf die Darstellung mathematischer Objekte und Zusammenhänge und den Umgang mit diesen zu legen. Die Präsentation der Inhalte in Form von Definitionen, Sätzen und Beweisen bildet den Kern der Inhaltsbetrachtungen. Hierbei wird häufig zwischen einer formalen Darstellung und einer Prosaform gewechselt, teilweise wird beides angeführt. Die jeweilige Wahl einer Darstellung geschieht zum Aufbau von Verständnis bei den Rezipierenden (das Buch richtet sich an Lehramtsstudierende für Primarstufe, Sonderpädagogik und Sekundarstufe I). Durch die Wahl einer Prosaform werden an einigen Stellen mathematische Details wegfallen. Die Mathematikexpertin bzw. der Mathematikexperte möge dies verzeihen.

Der mathematisch-inhaltliche Start erfolgt bei der Schulmathematik der Klassen 1–10. Die Zahlen, die Grundrechenarten (Addition, Subtraktion, Multiplikation und Division) und einige Rechengesetze bilden den Ausgangspunkt. Anschließend werden Teilbarkeitsregeln behandelt, die Bereiche der Zahlen erweitert und Funktionen betrachtet. Zugespitzt formuliert: Aus der Schule bekannte mathematische Inhalte werden behandelt, dies jedoch grundlegend anders als zuvor. Ausgehend von den (nahezu) bekannten mathematischen Inhalten soll eine Einführung in die Hochschulmathematik erfolgen. Die Themen sind dabei eher breit gestreut, sodass kein tiefgehender Einblick in einzelne mathematische Bereiche erfolgen kann. Der Schwerpunkt dieses Buches liegt vielmehr darin, den Umgang mit mathematischem Wissen (auch in seiner formalen Darstellung) kennenzulernen, die Streuung der Themen dient der Verdeutlichung mathematischer Tätigkeiten in verschiedenen inhaltlichen Bereichen. Der Schwerpunkt liegt also in der Einführung mathematischer Denk- und Schreibweisen, weniger auf dem Erlernen bestimmter Inhalte. Natürlich werden an verschiedenen Stellen auch weitergehende Konsequenzen oder Zusammenhänge zwischen den Inhalten aufgezeigt, die dann auch über die Schulmathematik hinausgehen.

Zum Aufbau des Buches: Im Kap. 1 erfolgt eine Einführung in die „Sprache der (Hochschul-)Mathematik": Wir betrachten verschiedene Mengen und Operationen, die wir mit den Mengen selbst bzw. mit den Elementen dieser Mengen durchführen können. Das Kapitel wird aber auch einen ersten (beispielhaften) Einblick in einen wesentlichen Bereich mathematischen Handelns geben: das Beweisen.

Welche Beweisarten es grundsätzlich gibt, ist der Fokus des Exkurses zu Kap. 1 und des Kap. 2. Die Erfahrung lehrt, dass das Beweisen zu den größeren Problemen des Umganges mit mathematischen Inhalten gehört. Ein Rezept, wie ein Beweis ideal zu führen ist, gibt es leider nicht. Es gehört immer ein wenig „Gespür" und vor allem viel Übung hierzu. Lassen Sie sich darauf ein.

Ab Kap. 3 sind die Betrachtungen an mathematischen Inhalten orientiert: Zunächst geht es um die natürlichen Zahlen (1, 2, 3, 4, 5, 6, …). Allerdings wird nicht die Folge von Zahlen präsentiert, sondern betrachtet, wie die natürlichen Zahlen aufgebaut sind. Im Fokus steht dabei u. a. der gleichbleibende Abstand zwischen zwei Zahlen, eine Nachfolgeroperation und die Überlegung, dass zwei verschiedene Zahlen nicht die gleiche Zahl als Nachfolger haben können (z. B. dass die natürlichen Zahlen nicht so aussehen: 1, 2, 3, 3, 3, 3, 3, …). Dies ist auf den ersten Blick eigentlich selbsterklärend, aber insbesondere in der formalen Darstellung und mit einigen weiteren Eigenschaften dann doch nicht ganz so einfach. Auf der so erhaltenen Struktur können wir dann die Darstellung einer beliebigen natürlichen Zahl genauer betrachten.

In Kap. 4 wird dann eingehender betrachtet, wie mit den natürlichen Zahlen operiert werden kann. Als Operation steht die Division im Mittelpunkt, von der zunächst verschiedene Eigenschaften analysiert werden. Mit dem größten gemeinsamen Teiler und dem kleinsten gemeinsamen Vielfachen werden zwei dazu im engen Zusammenhang stehende mathematische Begriffe behandelt. Ein wesentlicher Kern dieses Kapitels ist der Satz zur Division mit Rest, welcher uns u. a. auch erklärt, warum eine Divisionsaufgabe nicht zwei verschiedene Ergebnisse haben kann. Final wird in diesem Kapitel der Satz zur Darstellung einer natürlichen Zahl in einem beliebigen Stellenwertsystem aus dem vorangegangenen Kapitel bewiesen.

In Kap. 5 stehen die Primzahlen im Fokus. Diese werden im Wesentlichen dazu benutzt, um den Hauptsatz der elementaren Zahlentheorie beweisen zu können. Auch werden sie verwendet, um die Zusammenhänge zwischen dem größten gemeinsamen Teiler und dem kleinsten gemeinsamen Vielfachen genau zu analysieren.

In Kap. 6 erweitern wir die natürlichen Zahlen um die negativen Zahlen, indem wir den Bereich der ganzen Zahlen bilden. Mit der Kongruenzrechnung kommt nun ein Verfahren hinzu, welches aus der Schule weniger gewohnt ist. Die Behandlung der Kongruenzrechnung erfolgt vor zwei Hintergründen: Zum einen verlassen wir das gewohnte Terrain, um den bisher erlernten Umgang mit mathematischen Inhalten auf einem eher ungewohnten Gebiet zu thematisieren, zum anderen dient das hier thematisierte Wissen später als Grundlage für das Kennenlernen eines anderen mathematischen Bereiches.

In Kap. 7 werden Sie mit einer anderen mathematischen „Spielart" konfrontiert: der Funktionenlehre. Auch hier beginnen wir bei dem Wissen aus der Schule und betrachten dann die fachlichen Hintergründe desselben. Zugleich wird mit den reellen Zahlen ein weiterer Zahlbereich eingeführt.

Kap. 8 gewährt wiederum Einblick in ein neues mathematisches Gebiet, welches sich eher stark von den anderen unterscheidet: die Algebra. Verschiedene mathematische Strukturen werden hinsichtlich Gemeinsamkeiten untersucht.

In Kap. 9 finden sich Lösungsansätze bzw. Lösungen zu allen Aufgaben in diesem Buch. Schauen Sie nicht zu schnell in diesem Kapitel nach, denn damit könnten Sie sich wertvolle Einsichten zu Beginn oder zum Ende verbauen.

Köln
im April 2022

Michael Meyer

Danksagung

Dieses Buch ist das Produkt einiger Vorlesungen zur „Einführung in die Mathematik" bzw. zu „Grundlagen der Mathematik" an der Universität zu Köln. Zur Vollendung dieses Buches haben einige Personen beigetragen, denen ich an dieser Stelle herzlich danken möchte:

Mein größter Dank gilt Herrn Prof. Dr. Horst Struve, dessen Skript eine wesentliche Grundlage für dieses Buch darstellt. Er hat zudem sehr gewissenhaft die einzelnen Kapitel Korrektur gelesen. Ohne diese Unterstützung würde es dieses Buch in dieser Form nicht geben.

Weiterhin gebührt mein Dank Frau Dr. Julia Rey, welche mich als studentische Hilfskraft und als wissenschaftliche Mitarbeiterin in einigen dieser Vorlesungen begleitet hat. Frau Rey las Korrektur und gab viele Verbesserungsvorschläge.

Diverse studentische Hilfskräfte, vor allem Frau Jacqueline Jostes, Frau Anna Breunig, Frau Belana Bettels und Herr Jan Kieselhofer, arbeiteten sorgfältig an den Formatierungen und Formulierungen. Auch ihnen möchte ich herzlich für ihre Hilfe danken.

Hersh (1993)[1] behauptete einst, dass jeder mathematische Beweis, so er nur lang genug ist, mindestens einen Fehler enthält. In dieser ersten Auflage werden sicherlich einige Fehler zu finden sein. Für Hinweise wäre ich Ihnen, den Leser*innen, extrem dankbar!

[1]Reuben Hersh (1993). Proving is convincing and explaining. *Eductional Studies in Mathematics,* 24(4), 389–399.

Inhaltsverzeichnis

Abkürzungsverzeichnis

Abkürzung	Bedeutung
KG+/·	Kommutativgesetz bzgl. der Addition/Multiplikation
AG+/·	Assoziativgesetz bzgl. der Addition/Multiplikation
DG	Distributivgesetz
K+/·	Kürzungsregel bzgl. der Addition/Multiplikation
MON+/·	Monotonie bzgl. der Addition/Multiplikation
NE+/·	Existenz und Eindeutigkeit des neutralen Elementes bzgl. der Addition/Multiplikation
IE+/·	Existenz und Eindeutigkeit des inversen Elementes bzgl. der Addition/Multiplikation
<	Kleiner-Relation
>	Größer-Relation
TRI	Trichotomie
TRANS	Transitivität
PG	Potenzgesetz

Notation

Notation	Bedeutung
$\in$	ist Element von
$\notin$	ist nicht Element
$\forall$	für alle
$\exists$	es gibt/es existiert
$\nexists$	es gibt nicht/es existiert nicht
$\neg$	Negation
$\wedge$	und, Konjunktion
$\vee$	oder, Disjunktion
$\cup$	Vereinigung
$\cap$	Schnitt
$\{\}$	Mengenklammern
$=$	gleich
$\Rightarrow$	„…, dann (folgt)…"; Folge/Implikation
$\Leftrightarrow$	„… genau dann, wenn …"; Äquivalenz
$<;\ >$	„… ist kleiner als …"; „… ist größer als …"
$\leq;\ \geq$	„… ist kleiner gleich …"; „… ist größer gleich …"
$\subseteq$	„… ist Teilmenge von …"
$\subset;\ \subsetneqq$	„… ist echte Teilmenge von …"
$:=$	bedeutet, dass etwas definiert wird, und zwar das, was vor den Punkten steht

Mengenlehre

Einführende Bemerkungen

In der Mathematik werden verschiedene Symbole genutzt, um entweder Gegenstände zu bezeichnen oder Beziehungen auszudrücken. Relativ zur Schulmathematik drückt das Symbol „+" beispielsweise aus, dass die links und rechts von diesem Symbol stehenden Objekte zu addieren sind. Grundsätzlich ist die *Sprache der Mathematik und in der Mathematik* von besonderer Bedeutung, insofern sie verschiedene Funktionen erfüllen soll bzw. muss. Sprache soll beispielsweise dazu dienen, die notwendige Verschriftlichung zu verringern. Statt „addiere das links und das rechts stehende Objekt miteinander" schreiben wir beispielsweise „+".

Aber Sprache hat nicht nur die Funktion, schreibfaulen Mathematiker*innen das Leben zu erleichtern. Denken wir beispielsweise an das mathematische Objekt „Gerade": Eine Gerade ist unendlich lang und hat keine Krümmung. Würden wir diese im Unterricht an eine Tafel zeichnen wollen, so stoßen wir schnell an unsere Grenzen bzw. an die der Tafel. Aber selbst wenn die Tafel beliebig lang wäre, so würden wir einmal um die Erde gehen und letztendlich einen Kreis zeichnen. Ebenso verhält es sich mit einem Würfel, den wir zwar zeichnen könnten, wenn wir nur exakt genug wären, aber selbst dieser Würfel hätte eine bestimmte Kantenlänge. Das mathematische Objekt „Würfel" ist aber unabhängig von der Länge der Kanten definiert. Vielmehr wird nur vorausgesetzt, sie sind gleich lang.

Allgemeiner formuliert: Mathematische Objekte sind ideale, abstrakte Objekte, die sich nicht durch Beispiele in ihrer Allgemeinheit darstellen lassen. Wir brauchen Sprache, um von dem konkreten Gegenstand abstrahieren zu können. Aber nicht nur zur Bezeichnung von Objekten und zur Vereinfachung der Notationen ist Sprache wichtig. Wir brauchen sie auch, um zu fixieren, worüber wir sprechen (wollen).

Die Inhalte der Mengenlehre bilden einen wesentlichen Teil der Sprache in der Mathematik. Wenn beispielsweise Mathematiker*innen eine Aussage tätigen, so wird in

© Springer-Verlag GmbH Deutschland, ein Teil von Springer Nature 2023
M. Meyer, *Einführung in die Mathematik für Lehramtskandidat*innen,*
https://doi.org/10.1007/978-3-662-64027-2_1

der Regel zunächst der Bereich angegeben, für den diese Aussage gültig ist. Eine solche Aussage könnte zum Beispiel sein: „Wenn man eine Zahl mit einer anderen multipliziert, dann ist das Ergebnis dieser Operation größer als die erste Zahl." Würde man hier nicht zusätzlich anführen, dass diese allgemeine Aussage relativ zu den natürlichen Zahlen ($\mathbb{N} = \{1, 2, 3, \ldots\}$) betrachtet wird, dann wäre sie schlicht falsch (Gegenbeispiel: $2 \cdot \frac{1}{2} = 1$ und $2 \not< 1$).

Mengentheoretische Bezeichnungen

Mengen, wie $\mathbb{N} = \{1, 2, 3, \ldots\}$, können mit den *Mengenklammern* $\{\ldots\}$ ausgedrückt und mit sog. *Venn-Diagrammen* veranschaulicht werden. In den Mengenklammern stehen entweder die Elemente der Menge aufgelistet (z. B. $M = \{1, 2, 3, \ldots\}$), oder es wird darin eine Eigenschaft beschrieben, die allen Elementen der Menge gemeinsam ist bzw. sein soll (z. B. $M = \{x \mid x$ ist eine natürliche Zahl $\}$ – gelesen als: Die Menge M besteht aus verschiedenen Elementen x, die der Bedingung genügen müssen, dass sie eine natürliche Zahl sind).

Bei einem Venn-Diagramm werden die Mengen als Kreise dargestellt und die bzw. einige Elemente der jeweiligen Menge bzw. deren konstitutiven Eigenschaften in die Kreise geschrieben. Diese Diagramme helfen besonders, um Verknüpfungen von Mengen darzustellen. Im Folgenden werden die Darstellungsweisen von Mengen näher betrachtet sowie einige Eigenschaften von und Beziehungen zwischen Mengen thematisiert.

Beispiele von Mengen:

Die aufeinander aufbauenden Zahlbereiche stellen jeweils verschiedene Mengen dar. Wir können hier folgende Bereiche unterschieden:

- Die Menge der *natürlichen Zahlen* oder $\mathbb{N} = \{1, 2, 3, \ldots\}$.
- Falls die Menge der natürlichen Zahlen die Null mit einschließen soll, erfolgt diese Notation $\mathbb{N}_0 = \{0, 1, 2, 3, \ldots\}$.
- Erweitern wir $\mathbb{N}_0$, indem wir alle negativen Zahlen als Elemente hinzufügen, so erhalten wir $\mathbb{Z} = \{\ldots, -2, -1, 0, 1, 2, \ldots\}$, die Menge der *ganzen Zahlen*.
- Das Symbol $\mathbb{Q}$ steht für die Menge der *rationalen Zahlen*: $\mathbb{Q} = \left\{\frac{a}{b} \mid a \in \mathbb{Z}, b \in \mathbb{N}\right\}$.
- $\mathbb{R}$ beschreibt die Menge der *reellen Zahlen*, welche neben den rationalen Zahlen auch die *irrationalen Zahlen* (z. B. π, $\sqrt{2} \in \mathbb{R}, e \in \mathbb{R}$) umfasst.
- $\mathbb{C}$ beschreibt die Menge der *komplexen Zahlen*. ◀

Der Aufbau dieser Zahlbereiche wird in den weiteren Kapiteln dieses Buches genauer thematisiert. Dann wird beschrieben, wie sie auseinander hervorgehen bzw. wie innerhalb dieser Bereiche gerechnet werden kann.

Mengen müssen nicht notwendig aus Zahlen bestehen, sondern können auch andere Objekte beinhalten. Nehmen wir als Beispiel die verschiedenen Haarfarben von

Student*innen in einem Vorlesungssaal. Es kann u. a. Student*innen mit schwarzen, blonden oder weißen Haaren geben.

Haarfarben von Student*innen

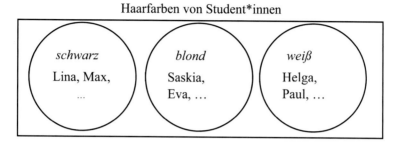

Dazu kommen noch Student*innen mit anderen Haarfarben bzw. ohne Haare. Betrachten wir alle diese Mengen zusammen, ergeben sich wiederum alle Student*innen mit den verschiedenen Haarfarben, also die Gesamtanzahl aller Student*innen. Nun könnten wir uns wiederum fragen, ob es auch Student*innen mit rot-weiß gestreiften Haaren gibt. Vermutlich wird es hiervon keine geben. Bilden diese Student*innen dann auch eine „Menge"?

Nach den vielen Beispielen von Mengen sollten wir den Begriff festlegen, um im Nachfolgenden auch immer von dem gleichen Begriff zu sprechen. Hierzu definieren Mathematiker*innen ihre Begriffe. Sie legen damit fest, was unter einem bestimmten Wort in der Zukunft verstanden werden soll.

> **Definition 1.1: Menge, Elemente, leere Menge**
> a) Unter einer *Menge* versteht man die Zusammenfassung von bestimmten, wohl-unterschiedenen Objekten zu einem Ganzen (von G. Cantor).
> b) Diese Objekte werden *Elemente* genannt.
> c) Die Menge, die keine Elemente enthält, heißt *leere Menge*.
> d) Zwei Mengen M_1 und M_2 heißen *gleich*, wenn sie dieselben Elemente enthalten.

Wohlunterschieden meint hier, dass zwei Elemente einer Menge nicht identisch sind. Wir betrachten also nur Mengen, die unterschiedliche Objekte beinhalten.

Schreibweisen zu Definition 1.1:
Sei M eine *Menge*

- und a ein Objekt, also ein *Element* von M, so schreiben wir $a \in M$ und sprechen „a ist ein Element von M" oder kurz gesagt „a in M".
- Wenn es heißt „a ist *kein Element* von M" bzw. „a nicht in M", schreiben wir $a \notin M$.

- Falls M *leer* ist, wird $\emptyset$ oder { } notiert.
- $M = \{x|E(x)\}$, gesprochen „M ist die Menge aller x mit der Bedingung, dass für diese x die Eigenschaft E gilt" bedeutet, dass sich die Menge M aus allen Elementen x mit der Eigenschaft E zusammensetzt. Der Strich zwischen x und $E(x)$ bedeutet, dass die Elemente x hinsichtlich einer bestimmten ihrer Eigenschaften *beschränkt* betrachtet werden. Zurück zu dem o. g. Haarfarbenbeispiel könnte man die folgende Menge notieren, wobei x für Student*innen steht: $B = \{x|x$ *hat schwarze Haare*\}. Hierdurch würden alle Student*innen im Vorlesungssaal betrachtet werden, die schwarze Haare haben. Alle anderen würden in dieser Menge nicht berücksichtigt werden. Der Vorteil dieser Schreibweise ist, dass man nicht alle Elemente einzeln auflisten muss (beispielsweise die Namen aller Personen mit einer schwarzen Haarfarbe). Dies wird nämlich besonders schwer, wenn es sehr viele Elemente werden, wie zum Beispiel bei den natürlichen Zahlen.

Beispiele zur Gleichheit von Mengen:

1. Sei $A = \{a, e\}$ und $B = \{e, a\}$, dann $A = B$
2. Sei $C = \{x|x \in \mathbb{Z} \wedge x^2 = 1\}$ und $D = \{-1, 1\}$, dann $C = D$ ◀

Definition 1.2: (echte) Teilmenge

a) Eine Menge M_1 heißt genau dann *Teilmenge* einer Menge M_2 $(M_1 \subseteq M_2)$, wenn jedes Element von M_1 auch in M_2 enthalten ist.
Formal lässt sich dies wie folgt darstellen: $M_1 \subseteq M_2 \Leftrightarrow \forall x\, (x \in M_1 \Rightarrow x \in M_2)$.

b) Eine Menge M_1 heißt genau dann *echte Teilmenge* von M_2, wenn $M_1 \subseteq M_2$ und $M_1 \neq M_2$. D. h., es existiert mindestens ein Element a, welches in M_2 enthalten ist, aber nicht in M_1.
Man schreibt $M_1 \subset M_2$ oder $M_1 \subsetneq M_2$.
Formal lässt sich dies wie folgt darstellen: $M_1 \subset M_2 \Leftrightarrow (M_1 \subseteq M_2 \wedge M_1 \neq M_2)$.

Beispiele für Teilmengen:

1. $M_1 = \{x \in \mathbb{N}|x$ ist eine gerade Zahl\} ist eine echte Teilmenge der Menge $M_2 = \mathbb{N}$.
2. Die leere Menge ist eine Teilmenge jeder Menge. ◀

Nun müssen einige Zeichen eingeführt werden, die besonders in Kap. 2 relevant werden, in den nachfolgenden Definitionen allerdings verwendet werden. Zwischen Aussagen können u. a. ein „oder" mit dem Zeichen „$\vee$" oder ein „und" mit dem Zeichen „$\wedge$" gesetzt werden. Achtung: Diese Zeichen stehen ausschließlich zwischen Aussagen und nicht (!) zwischen Mengen.

Definition 1.3: Vereinigungsmenge

Unter der *Vereinigungsmenge* zweier Mengen M_1 und M_2 versteht man den Zusammenschluss aller Elemente aus beiden Mengen (die Menge aller Elemente, die mindestens einer der beiden Mengen angehören). (Bezeichnung $M_1 \cup M_2$).

Formal ausgedrückt: $M_1 \cup M_2 := \{x | x \in M_1 \vee x \in M_2\}$

Gesprochen: Die Vereinigungsmenge von M_1 und M_2 ist definiert als die Menge aller x mit der Eigenschaft, dass x aus M_1 oder M_2 stammt.

Beispiele:

1. Die Vereinigungsmenge der Mengen
   $M_1 = \{x | x \text{ ist männlicher Student}\}$ und
   $M_2 = \{x | x \text{ ist weibliche Studentin}\}$ ist die Menge
   $M_3 = \{x | x \text{ ist männlicher Student oder weibliche Studentin}\}$
2. $\mathbb{N} \cup \{0\} = \mathbb{N}_0$
3. $\{x \in \mathbb{Z} | x < 0\} \cup \mathbb{N}_0 = \mathbb{Z}$
4. $\{2, 4, 6\} \cup \{4, 6\} = \{2, 4, 6\}$ ◀

Bemerkungen:

Es wurden hier nun einige Mengen notiert und somit auch oft die Mengenklammern verwendet. Wichtig ist, dass Mengenklammern nur (!) um Elemente gesetzt werden und nicht (!) um die Bezeichnung der Menge.

Achtung (ein beliebter Fehler): Wenn ein Element in beiden Mengen vorhanden ist, taucht es in der Vereinigungsmenge nur einmal auf. Die Elemente der Vereinigungsmenge müssen ja wohlunterscheidbar sein (s. Definition 1.1).

Veranschaulichung:

Die beiden Kreise stellen zwei Mengen M_1 und M_2 dar. Die gesamte grau gefärbte Fläche veranschaulicht die Vereinigungsmenge $M_1 \cup M_2$.

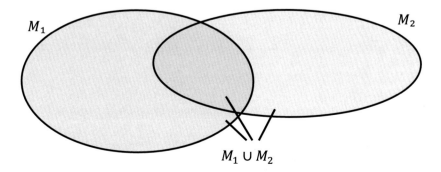

Definition 1.4: Schnittmenge

a) Unter der *Schnittmenge* von Mengen M_1 und M_2 versteht man die Menge aller Elemente, die sowohl zu M_1 als auch zu M_2 gehören. (Bez.: $M_1 \cap M_2$)
   Formal: $M_1 \cap M_2 := \{x | x \in M_1 \wedge x \in M_2\}$

b) Zwei Mengen heißen *disjunkt*, wenn die Schnittmenge die leere Menge ist.

Beispiele:

1. $\{1,3\} \cap \{4,5,6\} = \{\ \}$ diese Mengen sind disjunkt.
2. $\{1,3,5\} \cap \{4,5,6\} = \{5\}$ diese Mengen sind nicht disjunkt. ◀

Veranschaulichung:

Die schraffierte Fläche in dem nachfolgenden Venn-Diagramm veranschaulicht die Schnittmenge zweier Mengen M_1 und M_2:

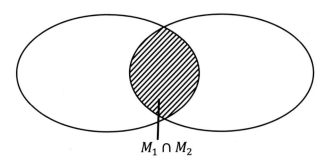

$$M_1 \cap M_2$$

Definition 1.5: Differenzmenge

Unter der *Differenzmenge* der Mengen M_1 und M_2 versteht man die Menge aller derjenigen Elemente, die zu M_1 gehören, aber nicht zu M_2. (Bez.: $M_1 \backslash M_2$).
Formal: $M_1 \backslash M_2 := \{x | x \in M_1 \wedge x \notin M_2\}$

Beispiele:

1. $\mathbb{N}_0 \backslash \mathbb{N} = \{0\}$
2. $\mathbb{Z} \backslash \mathbb{N} = \{x | x \in \mathbb{Z} \wedge x \leq 0\}$ ◀

Veranschaulichung:

Die graue Fläche in dem Venn-Diagramm veranschaulicht die Differenzmenge der linken Menge M_1 und der rechten Menge M_2.

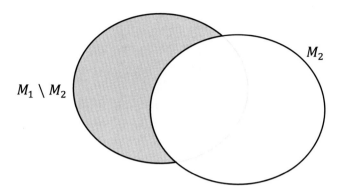

Es kann auch den Fall geben, dass von einer Menge eine Teilmenge entfernt wird. Dies ist dann ein Spezialfall einer Differenzmenge: Ist M_2 die Gesamtmenge und M_1 eine Teilmenge von M_2, d. h. $M_1 \subseteq M_2$, dann bezeichnet $\overline{M_1}$ das Komplement von M_1 in M_2. Diese Komplementmenge enthält alle Elemente, die in M_2 enthalten sind, aber nicht in M_1. Wir brauchen hierzu eine Teilmengenbeziehung, um die Elemente „nicht in M_1" angeben zu können. Hier nutzen wir M_2 als eine solche „Obermenge".

Formal: $\overline{M_1} := \{x | x \in M_2 \wedge x \notin M_1\}$ oder $\overline{M_1} := M_2 \backslash M_1 \wedge M_1 \subseteq M_2$.

Beispiel:

Sei $\overline{M_1} = \mathbb{N} \backslash M_1$

Veranschaulichung:
Zu $\overline{M_1}$ gehören alle Elemente, die in der betrachteten Grundmenge (oder Obermenge) enthalten sind, nicht jedoch in M_1 selbst enthalten sind. In diesem Beispiel werden die natürlichen Zahlen als Grundmenge betrachtet. Wir schließen davon also quasi die Elemente von M_1 aus der Betrachtung aus.

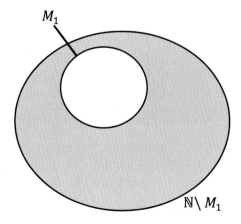

Definition 1.6: Mächtigkeit
Unter der *Mächtigkeit* einer Menge versteht man die Anzahl ihrer Elemente.
(Bez.: $|M|$)

Beispiele:

1. $M = \{a, b, d\} \Rightarrow |M| = 3$
2. $|\mathbb{N}|$ ist unendlich
3. $A \subseteq B \Rightarrow |B\backslash A| = |B| - |A|$ (s. Übungen unten) ◀

In diesem Kapitel haben wir bereits einige Definitionen notiert und mit diesen gearbeitet. Sie haben nun bereits eine Vorstellung davon, was eine Definition ist und was sie ausmacht. Nun kommen wir zu einigen Sätzen. Ein wichtiger Unterschied zu einer Definition ist, dass ein Satz in der Mathematik bewiesen werden kann und sollte. Anders formuliert: Während bei einer Definition ein Name für einen Sachverhalt festgelegt wird, wird bei einem Satz ausgehend von einem Sachverhalt ein anderer Sachverhalt gefolgert oder die Äquivalenz von Sachverhalten gezeigt. Betrachten wir zunächst ein paar Beispiele:

Satz 1.1: Eigenschaften der Schnittmenge
Seien A und B Mengen. Dann gilt:
i) $A \cap B = B \cap A$
ii) $A \cap A = A$
iii) $A \cap \emptyset = \emptyset$
iv) $A \cap B \subseteq A$ und $B \cap A \subseteq B$

Während Definitionen gesetzt werden (und somit nicht beweisbar sind), ist dies bei Sätzen nicht der Fall. Es ist beispielsweise keineswegs trivial, warum die Bildung einer Schnittmenge eine kommutative Operation ist (also warum die Reihenfolge vertauscht werden darf). Mit dem bisherigen Wissen wird es auch schwierig sein, dies zu begründen. In Vorgriff auf Kap. 2 – dort wird es bewiesen – setzen wir hier voraus, dass „$\wedge$" die Eigenschaften der Kommutativität und der Assoziativität besitzt. Nun wenden wir unser Wissen aus den zuvor notierten Definitionen an:

Beweis zu Satz 1.1i):
Voraussetzung: A und B sind Mengen
Zu zeigen: $A \cap B = B \cap A$

Laut Definition 1.4 gilt: $A \cap B = \{x | x \in A \wedge x \in B\}$.
Da „$\wedge$" kommutativ ist, gilt: $A \cap B = \{x | x \in A \wedge x \in B\} = \{x | x \in B \wedge x \in A\}$

und nach Definition 1.4 gilt: $\{x | x \in B \wedge x \in A\} = B \cap A$.
Damit ist gezeigt, dass gilt: $A \cap B = B \cap A$.

Beweis zu Satz 1.1ii):
Voraussetzung: A ist eine Menge
Zu zeigen: $A \cap A = A$

Laut Definition 1.4 gilt: $A \cap A = \{x | x \in A \wedge x \in A\}$.
Da $x \in A$ und $x \in A$ identisch sind, reicht die einfache Forderung dieser Eigenschaft.
Demnach ist $\{x | x \in A \wedge x \in A\} = \{x | x \in A\}$ und laut Definition 1.1 ist $\{x | x \in A\} = A$.
Damit ist auch Satz 1.1ii) gezeigt.

Beweis zu Satz 1.1iii):
Voraussetzung: A ist eine Menge
Zu zeigen: $A \cap \emptyset = \emptyset$

Laut Definition 1.4 gilt: $A \cap \emptyset = \{x | x \in A \wedge x \in \emptyset\}$.
Da $\emptyset$ keine Elemente enthält (Definition 1.1), kann x als Element in der Schnittmenge nicht existieren. Also ist: $A \cap \emptyset = \{\} = \emptyset$ und somit ist Satz 1.1iii) gezeigt.

Beweis zu Satz 1.1iv):
Voraussetzung: A und B sind Mengen
Zu zeigen: $A \cap B \subseteq A$

Laut Definition 1.4 gilt: $A \cap B = \{x | x \in A \wedge x \in B\}$.
Diese Menge enthält alle Elemente, die in A und B zugleich enthalten sind. Nach Definition 1.2a folgt, $\{x | x \in A \wedge x \in B\} \subseteq \{x | x \in A\}$ und somit $A \cap B \subseteq A$.
Die andere Teilmengenbeziehung ergibt sich analog.

Satz 1.2: Assoziativgesetze für Mengen
Seien A, B, C Mengen. Dann gilt:
i) $A \cap (B \cap C) = (A \cap B) \cap C$
ii) $A \cup (B \cup C) = (A \cup B) \cup C$

Beweis zu Satz 1.2i):
Voraussetzung: A, B und C sind Mengen
Zu zeigen: $A \cap (B \cap C) = (A \cap B) \cap C$

Laut Definition 1.4 gilt, dass $A \cap (B \cap C) = \{x | x \in A \wedge x \in (B \cap C)\}$.
Weiter gilt nach dieser Definition, dass
$$\{x | x \in A \wedge x \in (B \cap C)\} = \{x | x \in A \wedge (x \in B \wedge x \in C)\}$$

Wenn man bei einer Umformung nicht mehr weiterkommt, kann man auch erst einmal von der anderen Seite beginnen, also von dem, was ausgehend von dem Gegebenen zu folgern ist. Dies geschieht zumeist in der Hoffnung, dass sich am Ende zwei gleiche Aussagen ergeben. Betrachten wir also nun $(A \cap B) \cap C$.

Laut Definition 1.4 gilt: $(A \cap B) \cap C = \{x | x \in (A \cap B) \wedge x \in C\}$.
Weiter gilt nach dieser Definition, dass
$$\{x | x \in (A \cap B) \wedge x \in C\} = \{x | (x \in A \wedge x \in B) \wedge x \in C\}.$$
Da „$\wedge$" assoziativ ist (diese Eigenschaft wird später noch betrachtet werden), gilt:
$$\{(x \in A \wedge x \in B) \wedge x \in C\} = \{x \in A \wedge (x \in B \wedge x \in C)\} = \{x \in A \wedge x \in B \wedge x \in C\}$$
Damit haben wir gezeigt, dass beide Seiten gleich sind und Satz 1.2i ist bewiesen.

Beweis zu Satz 1.2ii):
Voraussetzung: A, B und C sind Mengen
Zu zeigen: $A \cup (B \cup C) = (A \cup B) \cup C$

Nun müssen Sie die Definition der Vereinigungsmenge anwenden, also Definition 1.3.

Versuchen Sie, diesen Satz einmal selbst zu beweisen. Das Vorgehen ist nahezu analog zum obigen bei 1.2i.

Wie Sie merken, nutzen wir stets unser bisheriges Vorwissen (hier mussten wir Eigenschaften aus den späteren Kapiteln ausnahmsweise vorziehen), um einen Satz zu beweisen – nicht nur, indem wir Definitionen nutzen, sondern auch bereits zuvor bewiesene Sätze. Wir begründen damit die Umformungsschritte und Schlussfolgerungen. Die Sätze 1.1 und 1.2 gehören nun zu unserem Vorwissen und können in nachfolgenden Beweisen auch weitergehend verwendet werden.

Bei all diesen Beweisen handelt es sich um sog. direkte Beweise. Weitere Arten von Beweisen werden an späterer Stelle dieses Kapitels thematisiert. Bei einem direkten Beweis beginnt man bei dem Gegebenen und mithilfe von Definitionen und Sätzen gelangt man zur Konklusion bzw. Behauptung:

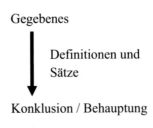

Gegebenes

Definitionen und
Sätze

Konklusion / Behauptung

Abschließend noch ein dritter Satz als Beispiel für einen direkten Beweis, bei dem verschiedene Definitionen nacheinander genutzt werden:

Satz 1.3: Durchschnitt über Vereinigung
Seien A, B, C Mengen. Dann gilt:
$A \cap (B \cup C) = (A \cap B) \cup (A \cap C)$

Beweis zu Satz 1.3:
Voraussetzung: A, B, C sind Mengen
Zu zeigen: $A \cap (B \cup C) = (A \cap B) \cup (A \cap C)$

Zunächst betrachten wir die linke Seite der Gleichung:
Gegeben: $A \cap (B \cup C)$
Laut Definition 1.4: $x \in A \wedge x \in (B \cup C)$
Laut Definition 1.3: $x \in A \wedge (x \in B \vee x \in C)$

Nun betrachten wir die rechte Seite:
Gegeben: $(A \cap B) \cup (A \cap C)$
Laut Definition 1.4: $(x \in A \wedge x \in B) \cup (x \in A \wedge x \in C)$
Laut Definition 1.3: $x \in A \wedge x \in B \vee x \in A \wedge x \in C$.
Dies ist gleichbedeutend mit $x \in A \wedge (x \in B \vee x \in C)$, wie in Kap. 3 noch zu zeigen sein wird.
Damit ist gezeigt, dass beide Seiten der Gleichung zu einem gleichen Ausdruck geführt werden können. Sie sind also gleichbedeutend.

Nachbereitende Übung 1.1[1]

Aufgabe 1:
Stellen Sie folgende Mengen bildlich dar:
a) $M_1 = A \cup B$
b) $M_2 = A \cap B$
c) $M_3 = A \subset B$
d) $M_4 = (A \cup B) \backslash (A \cap B)$

---

[1] Lösungen bzw. Lösungsansätze zu den Übungen zur Nach- und Vorbereitung finden Sie in Kap. 9.

Aufgabe 2:
Betrachten Sie die Teilmengen der natürlichen Zahlen kleiner oder gleich 10:
$A = \{1, 3, 5, 7, 9\}, B = \{0, 2, 4, 6, 8\}, C = \{1, 4, 7\}, D = \{2, 5, 8\}$ und $E = \{0, 3, 6, 9\}$.

Bestimmen Sie:
a) $A \cup C$
b) $B \cap D$
c) $A \cap B, \overline{A} \cap \overline{B}$
d) $A \backslash E, A \backslash \overline{E}$
e) $A \cup (B \cap C)$
f) $(A \cup B) \cap C$

Aufgabe 3:
Beschreiben Sie folgenden Mengen symbolisch (u. a. mit Mengenklammern):

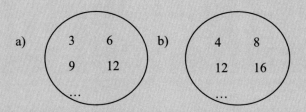

a) 3   6   b) 4   8
    9   12   12 16
    ...   ...

c) Geben Sie die Schnittmenge der Mengen in a) und b) an.

Aufgabe 4:
Gegeben seien: $\emptyset$, $\{\ \}$, $\{0\}$, $\{\emptyset\}$, 0. Erläutern Sie die Unterschiede.

Aufgabe 5:
Gegeben seien die Mengen M_1, M_2 und M_3.

1. Folgt aus der Eigenschaft $M_1 \cap M_2 \cap M_3 = \emptyset$ i. Allg. die paarweise Disjunktheit der Mengen M_1, M_2, M_3?
2. Gilt die Umkehrung der obigen Aussage? Folgt also aus der paarweisen Disjunktheit der Mengen M_1, M_2, M_3 die Eigenschaft $M_1 \cap M_2 \cap M_3 = \emptyset$?

Begründen oder widerlegen Sie jeweils.

Aufgabe 6:
a) Welcher Zusammenhang besteht zwischen den Mengen $M_1 \backslash \overline{M_2}$ und $M_1 \cap M_2$?
Beweisen Sie den Zusammenhang.

▶ **Tipp:** Nutzen Sie hierfür die Definition von Differenzmenge und Schnittmenge.

b) Gilt $|A \backslash B| = |A| - |B| + |A \cap B|$ oder
$|A \backslash B| = |A| - |B|$ oder
$|A \backslash B| = |A| - |A \cap B|$?
Begründen Sie Ihre Antwort auch, indem Sie Unzutreffendes widerlegen.

Aufgabe 7:
Seien A, B, C Mengen. Zeigen Sie:

a) $A \cup (B \cap C) = (A \cup B) \cap (A \cup C)$
b) $(A \backslash B) \cap (B \backslash A) = \emptyset$

Aufgabe 8:
Beispiel:

Gegeben seien die Mengen A, B, C. Beweisen Sie, dass gilt: $A \backslash (B \cup C) = (A \backslash B) \cap (A \backslash C)$. Dies ist auch bereits eine Vorbereitung für Kap. 2. ◀

Also sei:

$\{x \mid x \in A \backslash (B \cup C)\}$	Trick: Wir betrachten die einzelnen Mengen und beginnen mit der Menge $A \backslash (B \cup C)$
$= \{x \mid x \in A \wedge x \notin (B \cup C)\}$	Anwendung der Definition von „\"
$= \{x \mid x \in A \wedge x \notin B \wedge x \notin C\}$	Einsetzen der Bedeutung von „vereinigt" (weder in B oder in C bedeutet, dass es nicht in B und (!) nicht in C sein kann)
$= \{x \mid x \in A \wedge x \in A \wedge x \notin B \wedge x \notin C\}$	Ohne die Aussage zu verändern, schreibt man zweimal auf, dass x aus der Menge A kommt
$= \{x \mid x \in A \wedge x \notin B \wedge x \in A \wedge x \notin C\}$	Anwendung des Kommutativgesetzes, damit die nachfolgende Definition angewendet werden kann
$= \{x \mid x \in A \backslash B \wedge x \in A \backslash C\}$	Der Ausdruck $x \in A \wedge x \notin B$ und der Ausdruck $x \in A \wedge x \notin C$ entsprechen der Definition von „ohne"
$= \{x \mid x \in (A \backslash B) \cap (A \backslash C)\}$	Zusammenfassung: „und" als Ausdruck der Schnittmenge

Beweisen Sie ebenso:

$$(A \backslash B) \cup (A \backslash C) = A \backslash (B \cap C)$$

Aufgabe 9:
Vereinfachen Sie:
$$\overline{A} \cap \overline{B} \cap \overline{\overline{A} \cap \overline{B}}$$

▶ **Tipp:** Überlegen Sie, wie $\overline{\overline{A}}$ anders ausgedrückt werden kann, und nutzen Sie die oben eingeführten Gesetze.

Exkurs: Das Beweisen als typisches mathematisches Handeln

Dieser Exkurs dient dazu, den direkten Beweis und weitere relevante Beweistypen einzuführen, die dann in Kap. 2 von einem logischen Standpunkt aus betrachtet werden. Die einzelnen Beweistypen werden nacheinander behandelt. Dabei werden sie vorrangig an einem Satz durchgeführt[2].

Der direkte Beweis
Im vorherigen Kapitel wurden bereits einige Sätze eingeführt und bewiesen. Dabei haben Sie bereits einen Beweistypen kennengelernt, den *direkten Beweis*.

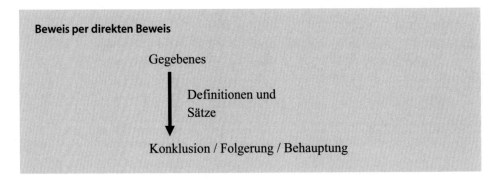

Beweis per direkten Beweis

Gegebenes

Definitionen und Sätze

Konklusion / Folgerung / Behauptung

Nehmen wir folgenden Satz als Beispiel, den wir beweisen wollen:

Satz E.1: Beispielsatz für einen direkten Beweis
$\forall\, n \in \mathbb{N}$ gilt: Ist n ungerade, so ist n^2 ungerade.

Es gibt nicht *die* eine Formulierung eines Satzes. Sie können den Satz E.1 auch anders formulieren. Eine sehr kurze Aussage wäre:

---

[2] S. auch: Hans-Joachim Gorski und Susanne Müller-Philipp (2005). *Leitfaden Arithmetik*. 3. Auflage. Wiesbaden: Vieweg, S. 2 ff.

$$\forall\, n \in \mathbb{N} \text{ gilt: Mit } n \text{ ist } n^2 \text{ ungerade.}$$

Meistens ist es einfacher, den Satz in eine „wenn …, dann …"-Aussage zu bringen. Dies ist einfacher, weil sich dann die Voraussetzungen des Satzes und die Konsequenzen schnell ablesen lassen. An diesem Beispiel könnte die Formulierung lauten:

Wenn n eine natürliche und ungerade Zahl ist, dann ist auch n^2 ungerade.

Alle drei Formulierungen haben den gleichen inhaltlichen Kern.

Vorüberlegungen zum Beweis:
Bevor der Satz bewiesen wird, muss zunächst überlegt werden, wie eine ungerade Zahl überhaupt aussieht, d. h. welche generelle Struktur sie hat. Bevor Sie weiterlesen, versuchen Sie doch erst einmal, für sich eine „ungerade Zahl" formal zu definieren.

Haben Sie vielleicht daran gedacht, dass $n \in \mathbb{N}$ ungerade ist, sobald $n = (k - 1)$, wobei $k \in \mathbb{N}$? Hierbei haben Sie allerdings dann ein Problem, sobald k eine ungerade Zahl ist. Setzen wir z. B. $k = 3$, so erhalten wir $n = (3 - 1) = 2$, und 2 ist keine ungerade Zahl. Daher muss unser n näher definiert werden. Gerade Zahlen sind durch 2 teilbar, ungerade nicht. Zahlen, die nicht teilbar sind, müssen bei der Division durch 2 einen Rest lassen – dieser kann dann aber nur 1 sein (bei Rest 2 oder 0 wäre die Zahl ja durch 2 teilbar). So können wir sagen, unser $n \in \mathbb{N}$ ist ungerade, sobald $n = 2k + 1$ und $k \in \mathbb{N}$. Hierbei sollte allerdings beachtet werden, dass wir in $\mathbb{N}$ als kleinste ungerade Zahl nur die Zahl 3 erhalten können. Wären wir in $\mathbb{N}_0$, so könnten wir mit $k = 0$ auch die 1 erfassen. Es ist aber wichtig, dass wir uns bei der Wahl von k in den natürlichen Zahlen befinden. Überlegen Sie einmal, was passieren würde, wenn k nicht aus den natürlichen Zahlen stammt. Wir erfassen ebenfalls alle ungeraden Zahlen, wenn wir $n = 2k - 1$ mit $k \in \mathbb{N}$ setzen. Wir nutzen im Folgenden die Definition $n = 2k + 1$ mit $k \in \mathbb{N}_0$, um die ungeraden Zahlen allgemein zu erfassen. Zunächst sei erneut die Behauptung präsentiert, anschließend ihr Beweis (nur bereits bewiesene Behauptungen lassen sich als „Sätze" in der Mathematik bezeichnen – entsprechend zeigt die Bezeichnung „Satz" schon, dass es einen Beweis geben muss).

Satz E.1: Beispielsatz für einen direkten Beweis
$\forall\, n \in \mathbb{N}$ gilt: Ist n ungerade, so ist n^2 ungerade.

Direkter Beweis zu Satz E.1:
Voraussetzung (Wenn-Teil des Satzes): $n \in \mathbb{N}$ ist ungerade
Zu zeigen: n^2 ist ungerade

Wir starten bei einem direkten Beweis im Grunde immer mit der Voraussetzung: Als ungerade Zahl hat n die Struktur: $n = 2k + 1, k \in \mathbb{N}_0$.

Die Aufgabe besteht also darin, n^2 zu berechnen und das Ergebnis so umzuformen, dass wir mithilfe unserer Definition einer ungeraden Zahl zeigen können, dass n^2 ungerade ist, also eine zur obigen Bezeichnung von n vergleichbare Struktur hat.

$$n^2 = (2k + 1)^2$$

$$\overset{\text{1. Binomische Formel}}{\Longleftrightarrow} \quad n^2 = 4k^2 + 4k + 1^2$$

$$\overset{\text{Distributivgesetz}}{\Longleftrightarrow} n^2 = 2\left(2k^2 + 2k\right) + 1$$

Was muss jetzt noch gezeigt werden?

Um der Struktur der ungeraden Zahlen gerecht zu werden, muss hier $\left(2k^2 + 2k\right)$ ein Element aus $\mathbb{N}_0$ sein. Da $k \in \mathbb{N}_0$, ist auch k – multipliziert mit einer natürlichen Zahl – ein Element aus den natürlichen Zahlen oder 0. Weiterhin ist auch die Summe zweier natürlicher Zahlen (bzw. 0) eine natürliche Zahl (oder 0) und damit gilt: $\left(2k^2 + 2k\right) \in \mathbb{N}_0$.

n^2 hat somit die Struktur $n^2 = 2m + 1$, $m \in \mathbb{N}_0$. Dieses m ist hier definiert als $2k^2 + 2k$. Damit ist n^2 laut Definition eine ungerade Zahl, unter der Voraussetzung, dass n eine ungerade, natürliche Zahl ist. Per direkten Beweis ist der Satz somit bewiesen.

Allgemein betrachtet startet ein direkter Beweis immer bei den Voraussetzungen eines Satzes und führt durch Umformungen (Termumformungen, Anwendung bekannter anderer Sätze und Definitionen, …) zu der zu zeigenden Konsequenz. Manchmal ist es dabei auch hilfreich, sich zunächst anzusehen, was zu zeigen ist: Wie kann man dies ggf. formal ausdrücken, oder kennt man vielleicht auch einen Satz, der einem verdeutlicht, wo man hin möchte?

Grundsätzlich gilt – und das ist insbesondere bei den ersten Beweisen ein sehr großes Problem: Es gibt kein Patentrezept, wie vorzugehen ist. Es bedarf zumeist einiger Versuche. Lassen Sie sich hiervon nicht frustrieren, denn wenn Sie diese Hürde genommen haben, dann wird das mathematische Arbeiten deutlich erleichtert.

Die Kontraposition

Kommen wir nun zum *zweiten wichtigen Beweistyp*. Dafür betrachten wir folgende (in diesem Kontext sehr häufig verwendete) alltägliche Implikation. Was genau eine Implikation ist, werden Sie im zweiten Kapitel erfahren.

Wenn es regnet (Bedingung), dann ist die Straße nass (Konsequenz).

Wenn wir nun die Bedingung und die Konsequenz tauschen bzw. abwechselnd negieren, so können folgende Formulierungen entstehen:

a) Wenn es nicht regnet, dann wird die Straße nass.
b) Wenn es nicht regnet, dann wird die Straße nicht nass.
c) Wenn die Straße nicht nass ist, dann hat es nicht geregnet.

Natürlich sind nicht alle dieser Formulierungen korrekt. So kann beispielsweise Formulierung a) nicht zutreffen, insofern eine Straße nicht von selbst nass wird, so nicht andere Bedingungen als ein Regenschauer eingetreten sind. Die Korrektheit von Implikation c) können wir uns aus unseren Alltagserfahrungen ableiten.

Allgemein wird dies folgendermaßen ausgedrückt: Unsere Implikation besteht aus den zwei Aussagen A und B. Wenn gilt: $A \Rightarrow B$, dann gilt auch $\neg B \Rightarrow \neg A$. Das $\neg$ ist ein „nicht"-Zeichen und sorgt dafür, dass die Aussage hinter ihm negiert wird. Im nächsten Kapitel werden wir sehen, dass diese Umkehrung logisch gültig ist. Wir benötigen diese Umkehrung nun, um den nächsten Beweistypen einzuführen. Dafür nehmen wir uns folgenden Satz:

Satz E.2: Beispielsatz für eine Kontraposition
$\forall\, n \in \mathbb{N}$ gilt: Ist n^2 gerade, so ist n gerade.

Versuchen Sie den Beweis des Satzes erst einmal für sich, bevor Sie nun weiterlesen. Nutzen Sie dafür die vorherigen Informationen aus diesem Exkurskapitel. Der Beweistyp, der hiermit eingeführt werden soll, heißt *Kontraposition*.

Beweis per Kontraposition zu Satz E.2:
Voraussetzung: $n \in \mathbb{N}$

Bemerkung: Wir negieren die Bedingung und die Folgerung des Satzes: Die Negierung der Bedingung lautet: n^2 ist ungerade. Die Negation der Folgerung ist: n ist ungerade.

Im weiteren Verlauf des Buches wird noch bewiesen, dass die Implikation $A \Rightarrow B$ gleichbedeutend ist zur Implikation $\neg B \Rightarrow \neg A$. Dementsprechend wäre „ist n^2 gerade, so ist n gerade" gleichbedeutend zu „ist n ungerade, so ist n^2 ungerade".

Wenn aber nun die Implikation „$\forall\, n \in \mathbb{N}$: Ist n^2 gerade, so ist n gerade" gleichbedeutend ist mit der Implikation „$\forall\, n \in \mathbb{N}$ gilt: Ist n ungerade, so ist n^2 ungerade", so können wir uns aussuchen, welche der beiden Aussagen wir beweisen wollen.

Der Beweis der zweiten Implikation ist für uns in diesem Fall einfach, denn den haben wir oben schon erledigt. Dies muss nicht immer so sein, denn zumeist ist der kontrapositionierte Satz noch zu beweisen. Das Beispiel zeigt, dass innerhalb eines Beweises durch Kontraposition auch andere Beweistypen eine Rolle spielen können. In unserem Beispiel war es der direkte Beweis.

Beweis per Kontraposition
Aus $A \Rightarrow B$ wird die gleichbedeutende Implikation (vgl. Kap. 2) $\neg B \Rightarrow \neg A$ erstellt und bewiesen.

Überlegen Sie kurz, warum $A \Rightarrow B$ nicht gleichbedeutend ist mit $\neg A \Rightarrow \neg B$. Die Beispielsätze zu nassen Straßen oben helfen Ihnen dabei.

Das Gegenbeispiel

Für den nächsten Beweistyp stellen wir zunächst eine Behauptung auf:

$$\forall\, n \in \mathbb{N} : 3n + 7 > 14.$$

Setzen wir einfach mal eine natürliche Zahl ein: $n = 2$, dann gilt $3 \cdot 2 + 7 = 13$. Wir wissen jedoch: $13 \ngtr 14$. Da die Behauptung jedoch für alle natürlichen Zahlen gelten soll und 2 eine natürliche Zahl ist, so kann die Behauptung nicht stimmen. Anders formuliert: Wir haben ein Gegenbeispiel gefunden und somit gezeigt (also bewiesen), dass die Behauptung nicht wahr sein kann.

Man nennt diesen Beweistypen auch *Beweis durch Widerlegung* bzw. *Gegenbeispiel.* Diese Behauptung wird somit nicht zu einem Satz, da ein Satz Gültigkeit besitzt.

Beweis per Gegenbeispiel
Dieser Beweistyp wird genutzt, um die Gültigkeit einer Aussage bzw. einer Behauptung zu widerlegen.

Wenn Sie eine Behauptung bekommen, überlegen Sie sich erst, ob diese Aussage gültig ist oder ob eventuell ein Gegenbeispiel zu finden ist. Wichtig: Das Gegenbeispiel darf nicht mit einem Beispiel verwechselt werden. Würden die Aussagen für ein Beispiel (oder gar Hunderte) gelten, so wissen wir noch längst nicht, ob sie auch für alle gelten. Wir hätten beispielsweise in die Ungleichung $3n + 7 > 14$ extrem viele natürliche Zahlen einsetzen können, die nur allesamt größer als 2 hätten sein müssen; es hätte immer gepasst, und doch wäre die Behauptung für alle natürlichen Zahlen nicht korrekt.

Fallunterscheidung

Betrachten wir eine weitere Behauptung: Die Summe einer natürlichen Zahl mit ihrem Quadrat ist stets gerade. Alternativ: Wenn $n \in \mathbb{N}$, $k = n^2 + n$, dann ist k gerade. Wer mag, kann versuchen, Gegenbeispiele zu finden. Es wird nicht gelingen. Wenn es aber bei ein paar Beispielen nicht gelingt, so können wir uns relativ sicher sein, dass ein Beweis der Korrektheit der Behauptung erfolgreich sein mag – auch wenn er womöglich schwer ist.

Im Folgenden betrachten wir zwei unterschiedliche Situationen: Die Behauptung ist eine Implikation, die etwas über eine natürliche Zahl n aussagt. Wie aber kann dieses n aussehen? Einmal kann n gerade sein und einmal ungerade. Diesen Beweistypen nennt man auch Beweis per *Fallunterscheidung,* weil er von unterschiedlichen Fällen für die Zahl n ausgeht.

Satz E.3: Beispielsatz für eine Fallunterscheidung
Wenn $n \in \mathbb{N}, k = n^2 + n$, dann ist k gerade.

Beweis per Fallunterscheidung zu Satz E.3:
Voraussetzung: $n \in \mathbb{N}, k = n^2 + n$
Zu zeigen: k ist gerade

1. Fall: Sei n gerade. Eine gerade Zahl wird dadurch definiert, dass sie durch 2 teilbar ist. Es existiert also ein $a \in \mathbb{N} : n = 2a$. Jetzt können wir dies in die gegebene Bedingung einsetzen und ausrechnen:

$$n^2 + n = (2a)^2 + 2a = 4a^2 + 2a = 2(2a^2 + a)$$

Wenn a eine natürliche Zahl ist (s. oben), dann auch der Term $2a^2 + a$, den wir im Folgenden mit m abkürzen. Nun steht rechts nichts anderes als $2m$, und das wiederum ist eine gerade natürliche Zahl. Also ist die Summe der Zahl $n = 2a$ mit ihrem Quadrat $n^2 = (2a)^2$ für den Fall gerade, dass n selbst eine gerade Zahl ist. Fall 1 ist gezeigt.

2. Fall: Sei n ungerade. Nach Definition existiert $a \in \mathbb{N}_0 : n = 2a + 1$.

$$n^2 + n = (2a + 1)^2 + (2a + 1)$$

Oben wurde bereits gezeigt, dass das Quadrat einer ungeraden Zahl stets ungerade ist. Also ist $(2a + 1)^2$ ungerade. Die Summe zweier ungerader Zahlen ist jedoch immer gerade, denn:

$$(2g + 1) + (2h + 1) = 2g + 1 + 2h + 1 = 2g + 2h + 1 + 1 = 2(g + h) + 2$$
$$= 2(g + h + 1)$$

(Bei dieser Umformung wurde mehrfach das Assoziativ- und das Kommutativgesetz verwendet. Diese werden später noch thematisiert.)

Damit ist auch Fall 2 gezeigt. Fall 1 und Fall 2 decken alle Möglichkeiten für $n \in \mathbb{N}$ ab. Eine natürliche Zahl, die weder gerade noch ungerade ist, gibt es nicht. Entsprechend gilt die Behauptung für alle natürlichen Zahlen und bildet somit einen Satz.

Beweis per Fallunterscheidung
Bei diesem Beweistyp werden verschiedene Fälle betrachtet. Hierbei ist wichtig, dass die Fälle den gesamten Bereich, der in der Bedingung festgelegt wird (in unserem Beispiel sollte sie für alle natürlichen Zahlen gelten), abdecken. Diese Fälle werden separat betrachtet und bewiesen, um die Behauptung zu bestätigen.

Bemerkung:

In dem obigen Beispiel wurde eine Fallunterscheidung dahingehend durchgeführt, ob die betrachtete Zahl gerade oder ungerade sei. Natürlich wäre auch eine beliebige andere Fallunterscheidung denkbar. Wir hätten uns ebenso die Zahlen bis 10 (als Fall 1), die Zahl 10 (als Fall 2) und alle Zahlen größer 10 (als Fall 3) anschauen können (oder dies eben für eine andere Zahl statt 10). Diese Fallunterscheidung wäre für den Beweis nicht unbedingt nützlich gewesen, weil sie uns die Arbeit nicht erleichtert hätte. Als Fallunterscheidung wäre dies jedoch denkbar, denn auch hiermit wären alle natürlichen Zahlen erfasst worden.

Wenn sich nun die Aussage der Behauptung ändert, z. B. wenn x und y ganze Zahlen sind, dann ist ihre Summe gerade, dann müssen natürlich auch alle ganzen Zahlen und nicht mehr nur die natürlichen bedacht werden. Auch hier wären wiederum verschiedene Fallunterscheidungen nutzbar. Man könnte sich z. B. folgende Situation ansehen:

Fall 1: x und y sind positive Zahlen
Fall 2: x und y sind negative Zahlen
Fall 3: x ist positiv und y ist negativ
Fall 4: x ist negativ und y ist positiv

Auch könnte man sich wiederum die Unterscheidung von geraden und ungeraden Zahlen zunutze machen:

Fall 1: x und y sind gerade Zahlen
Fall 2: x und y sind ungerade Zahlen
Fall 3: x ist gerade und y ist ungerade
Fall 4: x ist ungerade und y ist gerade

Oder eben auch, dass x und y die gleichen Zahlen sein können oder eben auch nicht:

Fall 1: $x = y$
Fall 2: $x \neq y$

Welche Fallunterscheidung wäre nun hier sinnvoll? Um diese Frage zu beantworten, bedarf es neuer Überlegungen: In der Behauptung hieß es, dass die Summe $(x + y)$ gerade sein soll. Bei der zweiten Fallunterscheidung wurden bereits gerade und ungerade Zahlen betrachtet. Wenn man nun bedenkt, dass die Summe gerader und ungerader Zahlen nicht gerade sein kann, dann fällt die Wahl der Fallunterscheidung leicht.

Auch fällt die Wahl der Fallunterscheidung leicht, wenn man sich die Kontraposition der Behauptung ansieht. Dies sei jedoch Ihnen überlassen.

Widerspruch

Kommen wir nun zum vorerst letzten Beweistypen. Dafür verwenden wir ein weiteres Mal Satz E.1: $\forall\, n \in \mathbb{N}$: Ist n ungerade, so ist n^2 ungerade. Dieser Satz kann auch auf eine andere Art bewiesen werden. (Es gibt übrigens recht häufig verschiedene Wege, eine Behauptung zu beweisen bzw. zu widerlegen.) Bei dem folgenden Beweis wird zunächst die Konsequenz des Satzes negiert: Wir nehmen also an, dass n^2 gerade sei und schauen uns an, wie es sich dann mit dem Quadrat der Zahl verhalten müsste:

Beweis durch Widerspruch zu Satz E.1:
Voraussetzung: n ist ungerade
Zu zeigen: n^2 ist ungerade
Annahme: n^2 ist gerade

Nach Definition „ungerade Zahl" besitzt n die Struktur $2k + 1$ mit $k \in \mathbb{N}_0$ (s. Voraussetzung). Nun betrachten wir das Quadrat dieser ungeraden Zahl:

$$n^2 = (2k + 1)^2 = 4k^2 + 4k + 1 = 2(2k^2 + 2k) + 1$$

Wenn n^2 also ungerade ist, dann ist das Quadrat dieser Zahl n^2 ungerade. Das ist jedoch ein Widerspruch zur Annahme (n^2 ist gerade), und der Satz E.1 ist (erneut) bewiesen. Betrachten wir den Beweis noch einmal untereinander und formal geschrieben:

Voraussetzung: n ist ungerade
Annahme: n^2 ist gerade

Nun folgt: n^2 ist gerade (die Annahme) und n ist ungerade (die Bedingung des Satzes)
n^2 ist gerade und $n = 2k + 1, k \in \mathbb{N}_0$
n^2 ist gerade und $n^2 = (2k + 1)^2$
n^2 ist gerade und $n^2 = 4k^2 + 4k + 1$
n^2 ist gerade und $n^2 = 2(2k^2 + 2k) + 1$
n^2 ist gerade und $n^2 = 2(b) + 1$, mit $b = 2k^2 + 2k, b \in \mathbb{N}_0$
n^2 ist gerade und n^2 ist ungerade.

Hier können wir also die Annahme der Negation der Konsequenz stehen lassen und rechnen nun mit der Bedingung des Satzes weiter (hier per direktem Beweis). Final ergibt sich bei diesem Vorgehen ein Widerspruch: Eine Zahl kann zugleich gerade und ungerade sein.

Bei dem durchgeführten Beispiel mag ein Widerspruch gekünstelt erscheinen: Warum sollte ich eine Annahme treffen, wenn ich die Aussage zugleich direkt beweise? Ein typischeres Beispiel für einen Widerspruchsbeweis ist die Behauptung, dass die Wurzel der Zahl 2 keine rationale Zahl ist. Zumeist beginnt dieser Beweis mit der Annahme, dass die Wurzel von 2 eine rationale Zahl sei. Man überlegt sich, was dann logisch gelten müsste und sucht einen Widerspruch.

Wir nennen diesen Beweistypen *Beweis durch Widerspruch* (auch *indirekter Beweis* genannt):

Beweis durch Widerspruch/indirekter Beweis

Wir beginnen bei der Annahme, der Negation der Folgerung. Zu zeigen ist nun über logische Folgerungen aus dieser Negation und/oder der Bedingung der Behauptung, dass sich ein logischer Widerspruch ergibt. Dann gilt die Negation der Annahme, also die behauptete Konsequenz.

Nachbereitende Übung E.1

Aufgabe 1:

Beispielsatz: Die Summe zweier gerader ganzer Zahlen ist gerade.

a) Formulieren Sie den Satz als eine Implikationsverknüpfung. Was sind die Voraussetzungen? Was ist zu zeigen?

b) Beweisen Sie den Satz einmal direkt und einmal indirekt.

c) Wie würden Sie den Satz formulieren, wenn Sie die Kontraposition zum Beweisen anwenden würden? Stellen Sie Überlegungen an, wie der Beweis durch die Kontraposition stattfinden könnte.

d) Wie könnte eine Fallunterscheidung hier aussehen?

Vorbereitende Übung 2.1:

Aufgabe 1:
Gegeben sind die folgenden Formulierungen:
– Es regnet gerade.
– Die Straße ist nass.
– Ein Fahrrad ist ein Auto.
– 2 ist ein Element der geraden Zahlen.
– 3 ist keine ungerade Zahl.
– Die Menge $\{x | x = 2^n, n \in \mathbb{N}\}$ ist Teilmenge der natürlichen Zahlen.
– Es gibt einen Planeten, der aus grünem Käse besteht.

a) Welche Merkmale sind den meisten Formulierungen gemeinsam?
b) Erstellen Sie fünf Abhängigkeiten bzw. Verknüpfungen der obigen Formulierungen und nutzen Sie für die Verbindung Worte wie „und", „oder", „daraus folgt, dass" usw. Beispielsweise kann eine Verknüpfung lauten: Es regnet gerade, woraus folgt, dass die Straße nass wird. Ein Fahrrad ist ein Auto, oder 3 ist keine ungerade Zahl.
c) Sind die von Ihnen erstellten Verknüpfungen wahr oder falsch? Begründen Sie Ihre Antworten.
d) Abstrahieren Sie vom konkreten Inhalt: Wann ist …
i) … eine „und"-Verknüpfung wahr / falsch?
ii) … eine „oder"-Verknüpfung wahr / falsch?
iii) … eine „daraus folgt, dass"-Verknüpfung wahr / falsch?

Aufgabe 2: Definition
Hier wird jeweils ein Beispiel für eine Definition und eine Aussage gegeben.

Definition:
x heißt „gerade Zahl", genau dann, wenn x von 2 geteilt wird.

Formulierung (wie in Aufgabe 1):
6 ist eine gerade Zahl.

a) Wie hängen Definitionen und diese „Formulierungen" zusammen?
b) Bilden Sie zu den Formulierungen von Aufgabe 1 drei Definitionen.

© Springer-Verlag GmbH Deutschland, ein Teil von Springer Nature 2023
M. Meyer, *Einführung in die Mathematik für Lehramtskandidat*innen*,
https://doi.org/10.1007/978-3-662-64027-2_2

Aussagen und ihre Verknüpfungen

In den vorbereitenden Aufgaben stehen einige Formulierungen als Beispiele. Gemeinsam ist ihnen u. a., dass sie alle ein Subjekt (z. B. die Straße) und ein Prädikat (z. B. nass sein) besitzen. Außerdem besitzen alle Formulierungen einen Wahrheitswert – unabhängig davon, ob er überprüfbar ist oder nicht, wie etwa bei „Es gibt einen Planeten, der aus grünem Käse besteht." Liegen diese Eigenschaften objektiv vor, so spricht man von einer Aussage.

Definition 2.1: (wahre und falsche) Aussagen, Aussagenvariablen

Unter einer *Aussage p* versteht man ein „sprachliches Gebilde", von dem objektiv feststeht, ob es wahr (w) oder falsch (f) ist.

Man spricht entsprechend von *wahren Aussagen* und *falschen Aussagen*. Wahr und falsch werden auch *Wahrheitswerte* genannt.

Jede Aussage enthält sowohl ein *Subjekt* als auch ein *Prädikat*.

Die Variablen *p*, *q* etc. bezeichnen in diesem Zusammenhang *Aussagenvariablen*.

Beispiele:

1. Wahre Aussagen:
   - i)   Der 21.06.2018 war ein Donnerstag.
   - ii) 38 ist eine gerade Zahl.
   - iii) $\frac{3}{4} > \frac{3}{5}$
2. Falsche Aussagen:
   - i) 38 ist eine ungerade Zahl.
   - ii) $\frac{3}{4} = \frac{3}{5}$ ◄

Die Beispiele sind allesamt „sprachliche Gebilde", über die ausgesagt werden kann, ob sie wahr oder falsch sind. Man kann den Wahrheitswert dieser Aussagen objektiv prüfen – unabhängig davon, ob eine Einzelperson es selbst kann. Wir könnten beispielsweise in einem gültigen Kalender vom Jahr 2018 kontrollieren, ob der 21. Juni tatsächlich ein Donnerstag war. Die Entscheidungen über den Wahrheitswert entfallen bei den nachfolgenden Beispielen.

Beispiele:

3. Keine Aussagen:
   - i) „Deutschland wird in 8 Jahren Fußballweltmeister."
   - ii) „Öffne das Fenster!" ◄

Wir können Aussagen auch negieren. Aus der Aussage „Es regnet." wird dann beispielsweise: „Es gilt nicht: Es regnet." bzw. kürzer: „Es regnet nicht." Aus einer wahren Aussage wird durch Negation eine Falsche und umgekehrt.

Definition 2.2: Negation einer Aussage

Sei p eine Aussage:

Das Zeichen „$\neg$" bezeichnet die Verneinung *(Negation)* einer Aussage:

$\neg p$ bedeutet „es ist nicht der Fall, dass p gilt."

gesprochen: „nicht p"

Mit der Verneinung einer Aussage wird automatisch ihr Wahrheitswert umgedreht.

Aussagen können in sog. *Wahrheitstafeln* tabellarisch aufgelistet werden. In einer Spalte werden die Wahrheitswerte einer Aussage bzw. verknüpfter Aussagen betrachtet. Spaltenweise kann nachher der Wahrheitswert einer verknüpften Aussage ermittelt werden.

Die Verknüpfung von Aussagen geschieht über sog. „Junktoren". Hierbei werden dann auch die Wahrheitswerte zusammengesetzt und es kann betrachtet werden, ob die zusammengesetzte Aussage wahr oder falsch ist. Das Aufstellen einer Wahrheitstafel bietet sich an, um Aussagen zu verknüpfen und auf diese Weise den Wahrheitswert der zusammengesetzten Aussage überprüfen zu können.

Wenn eine Aussage p negiert wird, dreht sich der Wahrheitswert dieser Aussage um. Übertragen auf eine Wahrheitstafel ergibt sich:

p	$\neg p$
w	f
f	w

Beispiele:

1) Die Aussage p: „42 ist eine gerade Zahl" ist wahr (w). Die Negation dieser Aussage dreht den Wahrheitswert um. Demnach ist $\neg p$: „Es ist nicht der Fall, dass 42 eine gerade Zahl ist." eine falsche Aussage (f).

2) p: „1 + 1 = 3" ist falsch (f). So ist $\neg p$: „Es ist nicht der Fall, dass 1 + 1 = 3", was der Aussage „1 + 1 $\neq$ 3" entspricht, wahr (w). ◄

Verschiedene Verknüpfungsmöglichkeiten von Aussagen werden in Definition 2.3 zusammengestellt:

Definition 2.3: Konjunktion, Disjunktion, Implikation (Subjunktion), Äquivalenz (Bijunktion)

Seien p, q Aussagen.

a) „p und q" bzw. „$p \wedge q$" heißt *Konjunktion* von p und q. „$\wedge$" wird „und" gesprochen. Diese Aussage ist genau dann wahr (w), wenn sowohl p als auch q wahr sind Es gilt p und q.

p	q	$p \wedge q$
w	w	w
w	f	f
f	w	f
f	f	f

b) Die verknüpfte Aussage „$p \vee q$" heißt *Disjunktion* von p und q. „$\vee$" wird gesprochen als „oder". Die Aussage ist dann wahr (w), wenn p oder q wahr ist. Es gilt p oder q.

p	q	$p \vee q$
w	w	w
w	f	w
f	w	w
f	f	f

c) Die Aussage „$p \Rightarrow q$" heißt *Implikation* (oder *Subjunktion*). Gesprochen auch als „aus p folgt q". Hier gilt die Regel: Aus etwas Falschem (f) kann man alles folgern, aus etwas Wahrem (w) jedoch nie etwas Falsches sondern nur Wahres.

p	q	$p \Rightarrow q$
w	w	w
w	f	f
f	w	w
f	f	w

d) Die Bezeichnung der Aussage „$p \Leftrightarrow q$" bedeutet ausgesprochen „genau dann, wenn p gilt, gilt q" oder „p ist äquivalent zu q". Diese Aussage ist eine Abkürzung für „$p \Rightarrow q$" („aus p folgt q") und „$q \Rightarrow p$" („aus q folgt p") und heißt Äquivalenz *(Bijunktion)*.

p	q	$p \Leftrightarrow q$
w	w	w
w	f	f
f	w	f
f	f	w

Beispiele:

zu a) *Paris ist die Hauptstadt von Spanien* und *3 ist eine ungerade Zahl.*

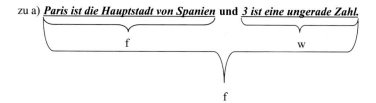

Die Verknüpfung „und" ist in diesem Fall falsch, denn es liegt eine wahre und eine falsche Aussage vor.

zu b) *Paris ist die Hauptstadt von Spanien* oder *3 ist eine ungerade Zahl.*

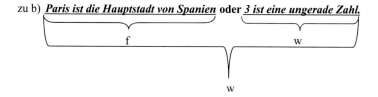

zu c) *Aus Paris ist die Hauptstadt von Spanien* folgt, *die Tafel ist grün / gelb / rot.*

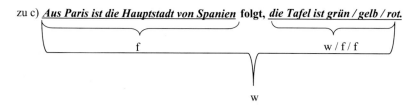

◄

In Beispiel c) ist es egal, ob etwas Wahres oder Falsches gefolgert wird. Die Verknüpfung bleibt wahr, da man aus etwas Falschem alles folgern kann. Dieser Zusammenhang mag merkwürdig erscheinen. Wir könnten uns aber einfach überlegen: Was wäre denn, wenn Paris die Hauptstadt von Spanien wäre? Eine Reaktion wäre: Hat da womöglich jemand Spanien und Frankreich vertauscht? Aber es ist ja nicht nach einer Ursache gefragt, sondern nach einer Subjunktion. Was also wäre, wenn Paris die Hauptstadt von Spanien ist? Na ja, wir wissen es nicht, und da wir es nicht wissen, kann alles Folgende wahr sein und wird entsprechend so gesetzt. Etwas allgemeiner formuliert dienen Junktoren dazu, Aussagen zu formulieren. Dabei werden die Junktoren definitorisch so festgelegt, dass sie die Wahrheitswerte der verknüpften Aussage in Anwendungssituationen zu gewünschten Ergebnissen führen.

***Bemerkung*:**
1. Der inhaltliche Zusammenhang wird dann relevant, wenn es um die Beweisführung geht und nicht bei der Zusammensetzung von Aussagen. So zeigt die Definition der Implikation bereits, dass der inhaltliche Zusammenhang der Aussagen für die Implikation zunächst egal ist (Paris als Spaniens Hauptstadt hat vermutlich nichts mit der Farbe einer Tafel zu tun). Nur die Wahrheitswerte sind zunächst wichtig.
2. In den Wahrheitstafeln tauchten soeben vier statt zwei Zeilen auf: p war jeweils zweimal wahr bzw. falsch und q ebenso. Dies liegt daran, dass es sich bei einer Wahrheitstafel um eine Fallunterscheidung handelt: Alle möglichen Kombinationen von Wahrheitswerten von p und q werden getrennt voneinander betrachtet. Die Wahrheitswerte von p und q können beide wahr sein (Situation 1), beide falsch sein (Situation 2) und auch jeweils einmal wahr und einmal falsch sein (Situationen 3 und 4). Wenn nun noch eine dritte Aussage (z. B. r) dabei ist, so werden es direkt 8 Situationen, denn jede der vier vorherigen Situationen muss einmal unter der Bedingung betrachtet werden, dass r wahr ist und einmal unter der Bedingung, dass r falsch ist. Alternativ kann dies auch kombinatorisch betrachtet werden: Zwei mögliche Ausgänge für 3 Variablen entsprechen einer Anzahl von 2^3 Kombinationen. Bei insgesamt n Variablen wären dies 2^n Kombinationsmöglichkeiten.

Bemerkung:
Bezeichnungen und ihre Verwendung.
$\neg, \vee, \wedge, \Rightarrow, \Leftrightarrow$ nennt man *logische Operatoren/Junktoren*. Dabei müssen folgende Abfolgen bzw. Hierarchien in der Anwendung und Besonderheiten der einzelnen Operatoren beachtet werden:

a) $\neg$ darf nur vor einer Aussage stehen.
b) $\vee$ und $\wedge$ haben Vorrang vor $\Rightarrow$ oder $\Leftrightarrow$.
c) $\vee, \wedge, \Rightarrow, \Leftrightarrow$ dürfen nur zwischen Aussagen stehen. Sie sollen ja Aussagen miteinander verbinden, was sie ansonsten nicht könnten.
d) Klammersetzung bei $\Leftrightarrow$:

Beispiel:

p	q	$p \Leftrightarrow q$	
w	w	w	$(w \Rightarrow w) \wedge (w \Rightarrow w)$
w	f	f	$(w \Rightarrow f) \wedge (f \Rightarrow w)$
f	w	f	$(f \Rightarrow w) \wedge (w \Rightarrow f)$
f	f	w	$(f \Rightarrow f) \wedge (f \Rightarrow f)$

◄

Tautologien, Widersprüche und Wahrheitswerttafeln

> **Definition 2.4: Tautologie, Widerspruch, logisch äquivalent, logische Folgerung**
> a) Eine Aussage heißt *Tautologie,* wenn sie unter allen Belegungen der beteiligten Aussagenvariablen wahr (w) ist.
> b) Eine Aussage heißt *ungültig, Widerspruch* oder *Kontradiktion,* wenn sie unter allen Belegungen von Wahrheitswerten der beteiligten Aussagevariablen falsch (f) ist.
> c) Zwei Aussagen heißen *logisch äquivalent,* wenn die Aussage $p \Leftrightarrow q$ allgemeingültig ist.
> d) Ist die Aussage $p \Rightarrow q$ für die Aussagen p, q allgemeingültig, so sprechen wir von einer *logischen Folgerung.*

Bemerkung:

zu a): In der Definition wurde festgehalten, dass Aussagen unter allen Belegungen von Wahrheitswerten der Aussagenvariablen wahr sein müssen, um eine Tautologie zu sein. Liegt eine tautologische Verknüpfung von Aussagen vor, so besteht der Vorteil, dass man die einzelnen Bestandteile der Aussage nicht mehr auf Wahrheitswerte prüfen muss, sondern direkt erkennt, dass die Aussage wahr sein muss. Später werden wir diese Eigenschaften in verschiedenen Beweisen nutzen.

Wir betrachten zwei Behauptungen, zunächst „$p \wedge q \Rightarrow p$", und werden zeigen, dass es sich um *Tautologien* handelt. Verbalsprachlich ist die Aussage trivial: Wenn wir ein p und ein q haben, dann haben wir ein p (oder anders formuliert: Wenn wir eine bestimmte Aussage und mehr haben, dann haben wir eine bestimmte Aussage). Um die Arbeit mit den Definitionen einzuüben, soll dies nun formal bewiesen werden.

Als Aussagenvariablen haben wir p und q. Entsprechend haben wir vier Fälle von Wahrheitswerten abzugehen (es müssen alle Möglichkeiten der Belegung von Wahrheitswerten für die zwei Aussagen betrachtet werden) und müssen dann zunächst „$p \wedge q$" hinsichtlich der Wahrheitswerte analysieren, denn oben wurde bereits die Regel gezeigt, dass „$\vee$ und $\wedge$ Vorrang vor $\Rightarrow$ oder $\Leftrightarrow$" haben. Im Anschluss daran können wir die Tautologie nachweisen. In einem weiteren Schritt betrachten wir dann eine zweite Tautologie: „$p \Rightarrow p \vee q$".

p	q	$p \wedge q$	$p \wedge q \Rightarrow p$	$p \vee q$	$p \Rightarrow p \vee q$
w	w	w	w	w	w
w	f	f	w	w	w
f	w	f	w	w	w
f	f	f	w	f	w
		Keine Tautologie	Tautologie	Keine Tautologie	Tautologie

Diese Wahrheitstafel startet bei allen möglichen Wahrheitswerten und betrachtet dann die Wahrheitswerte der Verknüpfungen entsprechend ihrer vorherigen Definition. Insofern alle möglichen Kombinationen analysiert wurden, handelt es sich um einen Beweis.

Betrachten wir den Beweis noch einmal etwas oberflächlicher: Ausgehend von allen möglichen Wahrheitswerten der beteiligten Aussagenvariablen wurde auf die Wahrheit der zusammengesetzten Aussagen geschlossen. Ein Beispiel: Wenn „p" wahr ist und „q" ebenfalls wahr ist, dann muss entsprechend der Definition von „$\land$" gelten, dass „$p \land q$" ebenfalls wahr ist etc. Es handelt sich also um einen direkten Beweis. Alle Beweise, die über

Wahrheitstafeln aufgebaut sind, haben diese Struktur.

Zu b) Eine Aussage stellt einen *Widerspruch* dar, wenn sie unter allen Wahrheitsbelegungen der Aussagenvariablen falsch ist. Im Folgenden wird gezeigt, dass die Aussage „$p \land \neg p$" einen Widerspruch darstellt. Verbalsprachlich ist dies wiederum klar: Die Aussage „Die Tafel ist grün und die Tafel ist nicht grün" macht keinen Sinn. Als Aussagenvariable haben wir nur eine, „p". Die möglichen Belegungen von Wahrheitswerten beschränken sich darauf, dass p falsch oder wahr ist. Wir müssen also zwei Situationen analysieren.

p	$\neg p$	$p \land \neg p$
w	f	f
f	w	f
		Widerspruch

Ziel der bisherigen Definitionen:
Wie im Beispiel zu Definition 2.4 gezeigt, können nun Aussagen miteinander verbunden werden, sodass neue Aussagen entstehen. Natürlich gibt es noch andere logische Operatoren, aber diese sind nicht relevant für die hier betrachteten Inhalte zur Einführung in die Mathematik. Auch lassen sich alle weiteren denkbaren Junktoren aus den bisherigen zusammensetzen. Wir bleiben also im Folgenden bei den bis hier definierten logischen Operationen. Mit den bisherigen Definitionen können nun Behauptungen aufgestellt werden, sodass neue Aussagen von bereits bekannten Aussagen gefolgert werden können. Ein „Beweis" klärt die Richtigkeit oder Falschheit der Behauptungen unter richtigen Voraussetzungen und logischen Folgerungen. Dies werden wir im Folgenden auch machen und kommen zum ersten Satz des Kapitels.

Gesetze zum Umgang mit Aussagen

Satz 2.1: Assoziativ-, Kommutativ-, Distributivgesetze
Seien p, q, r Aussagen. Dann gelten:
a) $\neg(\neg p) \Leftrightarrow p$
b) $(p \Leftrightarrow q) \Leftrightarrow (p \Rightarrow q) \land (q \Rightarrow p)$

c) *Assoziativgesetz* (AG) „$\wedge$“: $(p \wedge q) \wedge r \Leftrightarrow p \wedge (q \wedge r)$
  Assoziativgesetz (AG) „$\vee$“: $(p \vee q) \vee r \Leftrightarrow p \vee (q \vee r)$
d) *Kommutativgesetz* (KG) „$\wedge$“: $p \wedge q \Leftrightarrow q \wedge p$
  Kommutativgesetz (KG) „$\vee$“: $p \vee q \Leftrightarrow q \vee p$
e) *Distributivgesetz* (DG)
   i) $p \wedge (q \vee r) \Leftrightarrow (p \wedge q) \vee (p \wedge r)$
   ii) $p \vee (q \wedge r) \Leftrightarrow (p \vee q) \wedge (p \vee r)$
f) i) $\neg(p \vee q) \Leftrightarrow \neg p \wedge \neg q$
  ii) $\neg(p \wedge q) \Leftrightarrow \neg p \vee \neg q$
  iii) $(p \Rightarrow q) \Leftrightarrow \neg p \vee q$
  iv) $\neg(p \Rightarrow q) \Leftrightarrow p \wedge \neg q$

Bemerkung zu den Beweisen:

Die Idee der jeweiligen Beweise besteht wiederum darin, zu jeder Aussage in Satz 2.1a) bis e) eine Wahrheitstafel zu konstruieren, in der die jeweils verknüpfte Aussage in ihre Aussagenvariablen zerlegt und unter den oben gestellten Voraussetzungen und über logische Folgerungen bewiesen wird. Hierbei gilt es natürlich, die Vorrangregeln zu beachten. Die letzte logische Folgerung ist in allen Teilen das „$\Leftrightarrow$“. Laut der Definition von „$\Leftrightarrow$“ (Äquivalenz) müssen beide Seiten von „$\Leftrightarrow$“ die gleichen Wahrheitswerte haben, damit sich stets eine wahre Aussage ergibt (für alle Belegungen von Wahrheitswerten, für alle beteiligten Aussagen). Anders formuliert: Wir zeigen, dass alle Aussagen von a) bis d) Tautologien sind. Die Aussagen in e) und f) seien als Übung Ihnen überlassen.

Beweis zu Satz 2.1 a):

Voraussetzung: p ist eine Aussage
Zu zeigen: $\neg(\neg p) \Leftrightarrow p$

p	$\neg p$	$\neg(\neg p)$	$\neg(\neg p) \Leftrightarrow p$
w	f	w	w
f	w	f	w

Wenn wir die erste und dritte Spalte mit der logischen Operation „$\Leftrightarrow$“ zusammensetzen, erhalten wir die Aussage der letzten Spalte, nämlich dass $\neg(\neg p) \Leftrightarrow p$ eine Tautologie, also eine stets wahre Aussage ist. Dies war zu zeigen.

Beweis zu Satz 2.1b):

Voraussetzung: p und q sind Aussagen
Zu zeigen: $(p \Leftrightarrow q) \Leftrightarrow (p \Rightarrow q) \wedge (q \Rightarrow p)$

p	q	$p \Leftrightarrow q$	$p \Rightarrow q$	$q \Rightarrow p$	$(p \Rightarrow q) \wedge (q \Rightarrow p)$	$(p \Leftrightarrow q) \Leftrightarrow (p \Rightarrow q) \wedge (q \Rightarrow p)$
w	w	w	w	w	w	w
w	f	f	f	w	f	w
f	w	f	w	f	f	w
f	f	w	w	w	w	w

Wir können aus den Wahrheitswerten der Aussagen aus Spalte drei und sechs die Richtigkeit der aufgestellten Behauptung schließen.

Beweis zu Satz 2.1c):
Voraussetzung: p, q und r sind Aussagen
Zu zeigen: $(p \wedge q) \wedge r \Leftrightarrow p \wedge (q \wedge r)$

Hier haben wir es zum ersten Mal mit den drei Aussagenvariablen p, q und r zu tun. Entsprechend wird unsere Tabelle deutlich länger, da wir wiederum alle möglichen Wahrheitswerte betrachten müssen:

p	q	r	$p \wedge q$	$(p \wedge q) \wedge r$	$q \wedge r$	$p \wedge (q \wedge r)$	$(p \wedge q) \wedge r \Leftrightarrow p \wedge (q \wedge r)$
w	w	w	w	w	w	w	w
w	w	f	w	f	f	f	w
w	f	w	f	f	f	f	w
w	f	f	f	f	f	f	w
f	w	w	f	f	w	f	w
f	w	f	f	f	f	f	w
f	f	w	f	f	f	f	w
f	f	f	f	f	f	f	w

Das Assoziativgesetz (AG) für „∨" zeigt man analog. Lediglich wird jedes „∧" durch „∨" ersetzt und mit der entsprechenden Definition gearbeitet.

Beweis zu Satz 2.1d)i):
Voraussetzung: p und q sind Aussagen
Zu zeigen: $(p \wedge q) \Leftrightarrow (q \wedge p)$

p	q	$p \wedge q$	$q \wedge p$	$(p \wedge q) \Leftrightarrow (q \wedge \mathrm{p})$
w	w	w	w	w
w	f	f	f	w
f	w	f	f	w
f	f	f	f	w

Beweis zu Satz 2.1d)ii):

Voraussetzung: p und q sind Aussagen

Zu zeigen: $(p \vee q) \Leftrightarrow (q \vee p)$

p	q	$p \vee q$	$q \vee p$	$(p \vee q) \Leftrightarrow (q \vee p)$
w	w	w	w	w
w	f	w	w	w
f	w	w	w	w
f	f	f	f	w

Satz 2.2 und Definition 2.5: Transitivität

Seien p, q und r Aussagen. Dann gilt:

a) $(p \Rightarrow q) \wedge (q \Rightarrow r) \Rightarrow (p \Rightarrow r)$ $\left.\right\}$ Transitivität
b) $(p \Leftrightarrow q) \wedge (q \Leftrightarrow r) \Rightarrow (p \Leftrightarrow r)$

sind allgemeingültig (eine Tautologie). Man nennt diese Eigenschaft auch *Transitivität* der jeweiligen Operation („$\Rightarrow$" bzw. „$\Leftrightarrow$").

Bemerkung:

Salopp könnte man sagen, dass die Transitivität Eigenschaften von Gegenständen übertragen lässt. Ein Beispiel wäre: Wenn eine Zahl eine Primzahl (und nicht 2) ist, dann ist sie ungerade (Beispiel für $p \Rightarrow q$). Wenn eine Zahl ungerade ist, dann lässt sie bei Division durch 2 den Rest 1 (Beispiel für $q \Rightarrow r$). Also können wir folgern: Wenn eine Zahl eine Primzahl (und nicht 2) ist, dann lässt sie bei Division durch 2 den Rest 1 ($p \Rightarrow r$). Dies soll im Folgenden gezeigt werden.

Beweis zu Satz 2.2a):

Voraussetzung: p, q und r sind Aussagen

Zu zeigen: $(p \Rightarrow q) \wedge (q \Rightarrow r) \Rightarrow (p \Rightarrow r)$

p	q	r	$p \Rightarrow q$	$q \Rightarrow r$	$p \Rightarrow r$	$(p \Rightarrow q) \wedge (q \Rightarrow r)$	$(p \Rightarrow q) \wedge (q \Rightarrow r) \Rightarrow (p \Rightarrow r)$
w	w	w	w	w	w	w	w
w	w	f	w	f	f	f	w
w	f	w	f	w	w	f	w
w	f	f	f	w	f	f	w
f	w	w	w	w	w	w	w
f	w	f	w	f	w	f	w

p	q	r	$p \Rightarrow q$	$q \Rightarrow r$	$p \Rightarrow r$	$(p \Rightarrow q) \wedge (q \Rightarrow r)$	$(p \Rightarrow q) \wedge (q \Rightarrow r) \Rightarrow (p \Rightarrow r)$
f	f	w	w	w	w	w	w
f	f	f	w	w	w	w	w

Beweis zu Satz 2.2b):

Hier wird quasi analog vorgegangen, wobei lediglich die Definition der Äquivalenz statt der Folgerung verwendet wird. Dieser Beweis sei Ihnen zur Übung überlassen.

Zurück zum Exkurs!

Erinnern Sie sich an die Sätze aus dem Exkurs? Vielleicht blättern Sie noch einmal kurz zurück. Dort wurden vier wichtige Beweisarten an Beispielen dargestellt. Aber warum sind diese Beweisarten überhaupt gültig? Kann es nicht doch Situationen geben, in denen ein solcher Beweis falsch ist? Natürlich bieten sich nicht in allen Situationen alle vier Beweistypen an, aber gleichsam müssen wir uns sicher sein, dass wenn wir einen Beweis auf eine der vier Arten durchgeführt haben, er dann auch absolut korrekt sein muss.

Mit der in diesem Kapitel aufbereiteten Aussagenlogik haben wir nun die Möglichkeit, genau dies zu zeigen. Die ersten drei Beweisarten werden wie bisher in diesem Kapitel auch mittels Wahrheitstafeln bewiesen. Die vierte Beweisart könnte ebenso bewiesen werden, jedoch soll dort anders vorgegangen werden, denn es gibt in der Mathematik zumeist nicht nur eine Art etwas zu beweisen und dies soll damit gezeigt werden. Mit anderen Worten: Wir beweisen nun, warum wir mit gewissen Arten beweisen können.

Satz 2.3: Direkter Beweis, indirekter Beweis, Fallunterscheidung, Kontraposition

p und q seien Aussagen. Dann gilt:

a) $p \wedge (p \Rightarrow q) \Rightarrow q$ *(direkter Beweis)*
b) $(\neg q \Rightarrow (p \wedge \neg p)) \Rightarrow q$ *(indirekter Beweis)*
c) $(p \vee \neg p \Rightarrow q) \Rightarrow q$ *(Fallunterscheidung)*
d) $(p \Rightarrow q) \Leftrightarrow (\neg q \Rightarrow \neg p)$ *(Kontraposition)*

Beweis zu Satz 2.3a):

Voraussetzung: p und q sind Aussagen

Zu zeigen: $p \wedge (p \Rightarrow q) \Rightarrow q$

p	q	$p \Rightarrow q$	$p \wedge (p \Rightarrow q)$	$p \wedge (p \Rightarrow q) \Rightarrow q$
w	w	w	w	w
w	f	f	f	w
f	w	w	f	w
f	f	w	f	w

Beweis zu Satz 2.3b):

Voraussetzung: p und q sind Aussagen

Zu zeigen: $(\neg q \Rightarrow (p \wedge \neg p)) \Rightarrow q$

p	q	$\neg q$	$\neg p$	$p \wedge \neg p$	$\neg q \Rightarrow (p \wedge \neg p)$	$(\neg q \Rightarrow (p \wedge \neg p)) \Rightarrow q$
w	w	f	f	f	w	w
w	f	w	f	f	f	w
f	w	f	w	f	w	w
f	f	w	w	f	f	w

Beweis zu Satz 2.3c):

Voraussetzung: p und q sind Aussagen

Zu zeigen: $(p \vee \neg p \Rightarrow q) \Rightarrow q$

p	q	$\neg p$	$p \vee \neg p$	$(p \vee \neg p) \Rightarrow q$	$(p \vee \neg p \Rightarrow q) \Rightarrow q$
w	w	f	w	w	w
w	f	f	w	f	w
f	w	w	w	w	w
f	f	w	w	f	w

Beweis zu Satz 2.3d):

Beweisen Sie diesen Satz als Übung doch selbst mit Wahrheitstafeln. Wir gehen nun anders vor und verwenden die in diesem Kapitel bisher betrachteten Definitionen und Sätze, um die Aussage zu zeigen. Insbesondere bedienen wir uns der folgenden Sätze:

Satz 2.1a): Sei a eine Aussage. Dann gilt: $\neg(\neg a) \Leftrightarrow a$.

Satz 2.1d): p und q seien Aussagen. Dann gilt das *Kommutativgesetz* (KG) „$\vee$": $p \vee q \Leftrightarrow q \vee p$.

Satz 2.1f)iii): a, b seien Aussagen. Dann gilt: $a \Rightarrow b \Leftrightarrow \neg a \vee b$.

Satz 2.2: a, b, r seien Aussagen. Dann gilt:

a) $(a \Rightarrow b) \wedge (b \Rightarrow r) \Rightarrow (a \Rightarrow r)$

b) $(a \Leftrightarrow b) \wedge (b \Leftrightarrow r) \Rightarrow (a \Leftrightarrow r)$

Beweis zu Satz 2.3d):

Voraussetzung: p und q sind Aussagen

Zu zeigen: $(p \Rightarrow q) \Leftrightarrow (\neg q \Rightarrow \neg p)$

p, q sind Aussagen. Dann gilt:

$$(p \Rightarrow q) \overset{\text{Satz 2.1f)iii)}}{\Longleftrightarrow} (\neg p \vee q)$$

Die äquivalente Aussage können wir auch anders ausdrücken:

$$(\neg p \vee q) \overset{\text{Satz 2.1a)}}{\Longleftrightarrow} (\neg p \vee \neg(\neg q))$$

Bisher wurde gezeigt, dass die Aussage „$\neg p \vee q$" äquivalent zu zwei anderen Aussagen ist. Nun können wir also Satz 2.2b) anwenden und weitergehend folgern:

$$\big[(p \Rightarrow q) \Leftrightarrow (\neg p \vee q)\big] \wedge \big[(\neg p \vee q) \Leftrightarrow (\neg p \vee \neg(\neg q))\big] \overset{\text{Satz 2.2b)}}{\Rightarrow} \big[(p \Rightarrow q) \Leftrightarrow (\neg p \vee \neg(\neg q))\big]$$

Betrachten wir den rechten Teil der zuletzt gefolgerten Aussage und wenden hierauf Satz 2.1d)ii) an:

$$\Big[(\neg p \vee \neg(\neg q)) \overset{\text{Satz 2.1d)}}{\Longleftrightarrow} (\neg(\neg q) \vee \neg p)\Big]$$

Nun können wir wieder die Transitivität anwenden:

$$\big[(p \Rightarrow q) \Leftrightarrow (\neg p \vee \neg(\neg q))\big] \wedge \big[(\neg p \vee \neg(\neg q)) \Leftrightarrow (\neg(\neg q) \vee \neg p)\big]$$

$$\overset{\text{Satz 2.2b}}{\Rightarrow} \big[(p \Rightarrow q) \Leftrightarrow (\neg(\neg q) \vee \neg p)\big]$$

Den hinteren Teil können wir mit Satz 2.1f)iii) nochmals anders ausdrücken, wobei wir diesen gleichsam von rechts nach links anwenden, was aufgrund der Äquivalenz möglich ist:

$$(\neg(\neg q) \vee \neg p) \overset{\text{Satz 2.1f)iii)}}{\Longleftrightarrow} (\neg q \Rightarrow \neg p)$$

Wiederum können wir die Transitivität anwenden:

$$\big[(p \Rightarrow q) \Leftrightarrow (\neg(\neg q) \vee \neg p)\big] \wedge \big[(\neg(\neg q) \vee \neg p) \Leftrightarrow (\neg q \Rightarrow \neg p)\big]$$

$$\overset{\text{Satz 2.2b)}}{\Rightarrow} \big[(p \Rightarrow q) \Leftrightarrow (\neg q \Rightarrow \neg p)\big]$$

Es wurde somit gezeigt, dass unter Anwendung bereits bewiesener Sätze eine Aussage hergeleitet werden kann. Sie ist also gültig, der Beweis beendet.

Natürlich kann man diesen Beweis auch kürzer fassen, wenn man die Transitivität der Äquivalenz voraussetzt:

$(p \Rightarrow q)$

$\Leftrightarrow (\neg p \vee q)$ (nach 2.1f)iii))

$\Leftrightarrow (q \vee \neg p)$ (nach 2.1d)i))

$\Leftrightarrow (\neg(\neg q) \vee \neg p)$ (nach 2.1a))

$\Leftrightarrow (\neg q \Rightarrow \neg p)$ (nach 2.1f)iii))

Beweisen – leider nicht mit Anleitung …

Gehen wir einen Schritt zurück und betrachten, was soeben geschehen ist: Ausgehend von einer Aussage „$p \Rightarrow q$" haben wir Äquivalenzaussagen und Folgerungen genutzt, von denen wir wussten, dass sie gültig sind. Hicrmit haben wir die zu zeigende Aussage gefolgert. Die Frage, die sich viele nun stellen mögen, lautet: Woher weiß ich, welchen Satz ich wann anwenden muss? Das große Problem ist, dass diese Frage nicht so einfach zu beantworten ist. Dieses Problem stellt zugleich die große Herausforderung der Mathematik dar: Einen Beweis gefunden zu haben, ist ein großer Erfolg und bedarf viel Kreativität!

Bei den Wahrheitstafeln ging es noch recht einfach: Wir hatten Regeln für die Zeichen, die wir dann schrittweise angewendet haben. Bei dem Beweis zu Satz 2.3d) wurde bewusst hierauf verzichtet, um eine andere Möglichkeit zu thematisieren. Mathematiker*innen sprechen im Kontext des Beweisens gerne von „Intuition" oder Ähnlichem – und immer, wenn von „Intuition" die Rede ist, sollte man wachsam sein, denn viele benutzen dieses Wort, obwohl es kaum eine allgemein akzeptierte Definition hierfür gibt. Es ist sehr viel Übung im Beweisen nötig, um eine Art Routine herzustellen. Formulieren wir die Frage um zu „Woher weiß ich, welchen Satz ich anwenden kann?", so ist die Antwort ein wenig leichter. Die Sätze, die angewendet werden können, wurden zuvor festgehalten (zumindest in diesem Buch). Sie müssen dann also schauen, welchen Satz Sie auf die gegebene Aussage (in Satz 2.3d): $p \Rightarrow q$) anwenden können. Wie kann ich diese umformen oder Teile von ihr umformen? Welcher Satz kann auf die dann gefolgerte Aussage angewendet werden etc. Zwischendurch sollte man sich auch die zu zeigende Aussage anschauen: Welche Zeichen verbergen sich dort, und durch welchen Satz kann ich diese erzeugen? So brauchen wir Satz 2.1f)iii) beispielsweise, um die einfache Negation in das Spiel zu bringen, und diese kommt in der zu folgernden Aussage nun mal vor.

In diversen Beweisen in den folgenden Kapiteln werden die Beweisideen beschrieben, um Ihnen ein „Gespür" für das Beweisen zu vermitteln. Aber wie schon geschrieben: Ein einfaches Schema für das Beweisen gibt es leider nicht. Daher gilt: Üben Sie sich im Beweisen, um das so erhaltene Gespür später weitervermitteln zu können, denn dies ist ein wesentlicher Kern des Mathematiktreibens.

Die Beispiele aus dem Exkurs mit Aussagenvariablen versehen

Greifen wir noch einmal ein Beispiel aus dem Exkurs auf und beziehen es auf die Aussagenlogik, so ist die Aussage p: „n^2 ist gerade" und q: „n ist gerade". Damit ist $\neg q$: „n ist ungerade" und $\neg p$: „n^2 ist ungerade". Also können wir mit Satz 2.3d) formulieren:

$$\left[(n^2 \text{ ist gerade} \Rightarrow n \text{ ist gerade}) \Leftrightarrow (n \text{ ist ungerade} \Rightarrow n^2 \text{ ist ungerade}) \right]$$

zu Satz 2.3a): Greifen wir dafür noch einmal den Satz E.1 aus dem vorangegangenen Exkurs auf:

> **Satz E.1:** $\forall\, n \in \mathbb{N}$: Ist n ungerade, so ist n^2 ungerade.

Laut Definition „ungerade Zahl" hat n die Struktur: $n = 2k + 1$, $k \in \mathbb{N}_0$. Dann ist:

$$n^2 = (2k + 1)^2$$
$$\Rightarrow n^2 = 4k^2 + 4k + 1^2$$
$$\Rightarrow n^2 = 2(2k^2 + 2k) + 1$$
$$\Rightarrow n^2 = 2m + 1, m \in \mathbb{N}_0 \text{ mit } m = 2k^2 + 2k.$$

Um der Struktur der ungeraden Zahlen gerecht zu werden, muss hier $(2k^2 + 2k) \in \mathbb{N}_0$ sein.

Da $k \in \mathbb{N}_0$, ist auch k mit einer natürlichen Zahl multipliziert ein Element aus den natürlichen Zahlen. Weiterhin ist auch die Summe zweier natürlicher Zahlen eine natürliche Zahl, und damit ist $(2k^2 + 2k) \in \mathbb{N}_0$.

Damit ist n^2 laut Definition eine ungerade Zahl, sobald n eine ungerade Zahl ist. Der Satz E.1 ist mithilfe eines direkten Beweises gezeigt worden. p ist dabei „n ist ungerade" und q ist die Aussage „n^2 ist ungerade".

Hierbei ist auch Satz 2.2a) $(a \Rightarrow b) \wedge (b \Rightarrow r) \Rightarrow (a \Rightarrow r)$ mit anderen Variablen gleich zweifach erkennbar:

$(p \Rightarrow s)$: Wenn n ungerade, dann $n^2 = (2k + 1)^2$.

$(s \Rightarrow z)$: Wenn $n^2 = (2k + 1)^2$, dann $n^2 = 4k^2 + 4k + 1$.

Hier wird Satz 2.2a) zum ersten Mal angewandt: $(p \Rightarrow s) \wedge (s \Rightarrow z) \Rightarrow (p \Rightarrow z)$: Wenn n ungerade, dann $n^2 = 4k^2 + 4k + 1$.

Des Weiteren ist $(z \Rightarrow q)$: Wenn $n^2 = 4k^2 + 4k + 1$, dann $n^2 = 2m + 1$. Damit wurde Satz 2.2a) das zweite Mal angewandt: $(p \Rightarrow z) \wedge (z \Rightarrow q) \Rightarrow (p \Rightarrow q)$.

zu Satz 2.3b): Es wird also ein Beweis der Form $(\neg q \Rightarrow (p \wedge \neg p)) \Rightarrow q$ gesucht. Dafür führen wir ein weiteres Mal Satz E.2 und den entsprechenden indirekten Beweis aus dem Exkurs an:

Wenn n^2 gerade, dann n gerade.

p ist das Gegebene „n^2 ist gerade".

q ist dabei die Aussage „n ist gerade". Dies ist zu zeigen.

$\neg q$ entspricht der Annahme „n ist ungerade".
Die Annahme $\neg q$ führt im Beweis zu der Aussage, dass $\neg p$ gelten muss und damit zum Widerspruch zur Voraussetzung, die lautete, dass p gilt. Also insgesamt: $(p \wedge \neg p)$. Entsprechend der Struktur von Satz 2.3b ist dies mit dem zu zeigenden q äquivalent.

zu Satz 2.3c): Hier wurde die Beweisstruktur $(p \vee \neg p \Rightarrow q) \Rightarrow q$ angeführt. Wir kommen auf den Satz E.3 zurück:Wenn $k, n \in \mathbb{N}$, $k = n^2 + n$, dann ist k gerade.

Die Aussage p entspricht unserem 1. Fall: „n ist gerade".

Unser 2. Fall entspricht $\neg p$: „n ist ungerade".

Aus beiden Fällen muss q folgen, damit q insgesamt für die betreffende Grundgesamtheit (hier die natürlichen Zahlen) gültig ist.

Nachbereitende Übung 2.1

Aufgabe 1:
Seien p, q und r Aussagen. Beweisen oder widerlegen Sie folgende Verknüpfungen von Aussagen:
a) $\neg(p \vee q) \Leftrightarrow \neg p \wedge \neg q$
b) $\neg(p \wedge q) \Leftrightarrow \neg p \vee \neg q$
c) $(p \Rightarrow q) \Leftrightarrow \neg p \vee q$
d) $\neg(p \Rightarrow q) \Leftrightarrow p \wedge \neg q$
e) $(p \Rightarrow q) \Leftrightarrow \neg p \wedge \neg q$

Aufgabe 2:
Formulieren Sie die folgenden Sätze als aussagenlogische Formeln. Definieren Sie hierzu die Aussagen.
a) Der Patient hat weder Masern noch Scharlach.
b) Franz ist faul, aber nicht dumm.
c) Matthias wird kein Stammspieler sein, es sei denn, er trainiert täglich drei Stunden und hört mit dem Rauchen auf.

Aufgabe 3:
Sei nun:
$p = $ Es regnet.
$q = $ Die Straße ist nass.

Nutzen Sie die fünf Verknüpfungen aus Aufgabe 1 und geben Sie diesen an den Beispielaussagen eine inhaltliche Bedeutung. Beschreiben Sie die konkreten Ergebnisse mit eigenen Worten.

Aufgabe 4:
Beweisen Sie Satz 2.3c) (Fallunterscheidung) und 2.3d) (Kontraposition) anhand von Wahrheitstafeln.

Aufgabe 5:
Behauptung: $\sqrt{3}$ ist irrational.
Annahme: $\sqrt{3} \in \mathbb{Q}$.

$$\sqrt{3} \in \mathbb{Q} \Rightarrow \sqrt{3} = \frac{a}{b}, \text{ wobei } a \text{ und } b \text{ maximal gekürzt sind}$$
$$\Leftrightarrow 3b^2 = a^2$$
$$\Rightarrow a \text{ ist durch 3 teilbar}$$
$$\Leftrightarrow \exists\, k \in \mathbb{N} : a = 3k$$
$$\Rightarrow 3b^2 \Rightarrow 9k^2$$
$$\Leftarrow b^2 = 9k^2$$
$$= b \text{ ist durch 3 teilbar}$$
$$\Rightarrow \frac{a}{b} \text{ ist nicht ein maximal gekürzter Bruch}$$

a) Verbessern Sie den Beweis und begründen Sie Ihr Vorgehen.
b) Um welchen Beweistyp (Satz 2.3) handelt es sich hier? Warum?
c) Ganz links im Beweis sehen Sie „$\Rightarrow$" und „$\Leftrightarrow$". Warum sind diese wichtig für den Beweis?

Grundlagen der natürlichen Zahlen

3

In diesem Kapitel wird betrachtet, wie die natürlichen Zahlen aufgebaut sind. Da wir alle schon einige Erfahrungen mit diesen Zahlen gemacht haben, soll deren Aufbau zunächst an einer einführenden Übung angedacht werden.

Vorbereitende Übung 3.1:

Aufgabe 1:

a) Sie sehen sowohl in Abb. 3.1 als auch in den drei Grafiken verschiedene Darstellungen einer Perlenkette. Überlegen Sie sich einmal, ob eine dieser Perlenketten ein Modell für die natürlichen Zahlen sein könnte. Begründen Sie Ihre Antwort.

b) Welche Bedingungen müssen Modelle erfüllen, um gute Modelle für natürliche Zahlen zu sein?

c) Definieren Sie die Addition $m + n$ in den natürlichen Zahlen.

© Springer-Verlag GmbH Deutschland, ein Teil von Springer Nature 2023
M. Meyer, *Einführung in die Mathematik für Lehramtskandidat*innen,*
https://doi.org/10.1007/978-3-662-64027-2_3

Abb. 3.1 Perlenkette

Aufgabe 2:

a) Wählen Sie zwei Ziffern a, b aus $0 - 9$. Bilden Sie hieraus die kleinste und größte zweistellige Zahl. Subtrahieren Sie die kleinere von der größeren Zahl. Führen Sie diesen Vorgang mit mehreren Zahlen durch.

b) Welchen mathematischen Zusammenhang können Sie beobachten?

c) Begründen Sie den mathematischen Zusammenhang an der Stellenwerttafel.

Woher kommen die natürlichen Zahlen?

Wenn wir zunächst sehr grundlegend anfangen, so muss eine Ausgangsfrage lauten: Wo kommen die Zahlen eigentlich her? Etwas genauer: Wo kommen die natürlichen Zahlen (also die Zahlen aus der Folge 1, 2, 3, ...) her? Wie ist diese Zahlenfolge aufgebaut? Wir haben die ganze Zeit mit den natürlichen Zahlen gerechnet und sie als selbstverständlich hingenommen. Aus den schulischen Erfahrungen würden die meisten vermutlich antworten: „Die Zahlen (zumindest die natürlichen) sind einfach da!" In der Geschichte der Mathematik verhielt es sich vergleichbar. Lange Zeit wurde mit den natürlichen Zahlen gerechnet. Erst viel später wurden sie durch eine Axiomatik von Peano strukturell beschrieben. Überlegen wir uns zunächst, was eine solche Grundlegung leisten muss. Hierzu gehört u. a.:

a) Die erste natürliche Zahl bezeichnen wir als 1.

b) Auf eine Zahl der Folge (z. B. 72) muss immer genau eine andere Zahl folgen. Es gibt also nicht eine 73 und eine 73' als zwei verschiedene Zahlen. Umgekehrt darf es vor einer anderen Zahl auch nicht zwei Zahlen geben, die ihr vorangehen.

c) Die Folge der natürlichen Zahlen hat kein Ende.

Wenn wir uns diese Eigenschaften ansehen, so sind sie unabhängig von den Zahlnamen, die oben nur als Beispiele auftauchen. Peano hat diese (und weitere) Eigenschaften in einer Axiomatik zusammengefasst:

Definition 3.1: Die Peano-Axiome (1889) für die natürlichen Zahlen

Eine Menge $\mathbb{N}$ mit einem ausgezeichneten Element $1 \in \mathbb{N}$ und einer Abbildung $s: \mathbb{N} \to \mathbb{N}$ („successor" oder „Nachfolger" genannt), für welche die folgenden *Axiome* erfüllt sind, heißt Menge der natürlichen Zahlen:

P1 $1 \in \mathbb{N}$

P2 $n \in \mathbb{N} \Rightarrow s(n) \in \mathbb{N} \backslash \{1\}$

(Der Nachfolger jeder natürlichen Zahl ist eine natürliche Zahl. Die 1 ist kein Nachfolger einer natürlichen Zahl.)

P3 $\forall\, m, n \in \mathbb{N} : s(m) = s(n) \Rightarrow m = n$

(Sind die Nachfolger zweier Zahlen gleich, dann sind die Zahlen selber gleich.)

P4 Wenn für eine Teilmenge $M \subseteq \mathbb{N}$ die Eigenschaften

a) $1 \in M$

b) $\forall\, n \in M, s(n) \in M$ erfüllt sind, dann gilt: $M = \mathbb{N}$

(Axiom der vollständigen Induktion)

Durch P1 wird die 1 als ausgezeichnetes Element eingeführt und durch P2 an den Start der Zahlenfolge gesetzt. Alle weiteren Zahlen ergeben sich durch die Nutzung einer Abbildung (P2), die immer die Nachfolger von Elementen bildet, also beispielsweise den Nachfolger der Zahl 1. Mit P4 ließe sich leicht zeigen, dass jede natürliche Zahl auftaucht in der Folge:

$$1, s(1), s(s(1)), s(s(s(1))), s(s(s(s(1)))), \ldots$$

Diesen Elementen können wir einen „neuen" Namen geben, womit uns das Sprechen über sie auch einfacher fällt:

Definition 3.2: Die Namen der natürlichen Zahlen

In der Folge der natürlichen Zahlen bezeichnen wir …

• den Nachfolger der 1 (also $s(1)$) als 2 (in Worten „zwei"),

• den Nachfolger des Nachfolgers der 1 (also $s(s(1))$ bzw. $s(2)$) als 3 (in Worten „drei"),

- den Nachfolger des Nachfolgers des Nachfolgers der 1 (also $s(s(s(1)))$ oder $s(s(2))$ oder $s(3)$) als 4 (in Worten „vier")
- ...

Natürlich könnte man auch andere Namen für die verschiedenen Nachfolger wählen, wie es auch in anderen Kulturen erfolgt(e):

$|,||,|||,||||,\ldots$

oder

$I, II, III, IV, \ldots$

Dies sind lediglich verschiedene Zahlzeichen, doch ihre Bedeutungen sind vergleichbar.

Mit dem Axiom P3 in der Definition 3.1 wird gefordert, dass zwei Elemente der Zahlenfolge, so ihre Nachfolger identisch sind, selbst identisch sein müssen. Hiermit wird eine Forderung berücksichtigt, die bereits oben stand: Zwei verschiedene Zahlen dürfen nicht den gleichen Nachfolger besitzen. Würde beispielsweise 4 der Nachfolger von 5 und 3 sein, so hätten wir ein Problem innerhalb unseres Zahlsystems: $1, 2, 3, 4, 5, 4, 5, 4, 5, 4, \ldots$

Das letzte Axiom P4 ist besonders spannend. Es besagt, dass man durch Abzählen von der 1 zu allen natürlichen Zahlen gelangt, wenn man nur jeweils die Nachfolger bildet. Dies kann natürlich lange dauern. Die wichtigere Bedeutung dieses Axioms ist jedoch, dass, wenn eine Eigenschaft (z. B. größer oder gleich der Zahl 1 zu sein) für das Startelement (1) und für jeden Nachfolger einer beliebigen Zahl gilt, dann diese Eigenschaft bereits für alle natürlichen Zahlen gilt. Anders formuliert: Wir müssen nicht mehr alle Zahlen einzeln prüfen, um zu schauen, ob eine Aussage für alle natürlichen Zahlen erfüllt ist, sondern müssen dies lediglich für das Startelement 1 prüfen und schauen, ob es für den Nachfolger einer beliebigen Zahl der Folge gilt. Dies schauen wir uns später genauer an (Satz 3.3).

Stellenwerte und Bündelungen

Wenn man mit den so eingeführten Zahlen operieren möchte, können diese in eine Stellenwerttafel eingetragen werden. Jede *Ziffer* der Zahl wird relativ ihres *Stellenwertes* eingeteilt. Eine Zahl hat z. B. die dezimale Darstellung 387. In der Stellenwerttafel kann dies folgendermaßen aussehen:

H (10^2)	Z (10^1)	E (10^0)
3	8	7
	38	7
		387

Das Zahlwort dazu ist dreihundertsiebenundachtzig. $387 = 3 \cdot 10^2 + 8 \cdot 10^1 + 7 \cdot 10^0$

Die Idee von Stellenwerten ist, dass die Ziffer in Abhängigkeit von ihrer Stelle innerhalb der Zahl eine andere Mächtigkeit beschreibt, was wiederum den Vorteil hat, dass wir die gleichen Zahlzeichen wiederverwenden können. Jeder Stellenwert beschreibt dabei eine andere *Bündelung*.

H	Z	E
		387
	38	7
3	8	7

Idee der Bündelung:
Im Zehnersystem bzw. Dezimalsystem nimmt man sich 10 Dinge von einer Sorte und bildet dadurch die nächstgrößere Sorte ($438 = 4 \cdot 10^2 + 3 \cdot 10^1 + 8 \cdot 10^0$). Zehn Einer werden etwa zu einem Zehner gebündelt, zehn Zehner zu einem Hunderter etc. In einem anderen *g-adischen Stellenwertsystem* (gerne auch mit der Variable b, dann *b-adisch* genannt, z. B. dem 8-adischen oder Achtersystem) würden entsprechend immer g Elemente einer Sorte zum nächsthöheren Stellenwert zusammengefasst werden (im Beispiel also 8 Elemente).

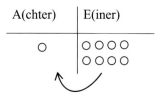

Im Folgenden wird ein Lösungsansatz zur Beispielaufgabe aus der vorbereitenden Übung vorgestellt, für die das Nutzen der Stellenwerttafel zur Begründung eines mathematischen Zusammenhangs vorteilhaft ist:

Wählen Sie zwei Ziffern von $0 - 9$. Bilden Sie hieraus die kleinste und größte zweistellige Zahl. Subtrahieren Sie die Kleinere von der Größeren. Führen Sie diesen Vorgang mit mehreren Zahlen durch. Welchen mathematischen Zusammenhang konnten Sie beobachten?

Begründen Sie den mathematischen Zusammenhang an der Stellenwerttafel.

$$54 - 45 = 9$$
$$63 - 36 = 27$$
$$72 - 27 = 45$$
$$31 - 13 = 18$$

$$\cdots$$

Was passiert nun an der Stellenwerttafel?
Nehmen wir als Beispiel die Ziffern 3 und 1 und bilden daraus die Differenz $31 - 13$.

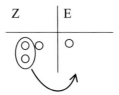

Um die Differenz der Zahlen anschaulich zu bestimmen, können wir in der Stellenwert-tafel zwei Plättchen von dem Stellenwert „Zehner" in den Stellenwert „Einer" schieben: Aus der Darstellung von 31 wird so die Darstellung zu 13. Die Größe der Veränderungen beschreibt die Differenz der beiden Zahlen. Die Veränderung besteht darin, dass pro Verschiebung ein Zehner abgezogen wird und ein Einer hinzukommt. Je häufiger aus Zehnern Einer werden (d. h. je größer die Differenz zwischen Zehner und Einer ist), desto häufiger wird die Veränderung um den Wert 9 ($= 10 - 1$) vorgenommen.

Die Bündelungseinheit muss nicht 10 sein, sondern ist eigentlich frei wählbar. Dann würden wir uns mit einem Stellenwertsystem mit einer anderen Basis beschäftigen (Nebenbei: Der Ursprung der Wahl der Zahl 10 liegt insbesondere an der Anzahl der Finger an unseren Händen. Die Simpsons haben 4 Finger pro Hand und würden bei freier Wahl vermutlich ein anderes Zahlsystem wählen.). Nutzen wir beispielsweise die Basis 4 und nehmen zunächst alle Einer, um zu schauen, wie viele 4er-Bündel enthalten sind. Bei 538 (Einern) sind dies 134 (4er-Bündel). Ein halbes Bündel (also 2) bleibt über. Zur Berechnung der Anzahl der 4^2er-Bündel dividieren wir wiederum die bisherige Mächtig-keit des vorangehenden Stellenwertes und erhalten 33 (4^2er-Bündel), wobei wiederum 2 Vierer übrig bleiben etc.

4^4	4^3	4^2	4^1	4^0
				538
			134	2
		33	2	2
2	0	1	2	2

Anders formuliert:

$(538)_{10} = (20122)_4$ gesprochen „2, 0, 1, 2, 2 zur Basis 4"

Ausführlicher:

$(20122)_4 = 2 \cdot 4^4 + 0 \cdot 4^3 + 1 \cdot 4^2 + 2 \cdot 4^1 + 2 \cdot 4^0 = (538)_{10} = 5 \cdot 10^2 + 3 \cdot 10^1 + 8 \cdot 10^0$

Wir können also feststellen, dass wir eine Zahl in verschiedenen Stellenwertsystemen auf verschiedene Weisen darstellen können. Wir könnten uns weitergehend fragen, ob es auch in einem einzigen Stellenwertsystem verschiedene Darstellungen einer Zahl gibt (bei der Verwendung gleicher Zahlzeichen). Der folgende Satz wird uns sagen, dass genau dies nicht möglich ist:

Satz 3.1: Eindeutige Darstellung einer natürlichen Zahl bei Basis g

Jede natürliche Zahl n lässt sich bei gegebener Basis $g \geq 2$ eindeutig darstellen als:

$n = a_0 g^0 + a_1 g^1 + a_2 g^2 + \ldots + a_k g^k$ mit $a_k \neq 0, a_i \in \mathbb{N}$ und $0 \leq a_i \leq g - 1$ für $i \in \{0, 1, 2, \ldots k\}$

Bemerkung zum Beweis:

Der Beweis dieses Satzes erfolgt in zwei Schritten. Diese Schritte werden immer angewendet, wenn eine *eindeutige (2) Existenz (1)* gezeigt werden muss:

1. Existenz der Darstellung
2. Eindeutigkeit der Darstellung

Der Beweis wird zu einem späteren Zeitpunkt geführt, da an dieser Stelle noch die notwendigen mathematischen Grundlagen hierzu fehlen.

Die bisher genutzten Worte seien in der folgenden Definition festgehalten:

Definition 3.3: Basis der Darstellung, Ziffern der Darstellung

Sei $n \in \mathbb{N}$ wie in Satz 3.1 angegeben, so heißt g *Basis der Darstellung* im g-adischen Stellenwertsystem. Die $a_i's$ nennt man die *Ziffern der Darstellung*. Jeweils werden g Einheiten zum nächsthöheren Stellenwert gebündelt *(Bündelungssystem)*.

Bez.: $(a_k a_{k-1} \ldots a_2 a_1 a_0)_g$

Beispiel:

Sei nun folgende Aufgabe gegeben:

$$\begin{array}{r} (87)_{10} \\ + (59)_{10} \\ \hline ()_4 \end{array}$$

Zur Lösung gibt es (mindestens) zwei Varianten:

1. Variante:

$$\begin{array}{r} (87)_{10} \\ + (59)_{10} \\ \hline (146)_{10} \end{array}$$

Die Lösung wird im 10-adischen, also im Zehnersystem (dezimales Stellenwertsystem) bestimmt und anschließend in das 4-adische (Vierersystem) umgerechnet:

4^3	4^2	4^1	4^0
			146
2	1	0	2

Also:

$$(87)_{10}$$
$$+(59)_{10}$$
$$\overline{(2102)_4}$$

2. Variante:

Es werden direkt die Summanden in das gewünschte System übertragen, sodass in dem neuen System addiert wird:

$$(87)_{10} = (1113)_4$$
$$(59)_{10} = (323)_4$$

	4^3	4^2	4^1	4^0
	1	1	1	3
+		3	2	3
(2	1	0	2)$_4$

◀

Nachbereitende Übung 3.1:

Aufgabe 1:
Homer Jay Simpson wäre dafür prädestiniert, im Achter- und nicht im Zehnersystem zu rechnen (Warum eigentlich?). Probieren Sie dies einmal aus.
a) Stellen Sie die Bündelung von $(584)_{10}$ im Achtersystem an der Stellenwerttafel dar.
b) Stellen Sie folgende Zahlen zur Basis 8 dar: $(30)_4$, $(101010110110101)_2$
c) Addieren Sie:
$$(15)_8 + (23)_8$$
$$(33)_8 + (75)_8$$
d) Multiplizieren Sie:
$$(15)_8 \cdot (23)_8$$
$$(33)_8 \cdot (75)_8$$

Versuchen Sie ebenfalls, die Aufgabenteile c) und d) zu lösen, indem Sie vor der Multiplikation nicht zuerst die Zahlen in das dezimale Stellenwertsystem umwandeln.

Aufgabe 2:
Erklären Sie den Satz 3.1 mit eigenen Worten. Gehen Sie dabei auf alle Bedingungen ein, die für die Existenz der eindeutigen Zahldarstellung erfüllt sein müssen.

Arbeiten mit den Peano-Axiomen

Axiome sind die absoluten Grundlagen einer Theorie, die innerhalb der Theorie nicht (!) deduktiv abgeleitet werden können. Sie werden also beweislos vorausgesetzt. Gleichwohl sind Axiome bzw. Axiomensysteme nicht beliebig: Ein Axiomensystem ist ein System, in dem alle Axiome einer Theorie gefasst sind. Dieses muss drei Bedingungen genügen:

a) Die Bedingung *Widerspruchsfreiheit* fordert, dass sich die Axiome innerhalb eines Axiomensystems nicht widersprechen dürfen.
b) Die Bedingung *Unabhängigkeit* bedeutet, dass die Axiome für sich alleine stehen müssen, also keines darf durch ein anderes oder mehrere andere hergeleitet werden können. Hierdurch wird gesichert, dass das System maximal klein bleibt.
c) Die Bedingung *Vollständigkeit* bedeutet, dass sich jeder Satz eines mathematischen Bereiches aus den Axiomen des betreffenden Bereiches ableiten lassen muss, sofern ein klar umrissener Bereich axiomatisch beschrieben werden soll. Hierdurch wird wiederum sichergestellt, dass kein Satz unberücksichtigt bleibt und nicht doch noch ein weiteres Axiom hinzugezogen werden müsste.

Beispiele von Axiomensystemen wären das obige von Peano für die Arithmetik, dasjenige von Kolmogorow für die Stochastik oder das von Euklid für die Geometrie. Arbeiten wir nun ein wenig mit dem Axiomensystem von Peano und stellen einmal die Behauptung auf, dass keine natürliche Zahl ihr eigener Nachfolger sein darf. Wenn dem so wäre, könnten wir uns ja permanent im Kreise drehen, z. B.: 1, 2, 3, 3, 3, 3, ...

Satz 3.2: Nachfolger jeder natürlichen Zahl:
Für jede natürliche Zahl $x \in \mathbb{N}$ gilt: $s(x) \neq x$.

Für den Beweis haben wir an dieser Stelle nur das Axiomensystem selbst gegeben. Die obigen Definitionen zu Zahlen und Stellenwerten helfen nicht weiter. Insofern wir hier eine Aussage für alle natürlichen Zahlen beweisen sollen, müssen wir also zumindest mit

P4 arbeiten, denn die anderen Axiome machen keine Aussage zu einem Übertrag auf die Menge der natürlichen Zahlen. Wir starten entsprechend mit P4 und definieren uns eine Menge M, für die unsere Aussage gelten soll.

Beweis zu Satz 3.2:
Voraussetzung: Sei $M := \{x \in \mathbb{N} \mid s(x) \neq x\}$
Zu zeigen: Die Menge M entspricht der Menge der natürlichen Zahlen, also: $M = \mathbb{N}$

Wir haben nun nur noch die Eigenschaften a) und b) aus P4 nachzuprüfen.
a) Dass $1 \in M$ ist, folgt aus Axiom P2, da 1 kein Nachfolger einer natürlichen Zahl ist, also insbesondere auch kein Nachfolger von sich selbst.
b) Nun betrachten wir eine beliebige natürliche Zahl und nehmen an, dass diese ein Element aus M ist: Sei also $x \in M$, dann gilt wegen der Definition von M: $s(x) \neq x$. Nun folgt aus dem Axiom P3 jedoch auch: $s(s(x)) \neq s(x)$, denn wäre $s(s(x)) = s(x)$, so würde nach P3 gelten: $s(x) = x$. Also gilt: $s(x) \in M$.

Da beide Bedingungen aus P4 erfüllt sind, folgt: $M = \mathbb{N}$. Mit anderen Worten: Weil die von uns definierte Menge M die Voraussetzungen in P4 erfüllt, entspricht diese Menge der Menge der natürlichen Zahlen.

Nebenbei: Unten im Beweis (Teil b) wurde ein wenig formaler argumentiert als zuvor. Dies wird immer wieder auftauchen, denn es erspart einiges an Platz, erfordert aber zu Beginn ein wenig Denkleistung. Es wird nicht nur in diesem Buch, sondern im gesamten Studium wichtig sein, eine solche Art der Notation zu beherrschen.

Nach- und vorbereitende Übung 3.2:

Aufgabe 1:
Abb. 3.2 Dominosteine

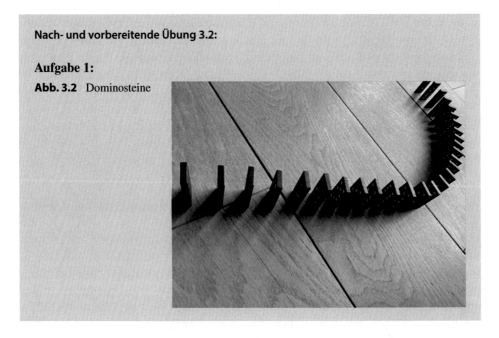

Stellen Sie sich einmal vor, Dominosteine würden so aufgestellt werden, wie es in Abb. 3.2 zu sehen ist. Nun soll für jeden Stein die Bedingung gegeben sein, dass wenn er fällt, dann auch der nächste Stein umfällt.

a) Unter welchen Umständen fallen alle Steine um?
b) Beziehen Sie die Lösung aus a) auf die Peano-Axiome.
c) Lassen sich auf diese Weise noch andere Aussagen treffen als für alle natür- lichen Zahlen?
d) Beschreiben Sie nun dieses Modell für die ganzen Zahlen.

Aufgabe 2:

Definition 3.4: Addition in $\mathbb{N}$
Seien $m, n \in \mathbb{N}$ dann definiert man die *Addition* folgendermaßen:
i) $n + 1 := s(n)$
ii) $n + s(m) := s(n + m)$

Wie würde auf der Basis dieser Definition die Aufgabe $3 + 5$ berechnet werden?

Aufgabe 3:
Die Multiplikation lässt sich als wiederholte Addition betrachten. Wie könnte man, auf der Basis der Definition der Addition, die Multiplikation definieren?

Addieren und Multiplizieren mit den Peano-Axiomen

Definition 3.4: Addition in $\mathbb{N}$

Seien $m, n \in \mathbb{N}$, dann definiert man die *Addition* folgendermaßen:

i) $n + 1 := s(n)$

ii) $n + s(m) := s(n + m)$

Beispiel:

Die Aufgabe lautet $5 + 3 = \underline{\hspace{2cm}}$.

$\begin{array}{c} \text{Def. 3.4ii)} \\ 5 + s(2) \quad = \quad s(5 + 2) \end{array}$	Anwendung von Definition 3.4ii) ermöglicht eine veränderte Betrachtung der Nachfolger-
$\begin{array}{c} \text{Def. 3.4ii)} \qquad\qquad \text{Def. 3.4ii)} \\ s(5 + 2) \quad = \quad s(5 + s(1)) \quad = \quad s(s(5 + 1)) \end{array}$	relation. Nach dieser Definition gilt:
$\begin{array}{c} \text{Def. 3.4i)} \\ = \quad s(s(s(5))) \end{array}$	$3 = s(2)$ und $2 = s(1)$

◀

Allgemein ausgedrückt ist $m + n$ der n-te Nachfolger von m.

Die Definition der Addition verrät uns aber nicht nur, wie wir zwei natürliche Zahlen addieren können. Sie ist zudem die Stelle, an der wir zum ersten Mal erkennen (besser: Wir „setzen" es.), dass der Abstand zwischen zwei natürlichen Zahlen 1 ist: Denn in Def. 3.4i) wird quasi der Nachfolger einer beliebigen Zahl als diese Zahl mit 1 addiert angegeben.

Die Schritte Def. 3.4i) und ii) unterscheiden sich dahingehend, dass Def. 3.4ii) so lange anzuwenden ist, bis wir Def. 3.4i) durchführen können. Def. 3.4i) definiert quasi eine Art Abbruchbedingung, welche durch sukzessives Anwenden von Def. 3.4ii) erreicht wird. Man spricht daher auch von einer rekursiven Definition (man „rekurriert" auf bekannte Werte).

Und was ergibt sich bei der Rechnung $6 + 6 + 6 + 6 + 6$?

Wir würden sofort zustimmen, dass gilt: $6 + 6 + 6 + 6 + 6 = 5 \cdot 6$. Aber bisher wurde weder die Addition mit mehr als zwei Summanden noch die Multiplikation eingeführt. Wenn wir nun eine solche Multiplikation durchführen möchten, dann müssen wir diese irgendwie auf die Addition von zwei Summanden zurückführen. Eine Möglichkeit wäre:

$$5 \cdot 6 = 6 + 6 + 6 + 6 + 6 = (5 - 1) \cdot 6 + 6 = s(s(s(s(s(s((5 - 1) \cdot 6))))))$$

Wir würden also einen Summanden herausnehmen und den (komischen) Punkt nicht weiter behandeln. Allgemeiner formuliert:

$$n \cdot m = (m - 1) \cdot n + n$$

Oder mit den bereits eingeführten Bezeichnungen:

$$n \cdot s(m) = m \cdot n + n$$

Definition 3.5: Multiplikation in $\mathbb{N}$

Seien $m, n \in \mathbb{N}$. Dann definiert man die Multiplikation wie folgt:

i) $n \cdot 1 := n$

ii) $n \cdot s(m) := n \cdot m + n$

Die Definitionen 3.4 und 3.5 bezeichnet man als rekursiv, d. h., dass bis zu einem bekannten Wert zurückgegangen wird. Man geht quasi „vom Ergebnis aus".

Nachbereitende Übung 3.2:

Aufgabe 1:

Überprüfen Sie an den drei folgenden Grafiken, ob jedes einzelne **Peano-Axiom** erfüllt ist. Begründen Sie Ihre Aussagen.

a)

b)

c)

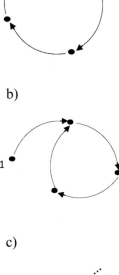

Aufgabe 2:
Erstellen Sie ein Axiomensystem für die negativen natürlichen Zahlen ($\mathbb{Z}\backslash\mathbb{N}$).

Aufgabe 3:
Benennen Sie die Unterschiede und Gemeinsamkeiten von Aussagen, Axiomen, Beweisen, Definitionen und Sätzen mit eigenen Worten.

Aufgabe 4:
Worin besteht der Fehler bei $n \cdot m = n \cdot s(m) + n$?

Das vierte Peano-Axiom und seine Nutzung zum Beweisen in der Mathematik

Vorbereitende Übung 3.3:

Aufgabe 1:
Begründen/Beweisen Sie die Gauß'sche Summenformel, die besagt, dass für $n \in \mathbb{N}$ gilt:

$$\sum_{i=1}^{n} i = \frac{n(n+1)}{2}$$

Was kann über die Summe $1 + 2 + 3 + 4 + \ldots + n$ ($n \in \mathbb{N}$) gesagt werden?

$n = 1$	$1 = 1$
$n = 2$	$1 + 2 + 3$
$n = 3$	$1 + 2 + 3 = 6$
$n = 4$	$1 + 2 + 3 + 4 = 10$
$n = 10$	$1 + 2 + 3 + 4 + 5 + 6 + 7 + 8 + 9 + 10 = 55$
	Jede Verbindung mit Pfeilen ergibt in der Summe 11

Während sich für Summen aus wenigen Summanden die Gesamtsumme noch relativ schnell bestimmen lässt, ist dies bei mehreren Summanden kaum mehr schnell möglich. Betrachten wir den Trick (den Gauß als Schüler seinem Lehrer vorgeführt haben soll) mal allgemein:

$$1 + 2 + 3 + 4 + \cdots + (n - 1) + n = \underbrace{(n + 1) + (n + 1) + \cdots + (n + 1)}_{\frac{n}{2}\text{-mal}} = \frac{n}{2} \cdot (n + 1)$$

Wenn die mit Pfeilen zusammengefassten Werte addiert werden, ergibt sich stets die Summe $n + 1$. Dies gilt auch für den gepunkteten Bereich, denn die Pfeile werden zur nächsten Teilsumme links um $+1$ und rechts um -1 verschoben. Die Summe der Veränderungen von einer Teilsumme zur nächsten ist also 0. Da jeweils zwei Summanden addiert werden, müssten wir insgesamt $\frac{n}{2}$ Pfeile erstellen. Also entspricht die Summe aufeinanderfolgender Zahlen von 1 bis n dem Produkt $\frac{n}{2} \cdot (n + 1)$. Was aber passiert, wenn n ungerade ist, sich also nicht so einfach durch zwei dividieren lässt? Nun, wir verfolgen die gleiche Idee und fassen 1 und $(n - 1)$ zusammen, 2 und $(n - 2)$ etc. ...

$$1 + 2 + 3 + 4 + \cdots + (n - 2) + (n - 1) + n = \underbrace{n + \cdots + n}_{\frac{n-1}{2}\text{-mal}} + n = \frac{n-1}{2} \cdot n + n$$

$$= \frac{n^2 - n + 2n}{2} = \frac{n^2 + n}{2} = \frac{n(n+1)}{2} = \frac{n}{2}(n + 1)$$

Betrachten wir alternativ folgende Abbildungen:

1. Fall: Ein Beweis mittels eines *generischen Bildes* für eine gerade Zahl n (hier 6) kann wie folgt geschehen:

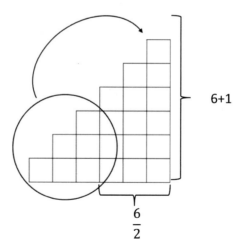

Sie sehen eine Art „Treppe", die mit einem Quadrat als erste Stufe beginnt und insgesamt 6 Stufen hat, welche jeweils die aufeinanderfolgenden natürlichen Zahlen repräsentieren. Diese Ausgangssituation ist vergleichbar mit dem ersten Teil der Gleichung der Gauß'schen Summenformel $(1 + 2 + \ldots + n$, in diesem Fall mit $n = 6)$.

Da die Stufenanzahl gerade ist, kann man genau nach der Hälfte der Stufen die Treppe „teilen" (hier nach $\frac{6}{2} = 3$ Stufen). Wenn man die 6 Quadrate der ersten drei Stufen (siehe die Quadrate in dem Kreis) auf die verbleibenden Stufen der Treppe setzt (siehe Pfeil), ergibt sich ein Rechteck. Die längere Seite ist $6 + 1$ Quadrate lang und die kürzere $\frac{6}{2}$ Quadrate lang. Berechnet man die Anzahl der Quadrate, so rechnet man: $\frac{6}{2} \cdot (6 + 1) = \frac{6(6+1)}{2}$. Diese Situation können wir nun mit dem zweiten Teil der Gauß'schen Summenformel vergleichen ($\frac{n(n+1)}{2}$, in diesem Fall mit $n = 6$).

2. Fall: Für ungerade Zahlen (hier 5) sähe dieses Bild folgendermaßen aus:

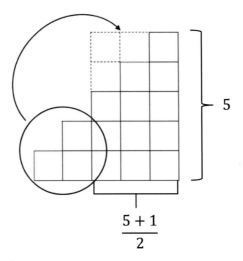

Unsere Ausgangssituation entspricht der obigen. Diesmal haben wir eine Treppe mit einer ungeraden Anzahl an Stufen (5). Diese kann nicht einfach nach der Hälfte der Stufen geteilt werden. Allerdings kann man eine weitere Stufe stehen lassen und den Rest „hochklappen". Anders formuliert: Die letzte Stufe bleibt unangetastet, und die anderen werden wie zuvor behandelt. Im Beispiel werden $\frac{5+1}{2} = 3$ Stufen stehen gelassen. Diese restlichen zwei Stufen können angesetzt werden (siehe Pfeil), sodass wieder ein Rechteck entsteht. Dieses Rechteck besitzt $\frac{5+1}{2} \cdot 5 = \frac{(5+1)5}{2} = 15$ Quadrate.

Die Frage bleibt, warum dies eine Begründung mittels eines generischen Bildes ist, also auf alle beliebigen aufeinanderfolgenden Zahlen erweiterbar ist.

Hierzu müssen wir uns die Struktur der vorherigen Begründung ansehen: Von links werden die Zahlen immer um eins größer, von rechts betrachtet immer um eins kleiner. Die Operation des „Umklappens" funktioniert also, insofern keine Lücke bleibt. Wie viele Stufen umgeklappt werden, bleibt irrelevant, wenn nur je nach gerader oder ungerader Summandenanzahl die jeweiligen Vorgehensweisen berücksichtigt werden: die erste Stufe auf die letzte (gerade Anzahl an Summanden) oder auf die vorletzte (ungerade Anzahl an Summanden) usw.

Diese Begründung lässt sich bei angepasster Notation auch in der Grundschule führen. Nachdem wir hierdurch die Aussage inhaltlich durchdrungen haben, soll sie nun auf der Grundlage des vierten Peano-Axioms bewiesen werden. Um die Idee des folgenden Beweises (besser: die Art des Beweises) zu verstehen, sei das vierte Peano-Axiom erneut betrachtet. In diesem wird zu einer Menge M gesagt: Wenn M die 1 und für jedes Element auch dessen Nachfolger enthält, so handelt es sich bei M um die Menge der natürlichen Zahlen.

In unserem Beweis wollen wir eine Aussage über alle natürlichen Zahlen treffen und erstellen uns nun quasi eine Menge von Elementen, für welche die Aussage zutrifft. Diese Menge soll der Menge der natürlichen Zahlen entsprechen. Um Letzteres zu erfüllen, sollte die Aussage für das Startelement 1 gelten. Zusätzlich muss sie, wenn sie für ein beliebiges Element gilt, auch für das nachfolgende Element gelten. Die Situation ist ähnlich wie bei den Dominosteinen in obiger Übung: Wenn der erste Stein umkippt und jeder umkippende Stein seinen Nachfolger mitnimmt, dann fallen alle um. Im Folgenden kürzen wir die Aussage „Gauß'sche Summenformel ist erfüllt" oder „Stein fällt um" wie gewohnt mit p ab. Es muss also gelten:

i) $p(1)$ ist erfüllt bzw. richtig und
ii) wenn $p(n)$ erfüllt bzw. richtig ist, dann auch $p(n + 1)$.

Mit den Dominosteinen ausgedrückt:
  Zunächst fällt der erste Stein um ($p(1)$) (s. i)).
  Wenn der erste Stein umfällt ($p(1)$), dann auch sein Nachfolger – der zweite Stein ($p(2)$) (s. ii)).
  Wenn der zweite Stein umfällt ($p(2)$), auch sein Nachfolger – der dritte Stein ($p(3)$) (s. ii)).
  Wenn der dritte Stein umfällt ...
  Diese Schritte könnte man beliebig oft machen, wenn man zuvor gezeigt hat, dass die Bedingung ii) erfüllt ist. Wir brauchen dann nur ein Startelement (s. i)). Die einzelnen Schritte der Betrachtung von Nachfolgern durchzuführen, dauert endlos lange, denn die Menge der natürlichen Zahlen ist unendlich. Der Vorteil dieser Methode ist, dass wir nur zeigen müssen, dass die beiden Bedingungen i) und ii) erfüllt sind, denn dann wissen wir, dass die einzelnen Nachfolgerbetrachtungen möglich, aber nicht mehr notwendig sind. Man nennt diese Methode des Beweisens *vollständige Induktion*. Wir führen Sie zunächst an dem Beispiel der Gauß'schen Summenformel durch:

$$1 + 2 + \ldots + n = \frac{n(n + 1)}{2} \text{ für alle } n \in \mathbb{N}.$$

1. Schritt: Wir müssen zeigen, dass $p(1)$ für die Gauß'sche Summenformel wahr ist. Anders ausgedrückt: Die Gauß'sche Summenformel gilt für die Zahl 1.
   $p(1) = 1 = \frac{1(1+1)}{2} = \frac{2}{2} = 1$, und damit ist die Gauß'sche Summenformel für $n = 1$ wahr.
   Diesen Schritt bezeichnet man auch als *Induktionsanfang*.

2. Schritt: Wir nehmen an, dass $p(n)$ für ein beliebiges, aber fest gewähltes (damit man nachher nicht beliebig „springen" kann) $n \in \mathbb{N}$ wahr ist. Der Grund ist einfach: Wir müssen danach zeigen, dass, wenn $p(n)$ wahr ist, dann auch für den Nachfolger von n: $(n + 1)$, $p(n + 1)$ wahr ist.

Also gelte: $1 + 2 + \ldots + n = \frac{n(n+1)}{2}$

Diesen Schritt bezeichnet man als *Induktionsvoraussetzung*.

3. Schritt: Nun kommt der schwierige Teil. Wir müssen zeigen, dass $p(n + 1)$ wahr ist, solange nur $p(n)$ wahr ist.

Was ist aber $p(n + 1)$ im Beispiel der Gauß'schen Summenformel? Es ist nichts weiter als die gleiche Aussage, wobei der Nachfolger von n einbezogen wird:

$p(n + 1) = 1 + 2 + \ldots + n + (n + 1) = \frac{(n+1)((n+1)+1)}{2}$

Die Gültigkeit der Gleichung wird nun nacheinander zu zeigen versucht:

$1 + 2 + 3 + \ldots + n + (n + 1) = \frac{(n+1)((n+1)+1)}{2}$ (die Aussage $p(n + 1)$)

In dem linken Teil der Gleichung ist die Summe $1 + 2 + 3 + \ldots + n$ enthalten. Für diese haben wir im zweiten Schritt die Annahme getroffen, dass sie dem Term $\frac{n(n+1)}{2}$ entspricht. Dies können wir nun einsetzen, ohne die Gleichung inhaltlich zu verändern (eine Äquivalenzumformung). Es ergibt sich:

$$\underbrace{1 + 2 + 3 + \ldots + n}_{= \frac{n(n+1)}{2} \text{ (laut Induktionsvoraussetzung)}} + (n + 1) = \frac{(n+1)((n+1)+1)}{2}$$

Den rechten Teil der Gleichung können wir nun ausmultiplizieren, und auch der Rest ergibt sich durch einfache Termumformungen:

$$\frac{n(n + 1)}{2} + (n + 1) = \frac{n^2 + 2n + n + 2}{2}$$

$$\Leftrightarrow \frac{n^2 + n}{2} + (n + 1) = \frac{n^2 + 2n + n + 2}{2}$$

$$\Leftrightarrow n^2 + n + 2(n + 1) = n^2 + 2n + n + 2$$

$$\Leftrightarrow n^2 + n + 2n + 2 = n^2 + 2n + n + 2$$

$$\Leftrightarrow n^2 + 3n + 2 = n^2 + 3n + 2$$

Auf der linken und der rechten Seite der Gleichung stehen die gleichen Terme. Es handelt sich um eine wahre Aussage. Da wir nur Äquivalenzumformungen durchgeführt haben, muss also unsere Aussage zu Beginn auch wahr gewesen sein: Wenn die Gauß'sche Summenformel für ein Element gilt, dann auch für das Nachfolgende.

Neben der Veranschaulichung der vollständigen Induktion mit dem Fallen von Dominosteinen wird auch gerne von einer Kettenreaktion bei diesem Beweis gesprochen:

Wenn $p(1) \wedge p(n) \Rightarrow p(n+1)$, dann funktioniert folgende Kettenreaktion:

$$p(1) \text{ wahr, also auch } p(2), \text{ weil } p(2) = p(1+1)$$
$$p(2) \text{ wahr, also auch } p(3), \text{ weil } p(3) = p(2+1)$$
$$p(3) \text{ wahr, also auch } p(4), \text{ weil } p(4) = p(2+1)$$
$$\cdots$$

Im Vergleich zu der Begründung mittels eines generischen Bildes hat diese Art eines Beweises einen Nachteil: Wir beweisen zwar die Gültigkeit einer Aussage für die natürlichen Zahlen, haben aber nicht unbedingt eine inhaltliche Idee, warum sich beispielsweise so eine Summe ergeben muss. Für das inhaltliche Verständnis der zu beweisenden Aussagen ist dies ein enormer Nachteil. Gleichwohl hat die vollständige Induktion auch Vorteile: Wenn man sie beherrscht, dann ist sie ein sehr schnelles Beweisverfahren und sie verhilft auch Aussagen zu beweisen, deren inhaltliche Bedeutung man nicht auf Anhieb versteht.

Nun soll die Gültigkeit von diesem wichtigen Beweisverfahren auch bewiesen werden:

Satz 3.3: Vollständige Induktion
Sei $n \in \mathbb{N}$ und $p(n)$ eine Aussage.
   Dann gilt: $p(1) \wedge (\forall\, n \in \mathbb{N} : p(n) \Rightarrow p(n+1)) \Rightarrow \forall\, n \in \mathbb{N} : p(n)$

Beweis zu Satz 3.3:
Voraussetzung: $n \in \mathbb{N}$ und $p(n)$ sei eine Aussage
Zu zeigen: $p(1) \wedge (\forall n \in \mathbb{N} : p(n) \Rightarrow p(n+1)) \Rightarrow \forall n \in \mathbb{N} : p(n)$

Bemerkung zur Beweisstruktur: Es wird ein Widerspruchsbeweis durchgeführt.
Wir nehmen an, dass es eine Menge von Elementen gäbe, für die $p(n)$ nicht erfüllt sei (d. h., es würde unsere Dominokette unterbrochen werden).
Nehmen wir an, diese Menge sei $K = \{n \in \mathbb{N} | \neg p(n)\}$.
Wir nehmen an: $K \neq \emptyset$.
Wenn dem nicht so wäre, dann wären wir ja schon fertig, denn dann würde $p(n)$ für alle Elemente erfüllt sein. K muss also Elemente besitzen. Da $K \subseteq \mathbb{N}$, gibt es ein kleinstes (!) Element $n_0 \in K$ (s. hierzu die Wohlordnungseigenschaft in Kap. 4). Wir schauen uns dieses kleinste Element an. Es gilt, dass $n_0 > 1$, da $p(1)$ wahr ist (Voraussetzung des Satzes).
Dann gibt es ein $m \in \mathbb{N}$ (nicht in K enthalten) mit $n_0 = m + 1$. n_0 ist also der Nachfolger von m. Über $p(m)$ wissen wir, dass es erfüllt sein muss, weil m nicht in K enthalten ist. Ansonsten wäre m und nicht n_0 kleinstes Element aus K. Da $p(m)$ aber erfüllt ist, ist

nach Voraussetzung $(\forall n \in \mathbb{N} : p(n) \Rightarrow p(n+1))$ auch $p(m+1)$ erfüllt. Dies wiederum bedeutet, dass $p(n_0)$ erfüllt sein muss. Also kann K kein kleinstes Element besitzen und existiert somit nicht.

Dies ist ein Widerspruch zur Annahme $K = \{n \in \mathbb{N} | \neg p(n)\} \neq \emptyset$, und damit gilt $p(n)$ für alle $n \in \mathbb{N}$.

Beispiel:

Zu zeigen (per vollständiger Induktion): Für gewisse natürliche Zahlen gilt: $n! > 2^n$

n	$n!$	2^n
1	1	2
2	2	4
3	6	8
4	24	16

Wie die Tabelle zeigt, ist die Aussage $n! > 2^n$ für $n = 1, 2$ und 3 nicht erfüllt. $p(4)$ ist hingegen erfüllt, da $24 > 16$. Wir wollen nun zeigen, dass $\forall\, n \in \mathbb{N}, n \geq 4$ gilt $n! > 2^n$.

Voraussetzung: $\forall\, n \in \mathbb{N}, n \geq 4$
Zu zeigen: $n! > 2^n$

Induktionsanfang (IA):
Prüfe $p(4)$.
$4! = 24 > 16 = 2^4$
Damit gilt $p(4)$.

Induktionsvoraussetzung (IV):
Für ein beliebiges, aber festes $n \in \mathbb{N}, n \geq 4$ gelte $p(n)$: $n! > 2^n$.

Induktionsschritt (IS):
Zu zeigen: Unter der Annahme, dass $p(n)$ gilt, gilt auch $p(n+1)$. Anders formuliert: Wenn der n-te Stein fällt, dann auch der $(n+1)$-te Stein (hier: $(n+1)! > 2^{n+1}$).

Wir wissen: $(n+1)! = 1 \cdot 2 \cdot 3 \ldots \cdot n \cdot (n+1) = n! \cdot (n+1)$

Zu zeigen ist also: $(n+1)! = (n+1) \cdot n! > 2^{n+1}$
Nach IV gilt: $n! > 2^n$ für $n \geq 4$
Deswegen ist auch $(n+1)! = (n+1) \cdot n! > (n+1) \cdot 2^n$

Anmerkung: Für $n!$ wurde hier 2^n eingesetzt. Wir wissen aus der Induktionsvoraussetzung, dass $n! > 2^n$ für $n \geq 4$ ist. Wenn ich beide Seiten mit einem gleichen Faktor multipliziere, dann bleibt das Größenverhältnis erhalten.

Jetzt ist nur noch zu zeigen: $(n+1) \cdot 2^n > 2^{n+1}$
Da $n+1 > 2$ (weil $n \geq 4$), ist $(n+1) \cdot 2^n > 2 \cdot 2^n \; (= 2^{n+1})$
Damit gilt die Behauptung für $n \in \mathbb{N}, n \geq 4$

Das Beispiel zeigt, dass dieses Beweisverfahren nicht unbedingt bei der Zahl 1 beginnen muss. Wenn diese Bedingung jedoch nicht erfüllt ist, dann gilt die Aussage nicht mehr für alle natürlichen Zahlen, was stets anzumerken ist. ◄

Wie oben schon angemerkt, können Beweise mittels einer vollständigen Induktion häufig schnell durchgeführt werden. Entsprechend sollte diese Beweisart zu Beginn häufiger geübt werden.

Auf zwei Aspekte sollte dabei immer geachtet werden:

1. Schenken Sie der Formulierung der Aussage $p(n+1)$ besondere Beachtung. Hier geschehen häufig Fehler.
2. Die wesentliche Idee des Induktionsbeweises ist das „Voranschreiten" bzw. die Kettenreaktion: Wenn eine Aussage für ein Element gilt, dann auch für den Nachfolger. Dies besagt, dass in dem Induktionsschritt die Induktionsvoraussetzung verwendet werden muss! Ansonsten würden Sie ja nicht beweisen können, dass sich die Wahrheit der Aussage für ein Element auf dessen Nachfolger überträgt. Stärker formuliert: Wenn in dem Induktionsschritt die Induktionsvoraussetzung nicht verwendet wurde, dann ist der Beweis nicht richtig.

Nachbereitende Übung 3.3:

Aufgabe 1:
a) Zeigen Sie durch vollständige Induktion, dass für alle $n \in \mathbb{N}$ gilt:
$$1 + 3 + 5 + ... + (2n-1) = n^2$$
b) In der Grundschule könnte man die Gleichung mit figurierten Zahlen nachweisen:

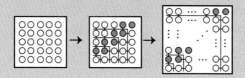

Das allgemeine Argument könnte wie folgt lauten: „Jedes Mal, wenn das Quadrat um 1 größer wird, kommt ein neuer Winkelhaken hinzu. Der neue Winkelhaken besitzt die gleiche Anzahl an Punkten wie der vorherige und 2 mehr, wie die Zuordnungen im Bild zeigen. Wenn immer zwei hinzukommen und die allererste Zahl die 1 war, dann kommt immer eine ungerade Anzahl an Punkten hinzu."

Finden Sie die Elemente Ihrer vorherigen vollständigen Induktion in diesem Argument wieder?

Aufgabe 2:
Zeigen Sie, dass eine natürliche Zahl ab einer bestimmten Grenze als Exponent von 2 höhere Werte erzeugt als das Quadrat einer Zahl.

Zahlentheorie – Teil I: Teilbarkeitslehre in $\mathbb{N}$

In diesem Kapitel steht die Teilbarkeit im Bereich der natürlichen Zahlen im Mittelpunkt der Betrachtung. Diese wird zunächst definiert, und es werden einige Eigenschaften der Teilbarkeit betrachtet. Ein wesentliches Zwischenziel dieses Kapitels ist der Satz, welcher aussagt, dass eine Division mit Rest mit zwei natürlichen Zahlen immer ein existierendes und eindeutiges Ergebnis liefert.

Zudem werden einige Ausführungen zu zwei wichtigen Begriffen aus der Schulmathematik getroffen, dem größten gemeinsamen Teiler und dem kleinsten gemeinsamen Vielfachen. Mit dem euklidischen Algorithmus kommt ein relativ umfangreiches Verfahren hinzu, mittels dessen die Bestimmung des größten gemeinsamen Teilers gelingen kann.

Abschließend wird der Satz zur Existenz und eindeutigen Darstellung einer Zahl in einem g-adischen Stellenwertsystem aus dem vorangegangenen Kapitel bewiesen. Aber zunächst ein paar vorbereitende Aufgaben:

Vorbereitende Übung 4.1:

Aufgabe 1:

$$9 : 3 = 3$$
$$12 : 2 = 6$$
$$20 : 5 = 4$$

a) Sie sehen einige Divisionsaufgaben. Was setzt es voraus, dass eine Zahl eine andere teilt?
b) Welche speziellen Voraussetzungen gelten für die Division mit den Zahlen 2, 3 und 5?

Begründen Sie Ihre Antworten mit eigenen Worten.

© Springer-Verlag GmbH Deutschland, ein Teil von Springer Nature 2023
M. Meyer, *Einführung in die Mathematik für Lehramtskandidat*innen*,
https://doi.org/10.1007/978-3-662-64027-2_4

Aufgabe 2:

$$
\begin{aligned}
4752 &= 4 \cdot 1000 + 7 \cdot 100 + 5 \cdot 10 + 2 \cdot 1 \\
&= 4 \cdot (999 + 1) + 7 \cdot (99 + 1) + 5 \cdot (9 + 1) + 2 \cdot 1 \\
&= 4 \cdot 999 + 4 + 7 \cdot 99 + 7 + 5 \cdot 9 + 5 + 2 \\
&= 4 \cdot 999 + 7 \cdot 99 + 5 \cdot 9 + (4 + 7 + 5 + 2)
\end{aligned}
$$

a) Fügen Sie zu der oben stehenden Rechnung zwei weitere Beispiele an (gerne vierstellige Zahlen, aber auch andere).

b) Welchen allgemeinen mathematischen Zusammenhang zur Teilbarkeit können Sie hierbei erkennen?

c) Begründen Sie Ihre Lösung aus b) für beliebige vierstellige Zahlen.

Aufgabe 3:

a) Welche Zahlen werden von 1 (bzw. 0) geteilt? Welche Zahlen teilen die 1 (bzw. 0)?

b) Gibt es Zahlen, die genau zwei Teiler haben? Kann es Zahlen mit genau drei Teilern geben?

Voraussetzungen für dieses Kapitel

Um das Kapitel nicht zu umfangreich werden zu lassen, benötigen wir einige Voraussetzungen, die wir beweislos voraussetzen. Würden wir diese alle beweisen, so würden wir ein gesamtes Semester nur damit füllen …

KG+	Kommutativgesetz bzgl. „+"	$\forall a, b \in \mathbb{N}$:	$a + b = b + a$
KG $\cdot$	Kommutativgesetz bzgl. „$\cdot$"	$\forall a, b \in \mathbb{N}$:	$a \cdot b = b \cdot a$
AG+	Assoziativgesetz bzgl. „+"	$\forall a, b, c \in \mathbb{N}$:	$a + (b + c) = (a + b) + c$
AG $\cdot$	Assoziativgesetz bzgl. „$\cdot$"	$\forall a, b, c \in \mathbb{N}$:	$a \cdot (b \cdot c) = (a \cdot b) \cdot c$
DG	Distributivgesetz	$\forall a, b, c \in \mathbb{N}$:	$a \cdot (b + c) = a \cdot b + a \cdot c$
K+	Kürzungsregel bzgl. „+"	$\forall a, b, c \in \mathbb{N}$:	$a + b = a + c \Rightarrow b = c$
K $\cdot$	Kürzungsregel bzgl. „$\cdot$"	$\forall a, b, c \in \mathbb{N}$:	$a \cdot b = a \cdot c \Rightarrow b = c$
NE+	Existenz und Eindeutigkeit des neutralen Elementes bzgl. „+"	$\forall a \in \mathbb{N}$:	Die 0, denn: $a + 0 = a$
NE $\cdot$	Existenz und Eindeutigkeit des neutralen Elementes bzgl. „$\cdot$"	$\forall a \in \mathbb{N}$:	Die 1, denn: $a \cdot 1 = a$
<	Kleiner-Relation	$\forall a, b \in \mathbb{N}$:	$a < b :\Leftrightarrow \exists c \in \mathbb{N} : a + c = b$
TRI	Trichotomie	$\forall a, b \in \mathbb{N}$:	$a < b \vee a = b \vee b < a$

TRANS	Transitivität (für „<" – Relation)	$\forall a, b, c \in \mathbb{N}:$	$(a < b) \wedge (b < c) \Rightarrow (a < c)$
MON+	Monotonie bzgl. „+"	$\forall a, b, c \in \mathbb{N}:$	$a < b \Rightarrow (a + c < b + c)$
MON $\cdot$	Monotonie bzgl. „$\cdot$"	$\forall a, b, c \in \mathbb{N}:$	$a < b \Rightarrow (a \cdot c < b \cdot c)$
	Wohlordnungseigenschaft		Jede Teilmenge der natürlichen Zahlen besitzt ein kleinstes Element (in $\mathbb{R}$ gilt Wohlordnungseigenschaft nicht) **Beispiel:** $\{x \in \mathbb{N} \mid x^2 > 2\} = \{\mathbf{2}, 3, 4, \dots\}$

Bemerkung:
Aus der Schule kennt man die Schreibweise „$8 : 2 = 4$", „$10 \div 5 = 2$", „$\frac{8}{2} = 4$" oder „$10/2 = 5$". Diese Schreibweisen werden hier nicht übernommen. Formal schreibt man $y|x$ und sagt „y teilt x" (Beispiel $2|8$, gesprochen „zwei teilt acht"). Aber Vorsicht: $y|x$ darf nicht (!) mit der Bruchschreibweise $\frac{y}{x}$ verwechselt werden.

Teilbarkeit von natürlichen Zahlen

Wir starten das Kapitel direkt mit einer Definition, welche eine Antwort auf folgende Frage bietet: Wann teilt eine Zahl eine andere? Es geht dabei vorrangig nicht um das konkrete Ergebnis der Division, sondern um die Frage nach einer Bedingung: Wann ist Teilbarkeit überhaupt möglich?

Definition 4.1: Teiler, Komplementärteiler, Vielfaches
Eine Zahl $a \in \mathbb{N}_0$ teilt eine Zahl $b \in \mathbb{N}_0$ (ohne Rest), falls eine Zahl $t \in \mathbb{N}_0$ existiert, sodass $a \cdot t = b$.
a heißt *Teiler* von b.
b heißt *Vielfaches* von a.
Formal: $a|b :\Leftrightarrow \exists t \in \mathbb{N}_0 : a \cdot t = b$

Ist a ein Teiler von b, so gibt es ein $t \in \mathbb{N}_0$ mit $a \cdot t = b$. Dann ist t auch ein Teiler von b, der sog. *Komplementärteiler* von b zu a.

Um zu wissen, ob ein a ein b teilt, bedarf es also einer natürlichen Zahl (einschließlich der 0), die mit a multipliziert b ergibt. Beispielsweise ist 3 ein Teiler von 12, weil wir mit der 4 eine natürliche Zahl haben, sodass gilt: $3 \cdot 4 = 12$.

Mit dieser Definition von Teilbarkeit sind einige Eigenschaften verbunden, von denen wir uns eine Auswahl im folgenden Satz anschauen.

Satz 4.1: Eigenschaften der Teilbarkeitsrelation
Seien $a, b, c \in \mathbb{N}_0$, dann gilt:
1) Aus $0|b$ folgt $b = 0$.
2) Aus $a|b$ und $b \neq 0$ folgt $a \leq b$.
3) $1|a$ und $a|a$ und $a|0$.
4) Aus $a|b$ und $b|c$ folgt $a|c$ (Transitivität).
5) Aus $a|b$ und $b|a$ folgt $a = b$.

Beweis zu Satz 4.1.1):
Voraussetzung: $b \in \mathbb{N}_0$: $0|b$
Zu zeigen: $b = 0$

Bemerkung zur Beweisstruktur: direkter Beweis

$$0|b \overset{\text{Def.4.1}}{\Rightarrow} \exists\, t \in \mathbb{N}_0 : 0 \cdot t = b \overset{0 \cdot t = 0}{\Rightarrow} 0 = b$$

Beweis zu Satz 4.1.2):
Voraussetzung: $a, b \in \mathbb{N}_0 : a|b$ und $b \neq 0$
Zu zeigen: $a \leq b$

Bemerkung zur Beweisstruktur: Fallunterscheidung.

Fall 1 ($a = 0$): $a = 0 \overset{\text{Satz 4.1.1)}}{\Rightarrow} b = 0$. Dies ist ein Widerspruch zur Voraussetzung, dass $b \neq 0$. Entsprechend brauchen wir diesen Fall nicht weiter zu betrachten.

Fall 2 ($a \neq 0$): $a|b \overset{\text{Def.4.1}}{\Rightarrow} \exists\, t \in \mathbb{N}_0$, sodass $a \cdot t = b$.

Wegen $a \neq 0$ folgt $t \neq 0$, da wir ansonsten einen Widerspruch zur Voraussetzung $b \neq 0$ hätten. Wir müssen die Situation genauer ansehen und eine weitere Fallunterscheidung treffen:

$$\text{Wenn } t = 1 \Rightarrow a \cdot 1 = b \overset{NE\cdot}{\Rightarrow} a = b$$
$$\text{Wenn } t > 1 \overset{Mon\cdot}{\Rightarrow} 1 \cdot a < \underbrace{t \cdot a}_{=b} \overset{NE\cdot}{\Rightarrow} a < b$$

a ist also gleich oder kleiner b. Somit ist bewiesen: Aus $a|b$ und $b \neq 0$ folgt $a \leq b$.

Kurze Reflektion des Beweises von 4.1.2): Hier wurden zwei Fallunterscheidungen getroffen. Dies ist immer dann eine sinnvolle Option, wenn man beim Beweisen erkennt, dass sich unterschiedliche Situationen zeigen. Beispielsweise zeigte uns Satz 4.1.2), dass die Zahl 0 eine besondere Rolle spielt. Entsprechend macht es Sinn, diese Rolle zu Beginn genau zu untersuchen.

Beweis zu Satz 4.1.3):

Voraussetzung: $a \in \mathbb{N}_0$

Zu zeigen: $1|a$ und $a|a$ und $a|0$

Bemerkung zur Beweisstruktur: direkter Beweis

Grundlage ist Definition 4.1, die hier nur mit anderen Variablen notiert wird (inhaltlich bleibt die Aussage gleich): $x|y \overset{\text{Def.4.1}}{\Rightarrow} \exists\, t \in \mathbb{N}_0 : x \cdot t = y$

i. $1|a$, da $1 \cdot t = a$ mit $t = a$ und $a \in \mathbb{N}_0$
ii. $a|a$, da $a \cdot t = a$ mit $t = 1$ und $1 \in \mathbb{N}_0$
iii. $a|0$, da $a \cdot t = 0$ mit $t = 0$ und $0 \in \mathbb{N}_0$

Damit ist gezeigt: $1|a$ und $a|a$ und $a|0$.

Beweis zu Satz 4.1.4):

Voraussetzung: $a, b, c \in \mathbb{N}_0 : a|b$ und $b|c$

Zu zeigen: $a|c$

Bemerkung zur Beweisstruktur: Auch hier führen wir einen direkten Beweis durch, wobei wir zunächst die beiden Voraussetzungen genauer betrachten und dann ineinander einsetzen. Hierbei unterscheiden wir die t's durch einen Index, denn es muss ja nicht notwendig die gleiche natürliche Zahl vorliegen:

$$\left. \begin{array}{l} a|b \overset{\text{Def.4.1}}{\Rightarrow} \exists\, t_1 \in \mathbb{N}_0 : a \cdot t_1 = b \\ b|c \overset{\text{Def.4.1}}{\Rightarrow} \exists\, t_2 \in \mathbb{N}_0 : b \cdot t_2 = c \end{array} \right\} \overset{\text{einsetzen}}{\Rightarrow} a \cdot t_1 \cdot t_2 = c \overset{t_1 \cdot t_2 \in \mathbb{N}_0, \text{Def.4.1}}{\Rightarrow} a|c$$

Beweis zu Satz 4.1.5):

Voraussetzung: $a, b \in \mathbb{N}_0 : a|b$ und $b|a$

Zu zeigen: $a = b$

Bemerkung zur Beweisstruktur: direkter Beweis

$$\left. \begin{array}{l} a|b \overset{\text{Def.4.1}}{\Longrightarrow} \exists\, t_1 \in \mathbb{N}_0 : a \cdot t_1 = b \\ b|a \overset{\text{Def.4.1}}{\Longrightarrow} \exists\, t_2 \in \mathbb{N}_0 : b \cdot t_2 = a \end{array} \right\} \Rightarrow (a \cdot t_1) \cdot t_2 = a$$

$$\overset{AG}{\Rightarrow} a \cdot (t_1 \cdot t_2) = a$$

$$\overset{NE\cdot}{\Rightarrow} t_1 \cdot t_2 = 1$$

$$\overset{t_1, t_2 \in \mathbb{N}_0}{\Longrightarrow} t_1 = t_2 = 1$$

$$\overset{a \cdot t_1 = b}{\Longrightarrow} a \cdot 1 = b$$

$$\overset{NE\cdot}{\Rightarrow} a = b$$

Die bisher betrachteten Eigenschaften sind recht klar – insbesondere dann, wenn man für die Variablen Zahlen einsetzt. So haben wir beispielsweise schon in der Grundschule gelernt, dass $4 \cdot 1 = 4$ bzw. $1 \cdot 4 = 4$ und $4 \cdot 0 = 0$ (s. Satz 4.1.3)). Während vormals diese Rechnungen in der Regel mittels fortgesetzter Subtraktion oder Permanenzgesetzen begründet wurden, haben wir nun einen Beweis, der auf Voraussetzungen und einer Definition beruht. Die Herangehensweise ist also recht unterschiedlich, während die Aussagen vergleichbar sind (auch wenn in der Grundschule nur selten mit Variablen operiert wird).

Für die nachfolgenden Beweise in diesem Kapitel müssen wir nun eine Eigenschaft der Teilbarkeit betrachten, die nicht ganz so offensichtlich ist:

Satz 4.2: Eigenschaften der Teilbarkeit
Für alle $a, b, c, d, m, n \in \mathbb{N}_0$ gilt:
a) Aus $a|b$ und $a|c$ folgt
    i. $a|m \cdot b + n \cdot c$
    ii. $a|m \cdot b - n \cdot c$, falls $(m \cdot b - n \cdot c) \geq 0$
b) Aus $a|b$ und $c|d$ folgt $a \cdot c|b \cdot d$

Beispiele:

Zu a) $4|8 \wedge 4|12$
     Wir betrachten: $4|m \cdot 8 + n \cdot 12$
     $\Leftrightarrow 4|m \cdot (4 \cdot 2) + n \cdot (4 \cdot 3)$
     $\Leftrightarrow 4|4(m \cdot 2 + n \cdot 3)$
     $4|a \Leftrightarrow \exists t \in \mathbb{N}_0 : 4 \cdot t = a \Leftrightarrow 4|4 \cdot t$

Zu b) $3|9 \wedge 4|8 \Rightarrow 3 \cdot 4|8 \cdot 9$
     $4|16 \wedge 3|9 \Rightarrow 4 \cdot 3|16 \cdot 9 \Rightarrow 4 \cdot 3|(4 \cdot 4) \cdot (3 \cdot 3) \Rightarrow 4 \cdot 3|(4 \cdot 3) \cdot (3 \cdot 4)$ ◀

Beweis zu Satz 4.2a):
Voraussetzung: $a, b, c, m, n \in \mathbb{N}_0$: $a|b$ und $a|c$
Zu zeigen: $a|m \cdot b + n \cdot c$

$$a|b \overset{\text{Def.4.1}}{\Rightarrow} \exists t_1 \in \mathbb{N}_0 : a \cdot t_1 = b$$

$$a|c \overset{\text{Def.4.1}}{\Rightarrow} \exists t_2 \in \mathbb{N}_0 : a \cdot t_2 = c$$

(Auch hier nutzen wir wieder Indizes, weil die beiden t's nicht notwendig gleich sein müssen.)
Nun betrachten wir folgendes Vielfache von a: $(m \cdot t_1 + n \cdot t_2) \cdot a$.

Wir wissen, dass a dieses Vielfache teilt (denn jede Zahl teilt jedes Vielfache von sich selbst) und formen dann ein wenig um:

$$a \mid (m \cdot t_1 + n \cdot t_2) \cdot a$$

$$\overset{DG}{\Rightarrow} a \mid (m \cdot t_1) \cdot a + (n \cdot t_2) \cdot a$$

$$\overset{AG\cdot}{\Rightarrow} a \mid m \cdot (t_1 \cdot a) + n \cdot (t_2 \cdot a)$$

$$\overset{Vor.}{\Rightarrow} a \mid m \cdot b + n \cdot c$$

Exkurs: Woher kommt dieses Vielfache von a? Wie komme ich darauf?

Bisher war die Situation noch recht einfach: Wir hatten eine Definition und ein paar Eigenschaften. Wir nutzen die Voraussetzungen der Behauptung und konnten die Definition und die Eigenschaften „abklappern", ob nicht irgendetwas nutzbar war, um zur Konsequenz des Satzes voranschreiten zu können. Die Aussage hier ist jedoch gespickt mit Variablen, die wir uns zunächst erklären müssen: Wir wissen, dass wir b durch ein Produkt von a und t_1 ersetzen können (analog für c). Wenn wir nun $m \cdot b + n \cdot c$ betrachten, so ist das ja nichts anderes als $m \cdot (t_1 \cdot a) + n \cdot (t_2 \cdot a)$. Mit der Kenntnis der Rechengesetze (s. o.) können wir a ausklammern und kommen zu dem Vielfachen.

Versuchen Sie ein analoges Vorgehen bei der zweiten Aussage:
Aus $a \mid b$ und $a \mid c$ folgt $a \mid m \cdot b - n \cdot c$, für $(m \cdot b - n \cdot c) \geq 0$.

Beweis zu Satz 4.2b):
Voraussetzung: $a, b, c, d \in \mathbb{N}_0$: $a \mid b$ und $c \mid d$
Zu zeigen: $a \cdot c \mid b \cdot d$

$$a \mid b \text{ und } c \mid d \overset{Def.4.1}{\Rightarrow} \left. \begin{array}{l} \exists\, t_1 \in \mathbb{N}_0 : a \cdot t_1 = b \\ \exists\, t_2 \in \mathbb{N}_0 : c \cdot t_2 = d \end{array} \right\} \exists\, t_1, t_2 \in \mathbb{N}_0 : (a \cdot t_1) \cdot (c \cdot t_2) = b \cdot d$$

$$\overset{KG\cdot, AG\cdot}{\Longrightarrow} \exists\, t_1, t_2 \in \mathbb{N}_0 : (a \cdot c) \cdot (t_1 \cdot t_2) = b \cdot d$$

$$\overset{t_1 \cdot t_2 \in \mathbb{N}_0, \, Def.4.1}{\Longrightarrow} a \cdot c \mid b \cdot d$$

Besondere Teiler: der größte gemeinsame Teiler und das kleinste gemeinsame Vielfache

Die nächsten Betrachtungen beginnen mit der Leitfrage:
Wie viele Teiler bzw. welche Teiler hat eine bestimmte Zahl?

Die Zahl 6 hat zum Beispiel die Teiler $1, 2, 3$ und 6, da $1 \mid 6$, $2 \mid 6$, $3 \mid 6$ und $6 \mid 6$. Diese Teiler kann man auch paarweise betrachten, was bereits mit dem Begriff Komplementärteiler in der Definition 4.1 angedeutet wurde (Wenn $b \cdot t = a$, dann sind b und t Komplementär-teiler zueinander):

$$\underbrace{1|6, \ 2|6, \ 3|6, \ 6|6}$$

Natürlich gilt dies auch für ein beliebiges $a \in \mathbb{N}$:

$$\underbrace{1|a, \ ..., \ a|a}$$

Definition 4.2: Teilermenge (T_a)

Für $a \in \mathbb{N}$ bezeichne $T_a = \{x \in \mathbb{N} | x | a\}$ die Menge aller Teiler von a, auch Teiler-menge von a.

Beispiel:

$$T_{72} = \{x \in \mathbb{N} | x | 72\}$$
$$T_{72} = \{1, 2, 3, 4, 6, 8, 9, 12, 18, 24, 36, 72\}$$

◄

Satz 4.3: Zusammenhang Teilbarkeit und Teilermenge

Seien $a, b \in \mathbb{N}$. Dann gilt: $a|b \Leftrightarrow T_a \subseteq T_b$

Beweis zu Satz 4.3:

Voraussetzung: $a, b \in \mathbb{N}$

Zu zeigen: $a|b \Leftrightarrow T_a \subseteq T_b$

Bemerkungen zur Beweisstruktur: „$\Leftrightarrow$" stellt eine Abkürzung von „$\Rightarrow$" und „$\Leftarrow$" dar (s. Kap. 2). Wir betrachten die beiden Richtungen getrennt voneinander:

„$\Rightarrow$":

    Voraussetzung: $a, b \in \mathbb{N}$: $a|b$

    Zu zeigen: $T_a \subseteq T_b$

$$\text{Sei } x \in T_a \overset{\text{Def.4.2}}{\Longrightarrow} x|a$$

$$\overset{a|b \text{ und Transitivität}}{\Longrightarrow} x|b$$

$$\Rightarrow x \in T_b$$

d. h.: Jedes einzelne Element der Teilmenge von a liegt auch in der Teilermenge von b.

„$\Leftarrow$“:
Voraussetzung: $a, b \in \mathbb{N}: T_a \subseteq T_b$
Zu zeigen: $a|b$

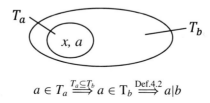

$$a \in T_a \overset{T_a \subseteq T_b}{\Longrightarrow} a \in T_b \overset{\text{Def.4.2}}{\Longrightarrow} a|b$$

Definition 4.3: Gemeinsame Teiler von a und b, $ggT(a, b)$
Seien $a, b, d \in \mathbb{N}$: Die Elemente von $T_a \cap T_b$ heißen *gemeinsame Teiler von a und b*.
Das größte Element von $T_a \cap T_b$ heißt der *größte gemeinsame Teiler von a und b*, im
Zeichen $ggT(a, b) = d$.

Beispiele:

Betrachten wir zunächst die Teiler von $a = 6$ und $b = 12$:

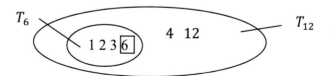

Die Teiler von 6 sind komplett in der Teilermenge von 12 enthalten. Das größte
Element dieser gemeinsamen Menge ist die Zahl 6. Nach Definition 4.3 gilt nun
$ggT(6, 12) = 6$.

Wir betrachten nun die Teiler von $a = 24$ und $b = 36$.

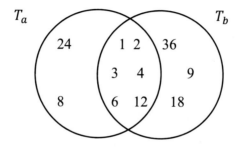

$T_a \cap T_b = \{1, 2, 3, 4, 6, 12\}$. 12 ist damit der größte gemeinsame Teiler von 24 und 36
($ggT(24, 36) = 12$). ◄

Definition 4.4: Gemeinsame Teiler von $a_1, \ldots, a_n$, $ggT(a_1, \ldots, a_n)$, teilerfremd

Seien $a_1, \ldots, a_n \in \mathbb{N}$. Die Elemente von $T_{a_1} \cap \ldots \cap T_{a_n}$ heißen *gemeinsame Teiler von $a_1, \ldots, a_n$*. Das größte Element von $T_{a_1} \cap \ldots \cap T_{a_n}$ heißt *größter gemeinsamer Teiler von $a_1, \ldots, a_n$*, im Zeichen $ggT(a_1, \ldots, a_n)$.
Ist der $ggT(a_1, \ldots, a_n) = 1$, so heißen $a_1, \ldots, a_n$ *teilerfremd* oder *relativ prim*.

Eine erste Frage wäre, ob der größte gemeinsame Teiler immer existiert. Diese Frage ist recht einfach zu beantworten, da 1 jede natürliche Zahl teilt und daher $T_a \cap T_b$ nicht leer ist und zudem alle anderen Teiler von a und b kleiner oder gleich a und b sind. Gleiches gilt natürlich auch im Fall größter gemeinsamer Teiler von mehreren Zahlen. Die Frage, die sich dann stellt, ist, wie man den größten gemeinsamen Teiler zweier (bzw. mehrerer) Zahlen berechnet. Ein Vorgehen hierzu wird im Folgenden an zwei Beispielzahlen verdeutlicht. Wir benötigen dabei Satz 4.2a) ii): $a|b \wedge a|c \Rightarrow a|\underbrace{m \cdot b - n \cdot c}_{\geq 0}$.

Beispiel:

Das Beispiel wird mit den Zahlen 123456 und 102 durchgeführt. Aus der Definition 4.4 folgt, dass der ggT beide Zahlen teilt:

$$t|123456 \wedge t|102 \overset{\text{Satz 4.2a)ii)}}{\Longrightarrow} t|\underbrace{123456 - n \cdot 102}_{\geq 0}$$

1. Schritt: Bestimme n, sodass die Bedingung $123456 - n \cdot 102 \geq 0$ erfüllt ist. Die Idee des Vorgehens ist, dass die Zahlen verkleinert werden, um den größten gemeinsamen Teiler bestimmen zu können, sodass der Ausdruck $123456 - n \cdot 102$ immer noch größer oder gleich 0 ist. Das größte n, welches uns dies ermöglicht, ist $n_{max} = 1210$ (mit $n = 1211$ würde eine negative Zahl erscheinen).
Mit 1210 betrachten wir nun den folgenden ggT:
$ggT(123456, 102) = ggT(123456 - 1210 \cdot 102, 102) = ggT(36, 102)$

2. Schritt: Für die Gleichung $ggT(36, 102) = ggT(102, 36)$ wird analog zu Schritt 1 vorgegangen. Es folgt demnach: $ggT(102 - 2 \cdot 36, 36) = ggT(30, 36)$.

3. Schritt: Das Vorgehen wird weitergeführt. Man erhält folglich:
$ggT(30, 36) = ggT(36, 30) = ggT(36 - 1 \cdot 30, 30) = ggT(6, 30)$.

4. Schritt: $ggT(6, 30) = ggT(30, 6) = ggT(30 - 5 \cdot 6, 6) = ggT(0, 6) = 6$.

Hiermit ist man am Ende des Verfahrens, denn einen größeren Teiler von 6 finden wir nicht, und 6 teilt auch die 0. Wenn wir nun auf die Ursprungszahlen schauen, so könnten wir feststellen, dass 6 auch der größte gemeinsame Teiler dieser Zahlen ist. Wir werden im Folgenden sehen, warum das so sein muss. Zunächst müssen wir aber noch genauer betrachten, was wir alles bei dem Vorgehen gemacht haben. ◄

Bei dem Verfahren wird jeweils von $a \in \mathbb{N}$ ein möglichst großes Vielfaches der Zahl $b \in \mathbb{N}$ abgezogen. Dieses Vielfache wird durch Division bestimmt. Da man nicht beliebige Zahlen in $\mathbb{N}$ dividieren kann, spricht man auch von der Division mit Rest.

Division mit Rest

Satz 4.4 zeigt, dass das Verfahren der Division mit Rest nicht beliebig ist, sondern eine eindeutige Lösung bietet:

Satz 4.4: Division mit Rest

Zu $a, b \in \mathbb{N}$ existieren eindeutig bestimmte $q, r \in \mathbb{N}_0$ mit $a = q \cdot b + r$, wobei $0 \le r < b$.

Die Zahl a ist hier der Dividend und b der Divisor, q steht für den Quotienten und r für den Rest. Der Rest r muss echt kleiner als b sein, da ansonsten q größer wäre.

Bemerkung zu den Voraussetzungen:

Hier ein Beispiel, an dem deutlich wird, warum $r < b$:

$$\underbrace{9}_{a} = \underbrace{3}_{q} \cdot \underbrace{3}_{b} + \underbrace{0}_{r}$$

$$\underbrace{9}_{a} = \underbrace{2}_{q} \cdot \underbrace{3}_{b} + \underbrace{3}_{r}$$

Würde $r = b$ sein dürfen, so hätten wir zwei verschiedene Darstellungen. Die Division mit Rest wäre nicht mehr eindeutig. Weitere Beispiele zeigen, warum $a, b \in \mathbb{N}$ gelten muss und nicht $a, b \in \mathbb{N}_0$, um die Eindeutigkeit zu erhalten.

Nun zur Voraussetzung $b \ne 0$:

Wäre $b = 0$, also $b \in \mathbb{N}_0$, so könnten wir beispielsweise schreiben:

$$9 = 1234 \cdot 0 + 9 \text{ und } 9 = 13345 \cdot 0 + 9$$

Nun zur Voraussetzung $a \ne 0$:

Wäre $a = 0$ also $a \in \mathbb{N}_0$, so könnten wir beispielsweise schreiben:

$$0 = 0 \cdot 6 + 0 \text{ und } 0 = 0 \cdot 5 + 0$$

In beiden Situationen wäre die Lösung nicht mehr eindeutig. Dies wollen wir in der Mathematik immer gerne vermeiden.

Wir betrachten die Division mit Rest zunächst anschaulich auf der Zahlengerade. Zunächst seien von b ausgehend die Vielfachen betrachtet. Irgendwann findet sich ein Vielfaches von b, wir nennen es qb, von dem aus eine beliebige andere natürliche Zahl weniger als b entfernt ist (also von links gesehen vor dem nächsten Vielfachen von b liegt, welches $(q + 1)b$ wäre).

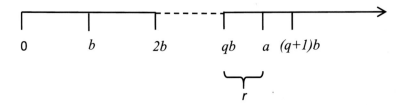

Alternativ können wir auch von a ausgehen und eine wiederholte Subtraktion durchführen. Irgendwann, nach q Schritten ($a - qb$ wurde bisher erreicht), können wir b nicht mehr subtrahieren, ohne die natürlichen Zahlen zu verlassen. Wir haben den übrig gebliebenen Rest r ($= a - qb$) dann erreicht.

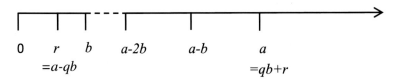

Beweise zu Satz 4.4:

Beweisvariante 1:
Voraussetzung: $a, b \in \mathbb{N}$ und $q, r \in \mathbb{N}_0$
Zu zeigen: Zu a, b existieren eindeutig bestimmte q, r mit $a = q \cdot b + r$, wobei $0 \leq r < b$

Jede Zahl a ist in der Form $q \cdot b + r$ eindeutig darstellbar. Hierfür wird zunächst ein anschaulicher Beweis angeführt. Wir schreiben der Reihenfolge nach alle natürlichen Zahlen in einer Tabelle auf, und zwar jeweils b Zahlen in einer Zeile:

0	1	2	3	$\cdots$	$\cdots$	$b - 1$
b	$b + 1$	$b + 2$	$b + 3$	$\cdots$	$\cdots$	$2b - 1$
$2b$	$2b + 1$	$2b + 2$	$2b + 3$	$\cdots$	$\cdots$	$3b - 1$
$3b$	$3b + 1$	$3b + 2$	$3b + 3$	$\cdots$	$\cdots$	$4b - 1$
$\vdots$	$\vdots$	$\vdots$	$\vdots$	$\cdots$	$\cdots$	$\vdots$
xb	$xb + 1$	$xb + 2$	$xb + 3$	$\cdots$	$\cdots$	$(x + 1)b - 1$
$\vdots$	$\vdots$	$\vdots$	$\vdots$	$\vdots$	$\vdots$	$\vdots$

Als natürliche Zahl muss auch a in dieser Tabelle enthalten sein. a ist genau einmal enthalten, weil alle natürlichen Zahlen der Reihenfolge nach notiert wurden. D. h., a ist in genau einer Zeile und einer Spalte zu verorten.

Das Vielfache von b in den Zeilen gibt das q in $a = q \cdot b + r$ an. q wird hierbei also durch die jeweilige Zeile bestimmt und ist der Koeffizient vor b.

Der Rest r in $a = q \cdot b + r$ wird durch die Spalte bestimmt: Eine Spalte besitzt aufgrund der Notation der Tabelle immer den gleichen Rest. r ist damit die Spaltennummerierung.

Diese tabellarische Anordnung fasst jede natürliche Zahl auf und zeigt die Eindeutigkeit, weil a nicht „springen" kann, d. h., Zeile und Spalte sind gleichbleibend.

Beispiele zur Nutzung der Auflistung:

1. $\underbrace{8}_{Dividend} : \underbrace{5}_{Divisor} = \underbrace{1 \text{ Rest } 3}_{Quotient}$

    In der nun gelernten Schreibweise: $8 = 1 \cdot 5 + 3$. In der obigen Auflistung finden wir $a = 8$ in der Zeile mit dem Koeffizienten $q = 1$ vor $b = 5$ und der Spalte mit Rest 3. Es gilt dabei $0 \leq 3 < 5$.

2. $5 : 8 = 0$ Rest 5 lautet in der eingeführten Form $5 = 0 \cdot 8 + 5$. Wir finden $a = 5$ in der Zeile mit dem Koeffizienten $q = 0$ vor $b = 8$ und der Spalte mit Rest 5. Es gilt dabei $0 \leq 5 < 8$.

3. Wenn $a = 1000$ und $b = 25$, dann ist $1000 = 40 \cdot 25 + 0$ die eindeutige Schreibweise, wobei für den Rest 0 gilt: $0 \leq 0 < 25$. ◀

Beweisvariante 2:

Voraussetzung: $a, b \in \mathbb{N}$ und $q, r \in \mathbb{N}_0$

Zu zeigen: Zu a, b existieren eindeutig bestimmte q, r mit $a = q \cdot b + r$, wobei $0 \leq r < b$

Bemerkung zur Beweisstruktur: Es ist zu zeigen, dass (1) immer eine solche Darstellung existiert und (2), dass diese eindeutig ist.

Teil (1): Existenz der Darstellung.

Bei dem Satz von der Division mit Rest müssen $a, b \in \mathbb{N}$ gegeben sein (sonst wüssten wir ja nicht, was wir zu dividieren hätten). Wir müssen also nun betrachten, ob es dann auch immer $q, r \in \mathbb{N}_0$ gibt, sodass gilt: $a = q \cdot b + r$, mit $0 \leq r < b$. Dies ist ja nicht trivial, denn woher – außer durch unsere Erfahrung im Dividieren mit konkreten Zahlen – konnten wir vor der Kenntnis dieses Satzes wissen, dass beispielsweise immer eine natürliche Zahl als Rest erscheint?

Wir nutzen zunächst eine Fallunterscheidung, um die besondere Situation zu untersuchen, dass $a < b$ ist, b also nicht in a „passt".

Fall 1: $a < b$, dann existiert eine solche Darstellung mit $a = 0 \cdot b + \underbrace{r}_{=a}$.

Fall 2: $a \geq b$, forme die Gleichung $a = q \cdot b + r$ nach dem Rest r um.

Wir erhalten $r = a - q \cdot b$. Betrachte die Menge $M = \{a - xb | x \in \mathbb{N} \text{ und } a - xb \geq 0\}$, also die Menge der Elemente, bei der von a Vielfache von b abgezogen werden.

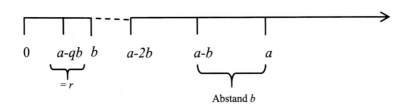

M hat aufgrund der Wohlordnungseigenschaft ein kleinstes Element, da $M \subset \mathbb{N}$. Wir bezeichnen dieses kleinste Element mit r. Dieses muss nach Definition von M notwendig größer als oder gleich 0 sein. Das Vielfache von b bei dem kleinsten Element bezeichnen wir als q (da a größer oder gleich b ist, können wir mindestens einmal b von a abziehen). Würde ein weiteres Mal b abgezogen werden, also $a - (q + 1)b$, so würden wir im negativen Bereich landen. Es folgt: $q \in \mathbb{N}$.

Nun sei betrachtet, ob r größer als oder gleich b sein kann. Hierzu ziehen wir b von r ab. Wenn das Ergebnis von $r - b$ positiv ist, so ist r größer als b, wenn das Ergebnis kleiner 0 ist, dann ist r kleiner als b. Wenn das Ergebnis gleich 0 ist, dann ist $r = b$:

$$r - b = \underbrace{a - qb - b}_{=a-(qb+b)} = a - b(q + 1)$$

$a - b(q + 1)$ kann nicht positiv sein, da $a - qb$ das kleinste Element aus M war. Also gilt:

$$a - b(q + 1) < 0$$

Insgesamt: $0 \leq r < b$ (bzw. $r - b < 0$).

Aus Fall 1 und 2 folgt, dass wir zu $a, b \in \mathbb{N}$ $q, r \in \mathbb{N}_0$ finden können, sodass $a = qb + r$, mit $0 \leq r < b$. Die Darstellung existiert also.

Teil (2): Eindeutigkeit der Darstellung.
Eine typische Art die Eindeutigkeit einer Darstellung (hier der Division mit Rest) zu beweisen, ist ein Widerspruchsbeweis: Wir nehmen an, dass es zwei Darstellungen gibt, welche mit anderen Variablen bezeichnet werden. Durch Transformationen mit den gegebenen Informationen versucht man zu zeigen, dass die einzelnen Variablen paarweise gleich sind. Damit wäre dann gezeigt, dass es eine zweite Darstellung nicht geben kann und somit eine Eindeutigkeit der Darstellung vorliegt. Dies geschieht auch im Folgenden für die Division mit Rest.

Annahme: Zu $a, b \in \mathbb{N}$ existieren zwei solcher Darstellungen mit q_1 und q_2 sowie r_1 und r_2.

Wir wollen zeigen, dass $q_1 = q_2$ und $r_1 = r_2$. Wir gehen von der Gleichung zur Division mit Rest aus:

$$\left.\begin{array}{l} a = q_1 \cdot b + r_1 \\ a = q_2 \cdot b + r_2 \end{array}\right\} q_1 \cdot b + r_1 = q_2 \cdot b + r_2 \text{ mit } 0 \leq r_1 < b \text{ wobei } 0 \leq r_2 < b$$

Betrachten wir zunächst die Reste, bei denen wir versuchen wollen zu zeigen, dass $r_1 = r_2$. Wir setzen zunächst $r_1 \leq r_2$ (wenn $r_2 \leq r_1$ könnte man die untenstehende Gleichung umsortieren, sodass analog vorgegangen werden könnte):

$$q_1 \cdot b + r_1 = q_2 \cdot b + r_2$$

$$\Leftrightarrow q_1 \cdot b - q_2 \cdot b = \underbrace{r_2 - r_1}_{\in \mathbb{N}_0,\, \text{da } r_1 \leq r_2}$$

$$\overset{DG}{\Rightarrow} b(q_1 - q_2) = r_2 - r_1$$

$$\overset{\text{Def.4.1}}{\Longrightarrow} b | r_2 - r_1$$

$$\overset{\text{Satz 4.1,2);3)}}{\Longrightarrow} \underbrace{r_2 - r_1 = 0}_{**} \text{ oder } \underbrace{b \leq r_2 - r_1}_{*}$$

Zu *: Für diese Situation betrachten wir die Differenz $r_2 - r_1$:

$$r_2 - r_1 \underbrace{<}_{\substack{\text{da } r_2 < b \\ \text{nach Vor.}}} b - r_1 \text{ und}$$

$$r_2 - r_1 \underbrace{<}_{\substack{\text{da } r_2 < b \\ \text{nach Vor.}}} b$$

Das bedeutet, es muss $r_2 - r_1 < b$ gelten. Das ist ein Widerspruch zu $b \leq r_2 - r_1$, wie es in dem Beweis gefolgert wurde. Diese Situation kann also nicht eintreten!

Zu **: Aus $r_2 - r_1 = 0$ würde folgen: $r_1 = r_2$ (d. h., die Reste sind gleich). Demnach muss $r_2 - r_1 = 0$ gelten. Dies ist wiederum gleichbedeutend mit: $r_2 = r_1$. Es kann also nicht zwei verschiedene Reste geben, der Rest ist eindeutig bestimmt.

Nun betrachten wir die beiden q's. Dafür nutzen wir die oben aufgestellten Gleichungen zur angenommenen Tatsache und die bereits gezeigte Tatsache, dass $r_2 = r_1$:

$$a - q_1 b - r_1 = a - q_2 b - r_2$$

$$\overset{r_2 = r_1}{\Longrightarrow} a - q_1 b = a - q_2 b$$

$$\Rightarrow q_1 b = q_2 b$$

$$\Rightarrow q_1 = q_2 \text{ (Hier dürfen wir kürzen, weil } b \text{ eine natürliche Zahl ist.)}$$

Insgesamt haben wir $r_1 = r_2$ und $q_1 = q_2$. Die Darstellungen sind also gleich, womit die Annahme, dass es zwei verschiedene Darstellungen gibt, widerlegt ist.

Insgesamt wurde die Existenz und die Eindeutigkeit der Division mit Rest und somit die Behauptung des obigen Satzes bewiesen.

Division mit Rest und Teilermengen

Beginnen wir nun mit einem Beispiel, um den Zusammenhang zwischen Division mit Rest und Teilermenge zu ziehen. Hierzu sei zunächst die Teilermenge der Zahl 24 aufgezeichnet.

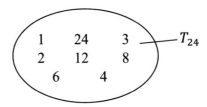

Dividieren wir nun 24 mit Rest durch verschiedene natürliche Zahlen:

$$24 = 2 \cdot 12 + 0$$
$$24 = 2 \cdot 9 + 6$$

Während 12 ein Element der Teilermenge von 24 ist, gilt dies für 9 nicht. Auch bei anderen Elementen der Teilermenge wird sich zeigen, dass es keinen Rest gibt – als Element der Teilermenge muss die Zahl die andere Zahl ja teilen. Umgekehrt gilt auch: Wenn der Rest der Division von a durch b nicht 0 ist, dann ist b kein Element der Teilermenge von a.

Bevor im Folgenden das oben (nach Definition 4.4) exemplarisch durchgeführte Verfahren genauer betrachtet wird, müssen wir noch auf die Reste eingehen, die in dem Beispiel immer wieder gebildet wurden:

Satz 4.5: Zusammenhang von Division mit Rest und Teilermengen

Seien $a, b \in \mathbb{N}, a > b$, $q, r \in \mathbb{N}_0$ und $a = q \cdot b + r$ mit $0 \leq r < b$.
Dann sind die gemeinsamen Teiler von a und b und die gemeinsamen Teiler von b und r gleich. Es gilt $T_a \cap T_b = T_b \cap T_r$. Insbesondere ist $ggT(a,b) = ggT(b,r)$.

Beispiel:

$$a = 12, \ b = 8 \text{ also } 12 = 1 \cdot 8 + 4$$
$$T_{12} \cap T_8 = \{1; 2; 4\} = T_8 \cap T_4$$
$$ggT(12, 8) = ggT(8, 4) = 4 \qquad \blacktriangleleft$$

Beweis zu Satz 4.5:
Voraussetzung: $a, b \in \mathbb{N}, a > b$ und $a = q \cdot b + r$ mit $0 \leq r < b$
Zu zeigen: $T_a \cap T_b = T_b \cap T_r$

Bemerkungen zur Beweisstruktur: Die Gleichheit zweier Mengen $T_a \cap T_b$ und $T_b \cap T_r$ kann gezeigt werden, indem man jeweils zeigt, dass die eine Menge eine Teilmenge der anderen Menge ist. Zwei Mengen können untereinander nur dann Teilmenge sein, wenn sie gleich sind. Hierzu werden zwei Richtungen, $T_a \cap T_b \subseteq T_b \cap T_r$ und $T_a \cap T_b \supseteq T_b \cap T_r$ betrachtet.

„$\subseteq$":

Voraussetzungen: $a, b \in \mathbb{N} : a > b$ und $a = q \cdot b + r$ mit $0 \leq r < b$
Zu zeigen: $T_a \cap T_b \subseteq T_b \cap T_r$

Um zu zeigen, dass es sich um eine Teilmengenbeziehung handelt, betrachten wir die Elemente der Menge $T_a \cap T_b$ und müssen zeigen, dass diese in $T_b \cap T_r$ enthalten sind.

$$\text{Sei } x \in T_a \cap T_b \Leftrightarrow x \in T_a \wedge x \in T_b$$

$$\overset{\text{Def.4.2}}{\Rightarrow} x|a \wedge x|b$$

$$\overset{\text{Satz 4.2a)ii)}}{\Rightarrow} x|\underbrace{a - q \cdot b}_{\geq 0}$$

$$\overset{\text{Vor.}}{\Rightarrow} x|q \cdot b + r - q \cdot b \text{ mit } r = a(= q \cdot b + r) - q \cdot b$$

$$\Rightarrow x|r$$

$$\overset{\text{Def.4.2}}{\Rightarrow} x \in T_r$$

$$\overset{x \in T_b}{\Rightarrow} x \in T_b \wedge x \in T_r$$

$$\Rightarrow x \in T_b \cap T_r$$

„$\supseteq$":

Voraussetzungen: $a, b \in \mathbb{N} : a > b$ und $a = q \cdot b + r$ mit $0 \leq r < b$
Zu zeigen: $T_b \cap T_r \subseteq T_a \cap T_b$

Diesmal müssen wir Teilmengenbeziehung andersherum zeigen. Hierzu betrachten wir entsprechend die Elemente der Menge $T_b \cap T_r$ und müssen zeigen, dass diese in $T_a \cap T_b$ enthalten sind.

$$\text{Sei } x \in T_b \cap T_r \Leftrightarrow x \in T_b \wedge x \in T_r$$

$$\overset{\text{Def.4.2}}{\Rightarrow} x|b \wedge x|r$$

$$\overset{\text{Satz 4.2a)i)}}{\Rightarrow} x|\underbrace{q \cdot b + r}_{=a \text{ (laut Vor.)}}$$

$$\Rightarrow x|a$$

$$\overset{\text{Def.4.2}}{\Rightarrow} x \in T_a$$

$$\overset{x \in T_b}{\Rightarrow} x \in T_a \wedge x \in T_b$$

$$\Rightarrow x \in T_a \cap T_b$$

Also: $T_b \cap T_r \subseteq T_a \cap T_b$.

Somit gilt: $T_a \cap T_b \subseteq T_b \cap T_r$ und $T_b \cap T_r \subseteq T_a \cap T_b$

Daraus folgt: $T_b \cap T_r = T_a \cap T_b$.

Nachbereitende Übung 4.1:

Aufgabe 1:
Beweisen Sie von Satz 4.2: (mit $a, b, c, d, m, n \in \mathbb{N}_0$)
a) (ii) $a \mid m \cdot b - n \cdot c$, falls $m \cdot b - n \cdot c \geq 0$
b) Aus $a \mid b$ und $c \mid d$ folgt $a \cdot c \mid b \cdot d$

Aufgabe 2:
Der Beweis von Satz 4.1 Teil 2) war eine Fallunterscheidung gemäß Satz 2.3c).
Der Satz 2.3c) war für Aussagen p und q formuliert. Formulieren Sie nun Aussagen für p und q so, dass sie zu der Fallunterscheidung in dem Beweis von Satz 4.1 Teil 2) passen.

Aufgabe 3:
Gegeben sei die folgende Darstellung von Zahlen:

$$
\begin{array}{llll}
0 & 2 & \ldots & b \\
2b & 2b+2 & \ldots & 4b \\
4b & 4b+2 & \ldots & 5b \\
5b & 5b+2 & \ldots & 6b \\
\vdots & \vdots & & \vdots \quad \vdots
\end{array}
$$

a) Warum funktioniert der Beweis zu Satz 4.4 mit dieser Darstellung nicht?
b) Stellen Sie die Tabelle so dar, dass sie für den Beweis des Satzes 4.4 mit $a = qx + y$ nutzbar ist. Begründen Sie Ihre Darstellung.

Der euklidische Algorithmus

Das zuvor an Beispielen durchgeführte Verfahren bezeichnet man als den euklidischen Algorithmus. Mit dem Wissen über die Division mit Rest und ihrem Zusammenhang zur Teilermenge können wir dieses Verfahren nun beweisen. Zuvor eine die Inhalte vorbereitende Übung:

Vorbereitende Übung 4.2:

Aufgabe 1:

$$1113 = 2 \cdot 420 + 273$$
$$420 = 1 \cdot 273 + 147$$
$$273 = 1 \cdot 147 + 126$$
$$147 = 1 \cdot 126 + 21$$
$$126 = 6 \cdot 21 + 0$$

Der Algorithmus liefert Ihnen den $ggT(1113, 420)$, aber warum? Veranschaulichen Sie sich zur Beantwortung der Frage die Division mit Rest als Aneinanderlegen von Streckenlängen.

Aufgabe 2:
a) Stellen Sie die Gleichungen aus Aufgabe 1 um, sodass Sie diese folgende Form erhalten: $ggT(a, b) = xa + yb$. Gehen Sie hierzu von der vorletzten Gleichung aus und setzen Sie die vorherige Gleichung für die jeweiligen Werte ein. Rechnen Sie die multiplikativen Verknüpfungen (Produkte) nicht aus!
b) Geben Sie eine grafische Darstellung des größten gemeinsamen Teilers zweier konkreter Zahlen in der Form $ggT(a, b) = xa + yb$ an.

Nun kann auf die Frage eingegangen werden, wie man den größten gemeinsamen Teiler zweier Zahlen berechnen kann. Die Grundlagen hierfür sind vorhanden. Das zuvor exemplarisch durchgeführte Verfahren bezeichnet man als euklidischen Algorithmus, welcher nun allgemein dargestellt wird.

Was ist eigentlich ein Algorithmus?

Ein Algorithmus ist ein Verfahren, das nach vorgeschriebenen Schritten abläuft. Einige dieser Schritte können sich wiederholen. Nach endlichen vielen Schritten endet der Prozess. Die schriftliche Addition, Multiplikation, ... sind Algorithmen, welche in der Schulzeit kennengelernt wurden.

Der euklidische Algorithmus

Sind $a, b \in \mathbb{N}$ wobei $a > b$, so kann man mit dem euklidischen Algorithmus den $ggT(a, b)$ bestimmen:

$a = q_1 \cdot b + r_1$	$0 \leq r_1 < b$	$ggT(a, b) = ggT(b, r_1)$
$b = q_2 \cdot r_1 + r_2$	$0 \leq r_2 < r_1$	$ggT(b, r_1) = ggT(r_1, r_2)$
$r_1 = q_3 \cdot r_2 + r_3$	$0 \leq r_3 < r_2$	$ggT(r_1, r_2) = ggT(r_2, r_3)$
...	...	...
$r_{n-1} = q_{n+1} \cdot r_n + r_{n+1}$	$0 \leq r_{n+1} < r_n$	$ggT(r_{n-1}, r_n) = ggT(r_n, r_{n+1})$
$r_n = q_{n+2} \cdot r_{n+1} + 0$	$0 \leq 0 < r_{n+1}$	$ggT(r_n, r_{n+1}) = ggT(r_{n+1}, 0) = r_{n+1}$

Um den $ggT(a, b)$ zu bestimmen, sehen wir uns nun die rechte Spalte der Tabelle als lange Kette aufgeschrieben an:

$$ggT(a, b) = ggT(b, r_1) = ggT(r_1, r_2) = ggT(r_2, r_3) = \ldots = ggT(r_{n-1}, r_n)$$
$$= ggT(r_n, r_{n+1}) = ggT(r_{n+1}, 0) = r_{n+1}$$

Beispiel:

$$a = 1113, b = 420$$

$1113 = 2 \cdot 420 + 273$	$0 \leq 273 < 420$	$ggT(1113, 420) = ggT(420, 273)$
$420 = 1 \cdot 273 + 147$	$0 \leq 147 < 273$	$ggT(420, 273) = ggT(273, 147)$
$273 = 1 \cdot 147 + 126$	$0 \leq 126 < 147$	$ggT(273, 147) = ggT(147, 126)$
$147 = 1 \cdot 126 + 21$	$0 \leq 21 < 126$	$ggT(147, 126) = ggT(126, 21)$
$126 = 6 \cdot 21 + 0$	$0 \leq 0 < 21$	$ggT(126, 21) = ggT(21, 0) = 21$

Die Gleichungen in der letzten Spalte der Tabelle zusammengefasst:

$$ggT(1113, 420) = ggT(420, 273) = ggT(273, 147) = ggT(147, 126) = ggT(126, 21)$$
$$= ggT(126, 21) = ggT(21, 0) = 21$$

Die Begründung dessen, warum der euklidische Algorithmus immer den ggT zweier natürlicher Zahlen liefert, sei Ihnen überlassen. Auf der Grundlage der bisherigen Definitionen und Sätze kann dies recht schnell gelingen. Hier sei nun auf eine anschauliche Art betrachtet[1], warum der euklidische Algorithmus funktioniert. Im Folgenden wird der größte gemeinsame Teiler der Zahlen 136 und 40 sowie der Zahlen 140 und 40 gesucht, zunächst über den Algorithmus, dann veranschaulicht:

---

[1]Vgl. Hans-Joachim Gorski und Susanne Müller-Philipp (2005). *Leitfaden Arithmetik*. 3. Auflage. Wiesbaden: Vieweg, S. 71 f.

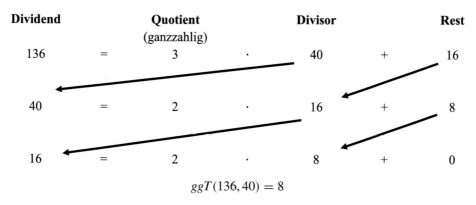

$$ggT(136, 40) = 8$$

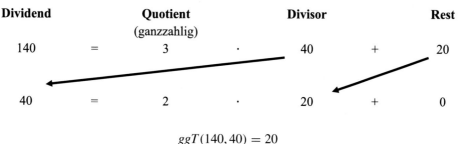

$$ggT(140, 40) = 20$$

Der euklidische Algorithmus anschaulich: Auf der Suche nach dem größtmöglichen Quadrat zum vollständigen Ausfüllen einer Fläche.

Eine Multiplikation, wie sie hier als Umkehroperation der Division zu erkennen ist, lässt sich anschaulich als Operation mit Flächen darstellen. Die Fläche, die von den Zahlen 136 und 40 gebildet wird, lässt sich beispielsweise so veranschaulichen:

Wenn wir die längere mit der kürzeren Seite dividieren, quasi 40 in 136 abtragen, so ist dies der erste Schritt unseres Algorithmus.

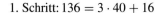

1. Schritt: $136 = 3 \cdot 40 + 16$

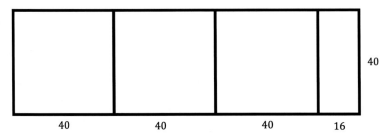

Indem wir die Breite in der Länge des Rechtecks abtragen, erzeugen wir drei Quadrate (der ganzzahlige Anteil des Quotienten). Es verbleibt ein Rest der Länge 16. Würde dieser Rest nicht verbleiben, so wären wir bereits fertig, weil wir einen Teiler der Länge gefunden hätten. Da wir aber noch einen Rest haben, müssen wir weitermachen. Im zweiten Schritt nehmen wir wiederum die nun längere Seite (die Länge, mit der wir vormals abgetragen haben) und ziehen hiervon die kürzere Seite (der vormalige Rest) ab.

2. Schritt: $40 = 2 \cdot 16 + 8$

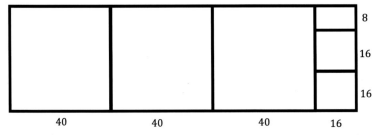

Bei dieser Einteilung erzeugen wir wiederum zwei Quadrate, und es verbleibt wiederum ein Rest. Da dieser Rest an der kürzeren Seite verbleibt, konnten wir nicht vollständig dividieren und müssen einen weiteren Schritt gehen, der wie oben abläuft:

3. Schritt: $16 = 2 \cdot 8 + 0$

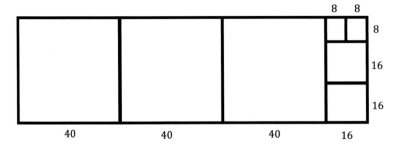

Nun sehen wir, dass sich der Rest vollständig (in Quadrate) aufteilen lässt. Wie kommt man nun dazu, dass gilt: $ggT(136, 40) = 8$? Dies kann man sich rückwärts erschließen: 8 hat sich im letzten Schritt als ein Teiler von 16 herausgestellt (wir verhalten uns so, als hätten wir dies vorher nicht gewusst). Zugleich war 8 der Rest bei Division von 40 durch 16. Da 8 ein Teiler von 16 und zugleich der Rest ist, muss 8 auch ein Teiler von 40 sein, also unserer kleineren Zahl zum gesuchten ggT. Wir wissen also: 8 ist ein Teiler von 16, und 8 ist zusätzlich ein Teiler von 40. So aber wurde unsere erste Zahl (136) zerlegt, denn (16) war der Rest bei Division von 136 durch 40. Also ist 8 auch ein Teiler von 136.

Warum ist 8 nun der *größte* gemeinsame Teiler? Die Antwort ist relativ einfach: Wir sind zuvor die möglichen größeren Teiler durchgegangen: Zuerst haben wir es mit 40 versucht und einen Rest herausbekommen. Also ist 40 kein gemeinsamer Teiler. Der größte gemeinsame Teiler muss den verbleibenden Rest teilen, denn ansonsten werden nur die im ersten Schritt eingeteilten Quadrate neu geteilt, nicht aber der Rest (zum Beispiel hätte die Wahl der Zahl 20 – ein Teiler von 40 – diesen Effekt). Die größte Zahl, die den Rest zu teilen vermag, ist der Rest selbst. Nun müssen wir im zweiten Schritt schauen, ob er dies auch macht, indem wir die zweite Zahl durch ihn dividieren. Denn wenn er ein Teiler der zweiten Zahl ist, dann wissen wir sogleich, dass er auch ein Teiler der ersten Zahl ist, denn diese wurde ja bereits nach der zweiten Zahl aufgeteilt. Auf diese Weise setzt sich das Verfahren fort.

Würde der $ggT(140, 40)$ berechnet werden, so wäre man nach diesen zwei Schritten schon fertig:

1. Schritt: $140 = 3 \cdot 40 + 20$

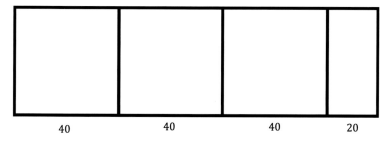

Wiederum ist zu erkennen, dass ein Rest übrig bleibt. Die größtmögliche Zahl, die diesen Rest teilen kann, ist der Rest selbst. Würden wir eine größere oder eine kleinere Zahl nehmen, so hätte das Verfahren seinen Sinn verloren. Nehmen wir also den Rest und nutzen ihn im zweiten Schritt als Divisor des vormaligen Divisors (hier: der kleineren Zahl):

2. Schritt: $40 = 2 \cdot 20 + 0$

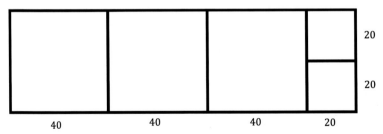

In diesem zweiten Schritt sehen wir wiederum, dass der Rest die zweite Zahl vollständig zu teilen vermag. Zudem teilt der Rest sich selbst und alle Vielfachen der zweiten Zahl (durch diese beiden Komponenten wurde die erste Zahl aufgeteilt). Damit muss dieser Rest der ggT der beiden Zahlen sein, also $ggT(140, 40) = 20$. ◀

Rechnen mit dem ggT

Rechnen wir nun mit dem größten gemeinsamen Teiler von:

$$a = 24, b = 36$$

Mit dem euklidischen Algorithmus lässt sich der ggT leicht bestimmen, wobei wir die Reihenfolge der Variablen a und b zunächst vertauschen müssen:

$$36 = 1 \cdot 24 + 12$$
$$24 = 2 \cdot 12 + 0$$

Der ggT der Zahlen 36 und 24 ist also 12.

Verdoppelt man die beiden Zahlen, so könnte auch der ggT verdoppelt werden:

$$ggT(48, 72) = ggT(24 \cdot 2, 24 \cdot 3) = 24 \cdot \underbrace{ggT(2, 3)}_{=1} = 24$$

$$ggT(72, 48) = 2 \cdot 12$$
$$ggT(108, 72) = 3 \cdot 12$$
$$ggT(4 \cdot 36, 4 \cdot 24) = 4 \cdot 12$$
$$ggT(5 \cdot 36, 5 \cdot 24) = 5 \cdot 12$$

Allgemein lässt sich vermuten:

$$ggT(n \cdot 36, n \cdot 24) = n \cdot 12 \text{ mit } n \in \mathbb{N}$$

Wenn man die beiden Zahlen durch eine gleiche Zahl, also einen gemeinsamen Teiler, teilt, so ergibt sich beispielsweise:

$$ggT\left(\frac{24}{6}, \frac{36}{6}\right) = ggT(4,6) = 2$$

Allgemein könnte man vermuten:

$$ggT\left(\frac{24}{c}, \frac{36}{c}\right) = \frac{1}{c} ggT(24, 36) = \frac{1}{c} \cdot 12, c \in \mathbb{N} \blacktriangleleft$$

Solche und andere Eigenschaften fasst Satz 4.6 zusammen:

Satz 4.6: Rechnen mit dem ggT

Für alle $a, b, c \in \mathbb{N}$ gelten:

a) $T_a \cap T_b = T_{ggT(a,b)}$

(d.h., jeder gemeinsame Teiler von a und b ist auch Teiler von $ggT(a, b)$ und umgekehrt)

b) $ggT(a, b, c) = ggT\left[ggT(a,b), c\right]$

c) $ggT(c \cdot a, c \cdot b) = c \cdot ggT(a, b)$

d) $ggT\left(\frac{a}{c}, \frac{b}{c}\right) = \frac{1}{c} ggT(a, b)$, falls $c|a$ und $c|b$

e) $ggT\left(\frac{a}{ggT(a,b)}, \frac{b}{ggT(a,b)}\right) = 1$

Beispiele:

Zu a) $T_{24} = \{1, 2, 3, 4, 6, 8, 12, 24\}$

$T_{36} = \{1, 2, 3, 4, 6, 9, 12, 18, 36\}$

$T_{24} \cap T_{36} = \{1, 2, 3, 4, 6, 12\} = T_{ggT(36,24)}$

$ggT(36, 24) = 12$

Zu b) $ggT(2, 4, 9) = 1 = ggT\left[ggT(2,4), 9\right]$

$ggT(2, 4) = 2$

$ggT(2, 9) = 1$

Zu e) $ggT\left(\frac{24}{12}, \frac{36}{12}\right) = ggT(2, 3) = 1$ $\blacktriangleleft$

Beweis zu Satz 4.6a):

Voraussetzung: $a, b \in \mathbb{N}$

Zu zeigen: $T_a \cap T_b = T_{ggT(a,b)}$

Bemerkung zur Beweisstruktur: Die Gleichheit der beiden Mengen zeigen wir wiederum, indem wir die Mengen als Teilmenge der jeweils anderen Menge zeigen.

„$\subseteq$":

Voraussetzung: $a, b \in \mathbb{N}$

Zu zeigen: $T_a \cap T_b \subseteq T_{ggT(a,b)}$

Sei $x \in T_a \cap T_b$

$\overset{\text{Def. 4.1}}{\Longrightarrow} x|a \wedge x|b$

$\overset{\text{Euklid. Alg.}}{\Longrightarrow} x|r_1 \wedge x|r_2 \wedge \ldots \wedge x|r_{n+1}$

$\overset{r_{n+1}=ggT(a,b)}{\Longrightarrow} x|ggT(a,b)$

$\overset{\text{Def. 4.2}}{\Longrightarrow} x \in T_{ggT(a,b)}$

„$\supseteq$":

Voraussetzung: $a, b \in \mathbb{N}$

Zu zeigen: $T_a \cap T_b \supseteq T_{ggT(a,b)}$

Sei $x \in T_{ggT(a,b)}$

$\overset{\text{Def. 4.4}}{\Longrightarrow} x|ggT(a,b)$

$\overset{ggT(a,b)|a \wedge ggT(a,b)|b \text{ Trans.}}{\Longrightarrow} x|a \wedge x|b$

$\Rightarrow x \in T_a \wedge x \in T_b$

$\Rightarrow x \in T_a \cap T_b$

Zusammen: $T_a \cap T_b = T_{ggT(a,b)}$

Beweis zu Satz 4.6b):

Voraussetzung: $a, b, c \in \mathbb{N}$

Zu zeigen: $ggT(a, b, c) = ggT\left[ggT(a, b), c\right]$

$$T_a \cap T_b \cap T_c \overset{\text{AG}}{=} (T_a \cap T_b) \cap T_c \overset{\text{Satz 4.6a)}}{=} T_{ggT(a,b)} \cap T_c \overset{\text{Satz 4.6a)}}{=} T_{ggT[ggT(a,b),c]}$$

Aus der Gleichheit der Mengen folgt die Gleichheit aller Elemente. Demnach ist auch das größte Element, der ggT, gleich.

Beweis zu Satz 4.6c):

Voraussetzung: $a, b, c \in \mathbb{N}$

Zu zeigen: $ggT(c \cdot a, c \cdot b) = c \cdot ggT(a, b)$

Multipliziert man sämtliche Gleichungen des euklidischen Algorithmus mit einem beliebigen Faktor c, so erhält man: $ggT(c \cdot a, c \cdot b) = c \cdot r_{n+1} = c \cdot ggT(a, b)$.

Die restlichen Beweise seien als Übung der Leserin bzw. dem Leser überlassen.

Nachbereitende Übung 4.2:

Aufgabe 1:
In der vorbereitenden Übung haben Sie den euklidischen Algorithmus zeichnerisch dargestellt und den größten gemeinsamen Teiler zweier Zahlen als Teiler der beiden Anfangszahlen anhand von Streckenlängen erklärt. In diesem Kapitel wurde der größte gemeinsame Teiler zweier Zahlen u. a. mittels der Sätze 4.4 und 4.5 und dann durch den euklidischen Algorithmus bestimmt. Erklären Sie die Gemeinsamkeiten und Unterschiede zwischen den beiden Vorgehensweisen.

Aufgabe 2:
Beispiel:
Gesucht: $ggT\,(64589, 3178)$

$$64589 = 20 \cdot 3178 + 1029$$
$$3178 = 3 \cdot 1029 + 91$$
$$1029 = 11 \cdot 91 + 28$$
$$91 = 3 \cdot 28 + 7$$
$$28 = 4 \cdot 7 + 0$$

Sie sehen unten abgebildet die letzten drei Zeilen einer Berechnung des größten gemeinsamen Teilers mithilfe des euklidischen Algorithmus. Schreiben Sie zwei weitere Zeilen so darüber, dass sie zum Algorithmus passen. Die Ausgangszahlen sollen hierbei zwischen 500 und 1000 liegen. Finden Sie alle Lösungen.

1. Zeile: ____ = _ · __ + __
2. Zeile: ____ = _ · __ + __
3. Zeile: $153 = 3 \cdot 48 + 9$
4. Zeile: $48 = 5 \cdot 9 + 3$
5. Zeile: $9 = 3 \cdot 3 + 0$

Aufgabe 3:
Beweisen Sie von Satz 4.6 die Teile d) und e).

▶ **Tipp:** Sie können bereits bewiesene Teile des Satzes 4.6 nutzen.

d) $ggT\left(\frac{a}{c}, \frac{b}{c}\right) = \frac{1}{c} ggT\,(a, b)$, falls $c|a$ und $c|b$

e) $ggT\left(\frac{a}{ggT(a,b)}, \frac{b}{ggT(a,b)}\right) = 1$

Aufgabe 4:
Zeigen Sie per vollständiger Induktion: $\forall\, n \in \mathbb{N} : 3\,|\,(n^3 + 2n)$. Erklären Sie dabei jeden Schritt Ihrer Induktion.

Linearkombination – Zahlen kombinieren

Ziel der nachfolgenden Betrachtung ist es, im Bereich der natürlichen Zahlen eine Zahl s durch die Addition von zwei anderen Zahlen a und b (bzw. von Vielfachen von ihnen) herzustellen: $s = x \cdot a + y \cdot b$. Man spricht dann auch von einer Linearkombination. Wir werden sehen, wann dies gelingen kann bzw. wann nicht. Zur Vorbereitung des Abschnittes brauchen wir eine Definition, die direkt anschließend angewendet werden kann.

Definition 4.5: Linearkombination

Ein Term der Form $x \cdot a + y \cdot b$ mit $x, y \in \mathbb{Z}$ und $a, b \in \mathbb{N}$ heißt *Linearkombination* der Zahlen a und b.

Eine Möglichkeit, eine Linearkombination zu finden, funktioniert über den euklidischen Algorithmus. Dieses Vorgehen sei an den Zahlen 35 und 13 verdeutlicht. Zunächst wenden wir den euklidischen Algorithmus zur Bestimmung des ggT an:

$$35 = 2 \cdot 13 + 9$$
$$13 = 1 \cdot 9 + 4$$
$$9 = 2 \cdot 4 + 1$$
$$4 = 4 \cdot 1 + 0$$

Der letzte von 0 verschiedene Rest ist 1. Damit ist 1 der ggT der Zahlen 35 und 13. Nun gehen wir von der vorletzten Gleichung aus und setzen die Gleichungen sukzessive ineinander ein, ohne die Produkte auszurechnen:

$$1 = 9 - 2 \cdot 4$$
$$1 = 9 - 2 \cdot (13 - 9)$$
$$1 = 9 - 2 \cdot 13 + 2 \cdot 9$$
$$1 = 3 \cdot 9 - 2 \cdot 13$$
$$1 = 3 \cdot (35 - 2 \cdot 13) - 2 \cdot 13$$
$$1 = 3 \cdot 35 - 6 \cdot 13 - 2 \cdot 13$$
$$1 = 3 \cdot 35 - 8 \cdot 13$$

In der letzten Gleichung kamen die Zahlen 35 und 13 hinzu, welche für die Linearkombination zu nutzen waren. Das Vorgehen selbst zeigt auf den ersten Blick kein Nutzen der besonderen Eigenschaften der verwendeten Zahlen, sodass wir vermuten können, es gilt allgemein. Nach einer kurzen vorbereitenden Übung schauen wir uns dieses Vorgehen allgemein an.

Vorbereitende Übung 4.3:

Aufgabe 1:
Unten dargestellt sind zwei Wege zur Bestimmung einer Linearkombination der Form $ggT(a, b) = xa + yb$.

1. Zeile: $408 = 1 \cdot 386 + 22$
2. Zeile: $386 = 17 \cdot 22 + 12$
3. Zeile: $22 = 1 \cdot 12 + 10$
4. Zeile: $12 = 1 \cdot 10 + 2$
5. Zeile: $10 = 5 \cdot 2 + 0$

$ggT(408, 386) = 2$

1. Weg:

I	$22 = 408 - 386$
II	$12 = 386 - 17 \cdot 22$
III	$12 = 386 - 17 \cdot (408 - 386)$
IV	$12 = -17 \cdot 408 + 18 \cdot 386$
V	$10 = 22 - 12$
VI	$2 = 12 - 10$
VII	$2 = (-17 \cdot 408 + 18 \cdot 386) - (22 - 12)$
VIII	$2 = -17 \cdot 408 + 18 \cdot 386 - 22 + 12$
IX	$2 = -17 \cdot 408 + 18 \cdot 386 - (408 - 386) + (-17 \cdot 408 + 18 \cdot 386)$
X	$2 = 37 \cdot 386 - 35 \cdot 408$

2. Weg:

I	$2 = 12 - 10$
II	$2 = 12 - (22 - 12)$
III	$2 = 12 - 22 + 12$ $2 = 2 \cdot 12 - 22$
IV	$2 = 2 \cdot (386 - 17 \cdot 22) - 22$
V	$2 = 2 \cdot 386 - 34 \cdot 22 - 22$ $2 = 2 \cdot 386 - 35 \cdot 22$
VI	$2 = 2 \cdot 386 - 35 \cdot (408 - 386)$
VII	$2 = 2 \cdot 386 - 35 \cdot 408 + 35 \cdot 386$ $2 = 37 \cdot 386 - 35 \cdot 408$

a) Beschreiben Sie das Vorgehen innerhalb der einzelnen Wege Schritt für Schritt.

b) Worin unterscheiden sich die Wege?

Satz 4.7: Linearkombination zum $ggT(a,b)$
Für alle $a, b \in \mathbb{N}$ existieren $x, y \in \mathbb{Z}$, sodass gilt: $ggT(a,b) = x \cdot a + y \cdot b$
Es existiert folglich eine Linearkombination zum $ggT(a,b)$.

Beweis zu Satz 4.7:
Voraussetzung: $a, b \in \mathbb{N}$ und $x, y \in \mathbb{Z}$
Zu zeigen: Für alle a, b existieren x, y, sodass gilt: $ggT(a,b) = x \cdot a + y \cdot b$

Hierfür wird der euklidische Algorithmus herangezogen. Der Rest r_{n+1} sei der $ggT(a,b)$, sodass wir nach Umformungen der Gleichungen (von oben nach unten oder von unten nach oben) zur Linearkombination des $ggT(a,b)$ gelangen. Da der euklidische Algorithmus existiert (und den größten gemeinsamen Teiler zweier Zahlen zu berechnen ermöglicht), muss also auch die Linearkombination existieren.

Euklidischer Algorithmus:

$$a = q_1 \cdot b + r_1$$
$$b = q_2 \cdot r_1 + r_2$$
$$r_1 = q_3 \cdot r_2 + r_3$$
$$\cdots$$
$$r_{n-1} = q_{n+1} \cdot r_n + r_{n+1}$$
$$r_n = q_{n+2} \cdot r_{n+1} + 0$$

Umformung:

$$r_1 = a - q_1 b$$
$$\text{also } r_1 = x_1 a + y_1 b \text{ (mit } x_1 = 1, y_1 = -q_1)$$
$$r_2 = b - q_2 r_1 = b - q_2(x_1 a + y_1 b) = -q_2 x_1 a + b - q_2 y_1 b$$
$$r_2 = x_2 a + y_2 b \text{ (mit } x_2 = -q_2 x_1, y_2 = 1 - q_2 \cdot y_1)$$
$$\cdots$$
$$r_{n+1} = xa + yb \text{ (mit } ggT(a,b) = r_{n+1})$$

Beispiel:

$$a = 35, b = 13$$
$$35 = 2 \cdot 13 + 9$$
$$13 = 1 \cdot 9 + 4$$
$$9 = 2 \cdot 4 + 1$$
$$4 = 4 \cdot 1 + 0$$

Der $ggT(35, 13)$ ist 1. Es gibt nun zwei Wege, wie man die Linearkombination des größten gemeinsamen Teilers erhalten kann (s. vorbereitende Übung). Das Vorgehen beim ersten Weg entspricht der obigen Beweisführung. Es wird folglich mit dem ersten Rest begonnen. Deshalb kann hier auch kurz gesagt werden „der Weg von oben". Es liegt nahe, dass der Weg 2 dann von „unten" beginnt. Es wird also mit dem größten gemeinsamen Teiler der vorgegebenen Zahlen begonnen.

Weg 1:

$9 = 35 - 2 \cdot 13$	Die erste Zeile von oben wird nach dem Rest umgeformt.
$4 = 13 - 1 \cdot 9 = 13 - 1(35 - 2 \cdot 13)$	Die zweite Zeile von oben wird nach dem Rest umgeformt und die erste Zeile wird eingesetzt.
$4 = 3 \cdot 13 - 35$	Die gleichen Faktoren werden zusammengefasst. Achtung: Die Produkte dürfen nicht ausgerechnet werden, da wir schließlich eine Linearkombination des größten gemeinsamen Teilers der Zahlen 13 und 35 erhalten wollen.
$1 = 9 - 2 \cdot 4 = 9 - 2 \cdot (3 \cdot 13 - 35)$ $1 = (35 - 2 \cdot 13) - 2 \cdot (3 \cdot 13 - 35)$ $1 = 3 \cdot 35 + (-8) \cdot 13$	Die dritte Zeile von oben wird nach dem Rest umgeformt, und die Linearkombinationen 9 und 4 von den Zahlen 13 und 35 werden eingesetzt und anschließend wieder nach den Faktoren 13 und 35 zusammengefasst.

Weg 2:

$1 = 9 - 2 \cdot 4 = 9 - 2 \cdot (13 - 1 \cdot 9)$ $\quad = 3 \cdot 9 + (-2) \cdot 13$ $\quad = 3 \cdot (35 - 2 \cdot 13) + (-2) \cdot 13$ $\quad = 3 \cdot 35 - 6 \cdot 13 + (-2) \cdot 13$ $\quad = 3 \cdot 35 + (-8) \cdot 13$	Hier beginnt man mit dem Rest aus der vorletzten Zeile (nach dem euklidischen Algorithmus erhalten), setzt dann die entsprechenden Linearkombinationen der vorherigen Reste ein und fasst die gleichen Faktoren zusammen.

◄

Die entscheidende Frage können Sie nun selbst beantworten: Wenn wir uns im Bereich der natürlichen Zahlen befinden, welche Zahlen lassen sich dann zu zwei gegebenen Zahlen als Linearkombination darstellen?

Den Abschnitt abschließend sei beispielhaft noch ein einfacher Satz zur Nutzung des Satzes über die Linearkombination aufgezeigt. Dieser wird an späterer Stelle noch benötigt:

Satz 4.8: Teilbarkeit bei Teilerfremdheit
Aus $d|a \cdot b$ und $ggT(d,a) = 1$ folgt $d|b$, mit $a, b, d \in \mathbb{N}$.

Bemerkung (als Information über einen häufigen Fehler):
$d|a \cdot b \not\Rightarrow d|a \vee d|b$, wie sich schnell an dem Beispiel $a = 2, b = 3$ und $d = 6$ erkennen lässt.

Beweis zu Satz 4.8:
Voraussetzungen: $a, b, d \in \mathbb{N} : d|a \cdot b$ und $ggT(d,a) = 1$
Zu zeigen: $d|b$

$$ggT(d,a) = 1$$

$$\overset{\text{Satz 4.7}}{\Longrightarrow} \exists x, y \in \mathbb{Z} : 1 = x \cdot d + y \cdot a$$

$$\overset{\cdot b}{\Rightarrow} b = b(x \cdot d) + b(y \cdot a)$$

$$\overset{\text{AG-, KG-}}{\Longrightarrow} b = \underbrace{(bx)d}_{\substack{\text{wird von } d \text{ geteilt}}} + \underbrace{y(ab)}_{\substack{\text{wird von } d \text{ geteilt} \\ \text{(siehe Voraussetzung)}}}$$

$$\Rightarrow d|b$$

Vom größten gemeinsamen Teiler zum kleinsten gemeinsamen Vielfachen
In diesem Abschnitt betrachten wir weitere besondere Zahlen im Rahmen der Teilbarkeitslehre. Schon in der Definition der Teilbarkeit ist die Produktbildung enthalten. Auch bei der Bildung von Linearkombinationen wurden Vielfache gebildet. Entsprechend macht es Sinn, sich gemeinsame Vielfache zweier Zahlen anzusehen.

Bei den gemeinsamen Teilern zweier Zahlen wurde der größte gemeinsame Teiler als besondere Zahl ausgewählt. Warum wird eigentlich nicht der kleinste gemeinsame Teiler betrachtet? Die Antwort ist schlicht, dass dieser unabhängig von den gewählten Zahlen immer 1 ist und somit nicht wert ist, eingehend betrachtet zu werden. Bei den gemeinsamen Vielfachen betrachten wir hingegen nicht das größte Vielfache, denn man kann unendliche viele Vielfache bilden (es gibt keine obere Grenze). Beim Beispiel der Zahlen 2 und 3 sind gemeinsame Vielfache: $6, 12, 18, 24, 30, 36, \ldots$

Definition 4.6: Vielfache, gemeinsame Vielfache, kleinstes gemeinsames Vielfaches
Für alle $a \in \mathbb{N}$ bezeichne $V_a = \{x \in \mathbb{N} | a | x\}$ die Menge aller *Vielfachen* von a.
Die Elemente von $V_a \cap V_b$ (mit $a, b \in \mathbb{N}$) heißen *gemeinsame Vielfache* von a *und* b.
Das kleinste Element der Menge $V_a \cap V_b$ heißt *kleinstes gemeinsames Vielfaches* von a und b.
Im Zeichen: $kgV(a, b)$.

Beispiel:

Nehmen wir die Zahlen 4 und 6

$$V_4 = \{4, \ 8, \ 12, \ 16, \ 20, \ 24, \ 28, \ \ldots\}$$
$$V_6 = \{6, \ 12, \ 18, \ 24, \ 30, \ 36, \ 42, \ldots\}$$
$$V_4 \cap V_6 = \{12, \ 24, \ 36, \ 48, \ 60, \ 72, \ \ldots\} \ \blacktriangleleft$$

Das kleinste gemeinsame Vielfache von 4 und 6 ist damit 12, also $kgV(4, 6) = 12$.

Wie das Beispiel der Zahlen 2 und 3 oben zeigt, haben die aufeinanderfolgenden gemeinsamen Vielfachen 6, 12, 18, 24, 30, 36, ... eine Differenz von 6. Anders formuliert: Das kleinste gemeinsame Vielfache hat die nachfolgenden Vielfachen in der Menge seiner Vielfachen enthalten. Dies kann auch am Beispiel von $kgV(4, 6)$ beobachtet werden und ist die Aussage des folgenden Satzes:

Satz 4.9: Vielfache von $kgV(a, b)$
Für $a, b \in \mathbb{N}$ gilt $V_a \cap V_b = V_{kgV(a,b)}$.
Das heißt, dass jedes gemeinsame Vielfache von a und b auch ein Vielfaches von $kgV(a, b)$ ist und umgekehrt.

Beweis zu Satz 4.9:
Voraussetzung: $a, b \in \mathbb{N}$
Zu zeigen: $V_a \cap V_b = V_{kgV(a,b)}$

Bemerkung zur Beweisstruktur: Für zwei Mengen A, B gilt Folgendes: $A = B \Leftrightarrow A \subseteq B \wedge A \supseteq B$. Hier soll gezeigt werden, dass die Mengen $V_a \cap V_b$ und $V_{kgV(a,b)}$ gleich sind. Entsprechend können wir im Beweis wieder so vorgehen, dass wir nacheinander beide Mengen als Teilmenge der jeweils anderen ausdrücken.

„$\subseteq$":
Voraussetzung: $a, b \in \mathbb{N}$
Zu zeigen: $V_a \cap V_b \subseteq V_{kgV(a,b)}$

Wie bei den Beweisen über Mengen zuvor schauen wir uns auch jetzt die Elemente der Mengen an, um deren Eigenschaften zu betrachten. Dieser Versuch ist häufig erfolgreich.

Sei $x \in V_a \cap V_b$ (also: $a|x$ und $b|x$):
Nach Division mit Rest gibt es zu zwei natürlichen Zahlen (hier: x und $kgV(a,b)$) $q, r \in \mathbb{N}_0$ mit $x = q \cdot kgV(a,b) + r$, $r < kgV(a,b)$ *.

Diese Gleichung ist schon recht nah an unserem Ziel, insofern wir nur noch zeigen müssen, dass $r = 0$ gilt. Dann würde gelten $x = q \cdot kgV(a,b)$ und somit $x \in V_{kgV(a,b)}$. Dann hätten wir gezeigt, dass jedes Element der Schnittmenge auch in der Vielfachenmenge des kleinsten gemeinsamen Vielfachen ist (s. Definition 4.1 und 4.6).
Zeigen wir nun also: $r = 0$

Da r nicht negativ sein kann (s. Division mit Rest), können wir auch über einen Widerspruchsbeweis herangehen und annehmen:

Sei $r > 0$
Für $x \in V_a \cap V_b$ gilt: $a|x$ und $b|x$.
Nach Definition des $kgV(a,b)$ gilt zudem: $a|kgV(a,b)$ und $b|kgV(a,b)$.
Mit diesen beiden Dingen sind die Voraussetzungen zur Anwendung von Satz 4.2a)ii) erfüllt. Die Anwendung ergibt:

$$a | \underbrace{x - q \cdot kgV(a,b)}_{r} \text{ also } a|r$$

Oben haben wir schon gesehen: $x = q \cdot kgV(a,b) + r \Leftrightarrow r = x - q \cdot kgV(a,b)$
Ebenso gilt $b|x - q \cdot kgV(a,b)$ also $b|r$
Daher gilt nach Definition 4.6 der Vielfachenmenge:

$$r \in V_a \cap V_b$$

$$\overset{\text{Def.4.6}}{\Longrightarrow} kgV(a,b) \le r$$

Dies ist ein Widerspruch zu $r < kgV(a,b)$ (s. o.*).
Es kann also nicht sein, dass $r > 0$. Somit gilt: $r = 0$

$$x = q \cdot kgV(a,b) + r \text{ (siehe*)} \wedge r = 0$$

$$\Rightarrow x = q \cdot kgV(a,b) + 0$$

$$\overset{\text{Def. 4.6}}{\Longrightarrow} x \in V_{kgV(a,b)}$$

$$\Rightarrow V_a \cap V_b \subseteq V_{kgV(a,b)}$$

„$\supseteq$":
Voraussetzung: $a, b \in \mathbb{N}$
Zu zeigen: $V_a \cap V_b \supseteq V_{kgV(a,b)}$

Sei $x \in V_{kgV(a,b)}$

$$\overset{\text{Def.4.6}}{\Longrightarrow} kgV(a,b)|x$$

$$\overset{\text{Def.4.6}}{\Longrightarrow} a|x \text{ und } b|x$$

$$\overset{\text{Def.4.6}}{\Longrightarrow} x \in V_a \cap V_b$$

$$\Rightarrow V_a \cap V_b \supseteq V_{kgV(a,b)}$$

Zusammengenommen:

$$\left(V_a \cap V_b \subseteq V_{kgV(a,b)}\right) \wedge \left(V_a \cap V_b \supseteq V_{kgV(a,b)}\right)$$
$$\Leftrightarrow V_a \cap V_b = V_{kgV(a,b)}$$

Darstellung von natürlichen Zahlen (Satz 3.1 aus Kap. 3)
Wie schon zuvor angekündigt, soll Satz 3.1 noch bewiesen werden. Wir haben in diesem Kapitel mit der Division mit Rest die entscheidende Grundlage hierzu behandelt. Nun also kann der Beweis durchgeführt werden.

Satz 3.1: Eindeutige Darstellung einer natürlichen Zahl bei Basis g
Jede natürliche Zahl n lässt sich bei gegebener Basis $g \geq 2$ eindeutig darstellen als:

$n = a_0 g^0 + a_1 g^1 + a_2 g^2 + \ldots + a_k g^k$ mit $0 \leq a_i \leq g - 1$ für $i \in \{0, 1, 2, \ldots k\}$ und $a_k \neq 0, a_i \in \mathbb{N}$.

Beweis zu Satz 3.1:
Voraussetzung: $g \geq 2$ und $n \in \mathbb{N}$
Zu zeigen: n lässt sich bei gegebener Basis g eindeutig darstellen als:

$$n = a_0 g^0 + a_1 g^1 + a_2 g^2 + \ldots + a_k g^k \text{ mit } 0 \leq a_i \leq g - 1 \text{ für } i \in \{0, 1, 2, \ldots k\}$$
$$\text{und } a_k \neq 0, a_i \in \mathbb{N}$$

Bemerkung zur Beweisstruktur: Der Satz besagt, dass jede natürliche Zahl eine eindeutige solche Darstellung besitzt. Entsprechend muss im Beweis geklärt werden, dass

1) diese Darstellung überhaupt existiert und
2) diese Darstellung (sofern sie existiert) eindeutig ist.

Da sich der zweite Teil bereits erledigt hat, wenn der erste nicht erfüllt ist, beginnen wir also wie gehabt mit der Existenz und gehen dann zur Eindeutigkeit.

Teil 1: Existenz

Gefordert wird die Existenz einer Summe, wobei die Basis der Bündelung g mit verschiedenen Potenzen als Summe auftaucht. Die Basis nutzen wir also, um n mit Rest sukzessiv hierdurch zu dividieren, wobei jeweils der Faktor vor der Bündelungseinheit den Quotienten der nächsten Zeile angibt. Bezogen auf das dezimale Stellenwertsystem formuliert: Wir ziehen zunächst die Zehner, dann die Hunderter, dann die Tausender etc. heraus.

$$n = q_0 \cdot g + a_0 \text{ mit } 0 \le a_0 \le g - 1$$
$$q_0 = q_1 \cdot g + a_1 \text{ mit } 0 \le a_1 \le g - 1$$
$$q_1 = q_2 \cdot g + a_2 \text{ mit } 0 \le a_2 \le g - 1$$
$$\vdots$$

$q_{k-1} = q_k \cdot g + a_k$ mit $0 < a_k \le g - 1$ ($a_k \neq 0$ nach Voraussetzung im Satz. Wäre $a_k = 0$ erlaubt, so wäre es beispielsweise möglich, Zahlen wie 00354 zu schreiben. Die Eindeutigkeit wäre verletzt.)

Die Auflistung von Gleichungen endet, weil $n > q_0 > q_1 > \ldots > q_k$. Die Zahlen werden also immer kleiner, und der Bereich der natürlichen Zahlen hat nun mal nach unten hin ein festes Ende (s. Wohlordnungseigenschaft).

Setzen wir nun die Gleichungen ineinander ein (vgl. Linearkombination, Definition 4.5 und folgender Satz):

$$\begin{array}{ccccc} & KG & & \text{2. Gleichung} & \\ n = q_0 \cdot g + a_0 & = & a_0 + q_0 \cdot g & = & a_0 + (q_1 \cdot g + a_1) \cdot g \\ & & & \text{für } q_0 \text{ eingesetzt} & \end{array}$$

DG
$$= a_0 + a_1 \cdot g^1 + q_1 \cdot g^2 = a_0 + a_1 \cdot g^1 + (q_2 \cdot g + a_2) \cdot g^2$$
$$= a_0 + a_1 \cdot g^1 + a_2 \cdot g^2 + q_2 \cdot g^3 = \ldots = a_0 + a_1 \cdot g^1 + a_2 \cdot g^2 + \ldots + a_k \cdot g^k$$

Die Darstellung für n existiert demnach. Nun bleibt noch zu zeigen, ob diese Darstellung eindeutig ist.

Teil 2: Eindeutigkeit

Wie bereits beim vorherigen Eindeutigkeitsbeweis, gehen wir über einen Widerspruchsbeweis und wollen hiermit zeigen, dass die Existenz von zwei verschiedenen Darstellungen einen Widerspruch erzeugt. Somit würde wieder folgen, dass es nur eine eindeutige Darstellung geben kann.

Annahme: Es existieren zwei Darstellungen der Zahl n:

$$n = a_0 + a_1 \cdot g^1 + a_2 \cdot g^2 + \ldots + a_k \cdot g^k$$
$$n = b_0 + b_1 \cdot g^1 + b_2 \cdot g^2 + \ldots + b_l \cdot g^l$$

Diese beiden Darstellungen der Zahl n können nur dann verschieden sein, wenn sich mindestens ein $a_i \neq b_i$ für eine der Stellen in dem Ausdruck oder $k \neq l$ gilt (womit wiederum die erste Situation auch gegeben wäre). Zu zeigen ist also: $a_0 = b_0, a_1 = b_1, \ldots, a_k = b_l$.

Nehmen wir die zwei Darstellungen von n und klammern g aus:

$$n = (a_k \cdot g^{k-1} + a_{k-1} \cdot g^{k-2} + \ldots + a_2 \cdot g^1 + a_1) \cdot g + a_0$$
$$n = (b_l \cdot g^{l-1} + b_{l-1} \cdot g^{l-2} + \ldots + b_2 \cdot g^1 + b_1) \cdot g + b_0$$

Die Division mit Rest ist eine eindeutige Darstellung. D. h., zu n und g gibt es genau einen Faktor s und einen Rest r, sodass $n = s \cdot g + r$. Da der Rest eindeutig sein muss (s. Satz zur Division mit Rest), folgt $a_0 = b_0$. Da entsprechend auch der Faktor s eindeutig sein muss, können wir mit diesem weiterarbeiten:

Dasselbe Vorgehen (übrig gebliebener Faktor als Vielfaches mit Rest zu g darstellen und die Eindeutigkeit des Satzes zur Division mit Rest nutzen) führt nach und nach zu $a_1 = b_1, a_2 = b_2, \ldots$ Es führt aber nicht dazu, dass $a_k = b_l$ ist, denn wir können nur erhalten $a_k = b_k$ oder $a_l = b_l$.

Letzter Schritt ist also: Prüfe, ob $k = l$ (mit anderen Worten: Beide Darstellungen haben quasi die gleiche Länge):

Wir führen wieder einen Widerspruchsbeweis durch und nehmen an, dass $k > l$ gilt (das geht mit $l > k$ analog):

$$0 = n - n = (a_k \cdot g^k + a_{k-1} \cdot g^{k-1} + \ldots + a_0) - (b_l \cdot g^l + b_{l-1} \cdot g^{l-1} + \ldots + b_0)$$
$$= a_{l+1} \cdot g^{l+1} + a_{l+2} \cdot g^{l+2} + \ldots + a_k \cdot g^k = 0$$

Der letzte Schritt der Gleichungskette ist folgendermaßen begründet:

1. Wir wissen $a_0 = b_0$, $a_1 = b_1, \ldots$ und die g's sind ebenfalls gleich. Daher ist dieser Teil gleich 0.
2. Wir haben angenommen, dass $k > l$. D.h., wir müssen die Differenz ergänzen. Dies machen wir mit $a_{l+1} \cdot g^{l+1} + a_{l+2} \cdot g^{l+2} + \ldots$.

Damit die letzte Summe 0 ergibt, müssen alle Summanden 0 sein. Da es sich um Produkte natürlicher Zahlen handelt und $g \geq 2$ gilt, müssen die a's alle 0 sein. Dies ist wiederum ein Widerspruch zur Voraussetzung im Satz, dass $a_k \neq 0$.

Nachbereitende Übung 4.3:

Aufgabe 1:
Zeigen Sie per vollständigen Induktion: $\forall\, n \in \mathbb{N} : 5\,|\,(n^5 - n)$. Erklären Sie dabei jeden Schritt Ihrer Induktion.

Aufgabe 2:
Beweisen Sie, dass keine Zahl $a > 1$ sowohl n als auch $n + 1, n \in \mathbb{N}$, teilt.
(Hinweis: Führen Sie einen Widerspruchsbeweis durch.)

Aufgabe 3:
Sei $T_a = \{t_1, t_2, \ldots, t_n\}$. Eine natürliche Zahl heißt vollkommen, wenn gilt:
$$\sum_{i=1}^{n} t_i = 2a$$
Finden Sie zwei vollkommene Zahlen und stellen Sie Ihre Überlegungen schriftlich dar.

Aufgabe 4:
Hasse-Diagramme ermöglichen, die Teilermenge einer Zahl grafisch darzustellen. Im Folgenden finden Sie die Erläuterungen zur Erstellung solcher Hasse-Diagramme.

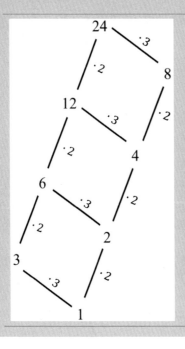

Ein zweidimensionales Hasse-Diagramm wird genutzt, wenn Zahlen in ihrer Teilermenge zwei Primzahlen enthalten (die Zahl 1 ist keine Primzahl). Dieses Hasse-Diagramm stellt die Teilermenge von der Zahl 24 dar: $T_{24} = \{1, 2, 3, 4, 6, 8, 12, 24\}$. Bei der Zeichnung eines Hasse-Diagramms dieser Form wird bei der 1 begonnen und diese mit den Primzahlen, welche in der Teilermenge der Zahl auftreten, durch Linien verbunden. Auf den Parallelen sind dabei immer die gleichen Primfaktoren aufgetragen

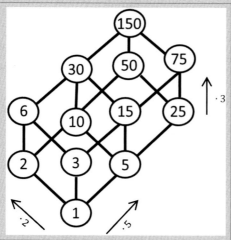

Wenn Zahlen in ihrer Teilermenge drei Primzahlen enthalten, ist ein dreidimensionales Hasse-Diagramm notwendig. Als Beispiel finden Sie ein Hasse-Diagramm für die Zahl 150 dargestellt. Die Teilermenge von 150 lautet:

$T_{150} = \{1, 2, 3, 5, 6, 10, 15, 25, 30, 50, 75, 150\}$.

Es wird bei der 1 begonnen und diese mit den drei Primzahlen durch Linien verbunden

a) Zeichnen Sie die Hasse-Diagramme zu $T(108)$ und $T(350)$.
b) Finden Sie eine Teilermenge $T(a)$ zum Hasse-Diagramm der 1. Form und eine Teilermenge $T(b)$ zum Hasse-Diagramm der 2. Form.

1. Form: 2. Form:

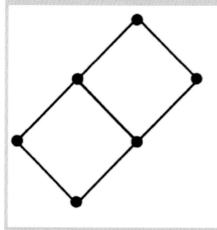
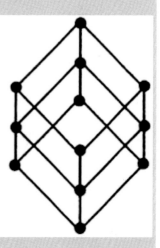

Aufgabe 5:
Wie können wir an zwei Hasse-Diagrammen den größten gemeinsamen Teiler bestimmen? Erläutern Sie dies anhand zweier Hasse-Diagramme für zwei von Ihnen ausgewählte Zahlen.

▶ **Tipp:** Schieben Sie Ihre beiden Hasse-Diagramme übereinander.

Von den Primzahlen zum Hauptsatz der elementaren Zahlentheorie

In diesem Kapitel wird eine besondere Menge von Zahlen genauer betrachtet: die Primzahlen. Ziel ist es, mit diesen Primzahlen den Hauptsatz der elementaren Zahlentheorie zu beweisen. Dieser wird – im Vergleich zur Darstellung natürlicher Zahlen in einem g-adischen Stellenwertsystem – eine andere Zerlegungsmöglichkeit für die natürlichen Zahlen aufzeigen. Allein das Wort „Hauptsatz" deutet bereits die Tragweite dieses Satzes an.

Primzahlen sind ein wesentlicher Inhalt der Schulmathematik und können etwa spielerisch schon in der Grundschule eingeführt werden (s. vorbereitende Übung). Einige Charakteristika von Primzahlen sind vermutlich bereits bekannt:

1. Eine Primzahl ist nur durch sich selbst und 1 teilbar.
2. 1 ist keine (!) Primzahl, da wir vor allem die Eindeutigkeit der Primfaktorzerlegung beibehalten wollen. Wenn die 1 eine Primzahl wäre, dann gäbe es verschiedene Darstellungsweisen. Im weiteren Verlauf dieses Kapitels wird auf die Primfaktorzerlegung näher eingegangen.
3. Jede Zahl lässt sich in Primzahlen zerlegen.
4. Die Primzahlenmenge ist unendlich groß. Das bedeutet auch, dass es große Primzahlen gibt.
5. Durch die Primfaktorzerlegung können der größte gemeinsame Teiler und das kleinste gemeinsame Vielfache zweier Zahlen bestimmt werden.

Diese Eigenschaften sind zugleich wesentlicher Inhalt dieses Kapitels. Bevor der Inhalt beginnt, wird in der vorbereitenden Übung bereits explizit mit Primzahlen gearbeitet.

© Springer-Verlag GmbH Deutschland, ein Teil von Springer Nature 2023
M. Meyer, *Einführung in die Mathematik für Lehramtskandidat*innen*,
https://doi.org/10.1007/978-3-662-64027-2_5

Vorbereitende Übung 5.1:

Definition 5.1: Primzahl
Eine natürliche Zahl p heißt *Primzahl* (PZ), falls
1. $p \neq 1$ und
2. $T_p = \{1, p\}$ ist
Ansonsten heißt diese Zahl zerlegbar.
$\mathbb{P}$ bezeichnet die Menge aller Primzahlen ($\mathbb{P} = \{2, 3, 5, 7, 11, 13, \ldots\}$).

Aufgabe 1:
a) Berechnen Sie:
    i. $ggT(3, 9)$
    ii. $ggT(17, 29)$
    iii. $ggT(13, 28)$
b) Geben Sie mindestens zwei allgemeine Zusammenhänge an, die sich fest-stellen lassen, wenn bei der Bestimmung eines größten gemeinsamen Teilers zweier Zahlen mindestens eine Primzahl mit im Spiel ist. Formulieren Sie diese Zusammenhänge formal als mathematische Sätze.
c) Beweisen Sie die Zusammenhänge aus Aufgabenteil 1b). Nutzen Sie dabei u. a. die Definition von Primzahlen.

Aufgabe 2:
Das Sieb des Eratosthenes ist ein Verfahren zum Finden von Primzahlen. Es funktioniert wie folgt: Zunächst schreibt man eine Liste aller natürlichen Zahlen auf, die dahingehend geprüft werden wollen, ob und welche Primzahlen sie enthalten. Dies sieht dann z. B. so aus:

1	2	3	4	5	6	7	10
11	12	13	14	15	16	17	20
21	22	23	24	25	26	27	30
31	32	33	34	35	36	37	40
41	42	43	44	45	46	47	50
51	52	53	54	55	56	57	60
61	62	63	64	65	66	67	70
71	72	73	74	75	76	77	80
81	82	83	84	85	86	87	90
91	92	93	94	95	96	97	100

Gehen Sie wie folgt vor:

1. Man streicht als Erstes die 1 weg.
2. In der Liste folgt die 2. Die 2 wurde bis jetzt nicht weggestrichen. Sie wird nun eingekreist.
3. Wir streichen nun alle durch 2 teilbaren Zahlen, die größer sind als 2.
4. Die 3 ist nun die nächste nicht gestrichene Zahl. Wir kreisen die 3 ein.
5. Wir streichen nun alle durch 3 teilbaren Zahlen, die größer sind als 3.
6. Nun wiederholen wir die Schritte 4 und 5 mit den nächsten nicht gestrichenen Zahlen in der Liste (schrittweise größer werdend) bis alle Zahlen entweder umkreist oder durchgestrichen sind.

a) Machen Sie sich mit dem oben stehenden Verfahren bekannt. Was ist allen „umkreisten Zahlen" gemeinsam, was allen durchgestrichenen Zahlen?
b) Führen Sie das Verfahren bis zur Zahl 150 durch. Woher wissen Sie, dass Sie alle „umkreisten Zahlen" gefunden haben?
c) Wie weit muss man bei einer beliebigen Zahl mit diesem Vorgehen Zahlen wegstreichen, um sich sicher zu sein, alle umkreisbaren Zahlen gefunden zu haben?

Aufgabe 3: Spiel „Wer zerlegt zuletzt?" (ab Klasse 4 einsetzbar)
a) Lesen Sie die Spielregeln (s. Abb. 5.1). Spielen Sie das Spiel 10 Durchgänge zu zweit durch.
b) Wie erkennt man, dass man nicht weiter zerlegen kann?
c) Warum ist die 1 verboten?
d) Gibt es Zahlen, bei denen das jüngere Kind direkt gewinnt, also das Spiel gar nicht beginnen würde? Welche Zahlen unter 100 sind das?
e) Welche Zahlen muss das jüngere Kind wählen, damit es gewinnt? Und welche Zahlen muss das jüngere Kind wählen, damit das ältere Kind gewinnt? Begründen Sie Ihre Antwort anhand von Beispielen und algebraisch (allgemeiner Term).

▶ **Tipp:** Wie hängen anfänglich gewählte Zahl und Nummer des Spielzuges, in dem nicht mehr zerlegt werden kann, zusammen?

siehe Abb. 5.1.

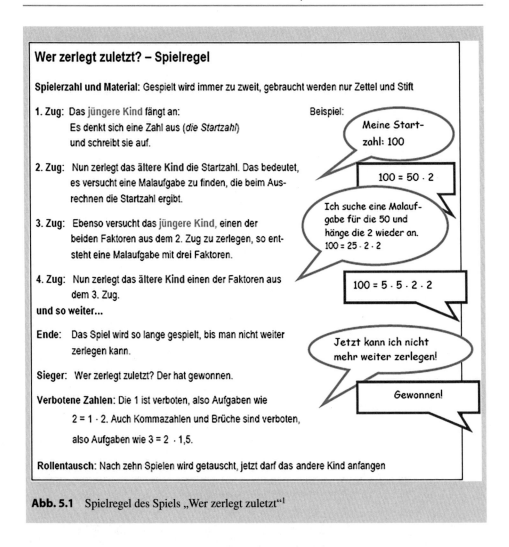

Abb. 5.1   Spielregel des Spiels „Wer zerlegt zuletzt"[1]

Primzahlen und einige ihrer Eigenschaften

Die vorbereitende Übung enthielt bereits die Definition von Primzahlen. Auch konnten
bereits einige Eigenschaften von Primzahlen erfahren werden. Um die folgenden Darstellungen systematisch zu beginnen, sei wie gewohnt mit der Definition des grundlegenden Begriffes der Primzahl begonnen:

---

[1] Susanne Prediger, Thorsten Dirks, Julia Kersting (2009). Wer zerlegt zuletzt? Spielend die Primfaktorzerlegung erkunden. In *PM-Praxis der Mathematik in der Schule,* 25, 51, 10–14. Die Spielregeln aus Abb. 5.1 befinden sich auf Seite 11.

Definition 5.1: Primzahl
Eine natürliche Zahl heißt Primzahl (PZ), falls gilt:
1. $p \neq 1$ und
2. $T_p = \{1, p\}$.
Ansonsten heißt diese Zahl zerlegbar.
$\mathbb{P}$ bezeichnet die Menge der Primzahlen ($\mathbb{P} = \{2, 3, 5, 7, 11, 13, \ldots\}$).

Beispiel:

Die Zahlen $12, 25$ und 45 sind zerlegbare Zahlen. Es gibt allerdings Elemente der Teilermenge, die Primzahlen sind und somit nicht zerlegbar.

$T_{45} = \{1, \underline{3}, \underline{5}, 9, 15, 45\}$

$T_{12} = \{1, \underline{2}, \underline{3}, 4, 6, 12\}$

$T_{25} = \{1, \underline{5}, 25\}$ ◄

Jede Teilermenge, so sie der Größe nach geordnet ist, beginnt mit 1. Insofern alle natürlichen Zahlen sich durch 1 dividieren lassen, ist dies nicht weiter verwunderlich. Die zweite Zahl von links in der Teilermenge ist in den Beispielen stets eine Primzahl. Man könnte sich fragen, ob das immer so sein muss. Die Antwort ist relativ einfach: Wenn diese Zahl keine Primzahl wäre, dann wäre sie zerlegbar, und die Elemente ihrer Teilermenge würden auch die Ausgangszahl teilen, also auch in deren Teilermenge enthalten sein:

Satz 5.1: Primteiler
Gegeben sei eine Zahl $n \in \mathbb{N}$, $n \geq 2$. Der kleinste von 1 verschiedene Teiler von n ist eine Primzahl. Dieser kleinste Teiler ($\neq 1$) wird auch *Primteiler* genannt.

Beweis zu Satz 5.1:
Voraussetzung: $n \in \mathbb{N}$, $n \geq 2$
Zu zeigen: Der kleinste Teiler von n ist eine Primzahl

Bemerkung zur Beweisstruktur: Was oben schon kurz beschrieben wurde, sei nun ausführlicher dargestellt. Hierzu wird eine Fallunterscheidung genutzt. Bei dem zweiten Fall wird ein Widerspruchsbeweis durchgeführt.

1. Fall: Sei $n \in \mathbb{P}$. Dann ist $T_n = \{1, n\}$ und $n \in \mathbb{P}$.
2. Fall: Annahme: $n \notin \mathbb{P}$.
   Dann existiert ein kleinster Teiler q von n, wobei $q \neq 1$ (da $n \geq 2$) und $q \neq n$.
   Also: $T_n = \{1, q, \ldots, n\}$.

q ist das kleinste Element aus der Teilermenge von n größer 1. Zusätzlich muss gelten: $q \in \mathbb{P}$, da q ansonsten zerlegbar wäre, z. B. $q = k \cdot l$.
Im Fall der Zerlegbarkeit von q würde nach Definition 4.2 folgen, dass k und l in der Teilermenge von $T_n = \{1, l, k, q, \ldots, n\}$ enthalten sind. Das wäre aber dann ein Widerspruch zur Annahme, dass q das kleinste Element bzw. der kleinste Teiler von n ist. Anders formuliert: Dieser Fall kann nicht eintreten, da er einen Widerspruch erzeugt.

Im Zuge der Betrachtungen von Primzahlen wird in der Regel auch die Menge der Primzahlen behandelt. Eine zentrale Aussage (der Satz von Euklid) besagt, dass diese Menge unendlich viele Elemente hat. Zu diesem Satz existieren sehr viele verschiedene Beweise, welche entweder einen Widerspruch erzeugen oder zu einer vorgegebenen Anzahl an Primzahlen eine neue erzeugen lassen. Hier sei nur ein Beweis dargestellt, bei dem wir verschiedene Elemente der vorangegangenen Kapitel nutzen.

Satz 5.2: Satz von Euklid
Es gibt unendlich viele Primzahlen.

Beweis zu Satz 5.2:
Zu zeigen: Es gibt unendlich viele Primzahlen.

Bemerkung zur Beweisstruktur: Die Idee dieses Beweises besteht darin, zunächst das Gegenteil von der Behauptung anzunehmen, um hierdurch einen Widerspruch zu erzeugen. Es handelt sich also um einen Widerspruchsbeweis, bei dem wir von einer endlich großen Anzahl an Elementen in der Menge der Primzahlen ausgehen. Danach wird wie gewohnt gefolgert, welche Konsequenzen dies hätte, mit dem Ziel eine Konsequenz zu finden, welche definitiv nicht eintreten kann (also den Widerspruch erzeugt).

Annahme: Es gibt nur endlich viele Primzahlen. Seien $p_1, p_2, \ldots, p_k \in \mathbb{N}$ alle Primzahlen.

Betrachte nun eine neue Zahl $m \notin \mathbb{P}$ für die gilt: $m = p_1 \cdot p_2 \cdot p_3 \cdot \ldots \cdot p_k + 1$.
Nach Satz 5.1 besitzt diese Zahl $m \in \mathbb{N}$ einen kleinsten Teiler p_n, der eine Primzahl ist.
Sei p_n dieser Primteiler, wobei $n \in \{1, \ldots, k\}$, da $p_1, p_2, \ldots, p_k$ sämtliche Primzahlen sind.
Zusätzlich muss gelten $p_n | p_1 \cdot p_2 \cdot \ldots \cdot p_k$, da p_n in $p_1, p_2, \ldots, p_k$ enthalten ist ($p_1, p_2, \ldots, p_k$ sind ja alle Primzahlen).

Zusammengefasst:
$p_n | p_1 \cdot p_2 \cdot \ldots \cdot p_k$ und $p_n | (p_1 \cdot p_2 \cdot \ldots \cdot p_k) + 1$.
Nach Satz 4.2a)ii) folgt: $p_n | \underbrace{(p_1 \cdot \ldots \cdot p_k + 1) - (p_1 \cdot \ldots \cdot p_k)}_{=1}$.

D. h., $p_n|1$ also $p_n = 1$. Dies ist ein Widerspruch zur Definition von Primzahlen bzw. der des Primteilers. Die Annahme ist also nicht möglich, sodass es unendlich viele Primzahlen geben muss.

Bemerkung:
Alternativ könnte man zum Schluss des Beweises auch Folgendes schreiben:
p_n kann nicht in $p_1, p_2, \ldots, p_k$ enthalten sein. Dann ist entweder $p_n = 1$ (was nicht sein kann) oder wir haben zu Beginn nicht alle Primzahlen erfasst und eine weitere gefunden. (Hierfür wäre es natürlich sinnvoll, die Annahme zuvor wegzulassen.)
Mit diesem Argument könnte man den Satz von Euklid auch wie folgt umschreiben: Zu jeder endlichen Anzahl von Primzahlen kann man eine weitere Primzahl konstruieren (als Primteiler von $p_1 \cdot \ldots \cdot p_k + 1$).
In einem Widerspruchsbeweis wie dem ersten Beweis (ausgehend von einer Annahme zu der Widerlegung derselben) zeigt man nur, dass etwas falsch ist. Ein wirklicher Erkenntnisfortschritt tritt dabei nicht ein (abgesehen davon, dass man zeigen konnte, dass die Annahme falsch ist). Mit dem direkten Beweis (s. Bemerkung) können wir neue Primzahlen ausgehend von einer endlichen Anzahl konstruieren, was von größerer Bedeutung ist.

Beispiele:

1) Seien 2 und 3 die gegebenen Primzahlen, so würde mit $2 \cdot 3 + 1 = 7$ eine Zahl erzeugt werden, die weder durch 2 noch durch 3 teilbar ist. Damit wäre die Existenz einer neuen Primzahl gezeigt.

2) Seien 2 und 7 die gegebenen Primzahlen, so würde mit $2 \cdot 7 + 1 = 15$ eine Zahl erzeugt werden, die weder durch 2 noch durch 7 teilbar ist. Damit wäre wieder die Existenz einer neuen Primzahl gezeigt. Das Beispiel zeigt zudem, dass allein aus der Rechnung nicht zwingend eine Primzahl entsteht. Diese kann jedoch immer als Primteiler der konstruierten Zahl (15) identifiziert werden, denn die Zahlen 3 und 5 war in den zuvor gegebenen Primzahlen (2 und 7) nicht enthalten. ◀

Hauptsatz der elementaren Zahlentheorie, Zerlegung in Primfaktoren
Um im Anschluss den Hauptsatz der elementaren Zahlentheorie beweisen zu können, benötigen wir vorweg eine Eigenschaft zur Teilbarkeit mit natürlichen Zahlen:

Satz 5.3: Teilbarkeit mit Primzahlen
Seien $a, b \in \mathbb{N}$ und $p \in \mathbb{P}$. Dann gilt: $p|a \cdot b \Rightarrow p|a \vee p|b$

Beweis zu Satz 5.3:
Voraussetzung: $a, b \in \mathbb{N}$ und $p \in \mathbb{P}$: $p|a \cdot b$
Zu zeigen: $p|a \vee p|b$

Bemerkung zur Beweisstruktur: Auch hier führen wir eine Fallunterscheidung durch. Für die Primzahl p kann gelten: Sie ist Element der Teilermenge von a oder auch nicht.

1. Fall: Wenn $p|a$, so folgt die Behauptung direkt.
2. Fall: Gilt $p\nmid a$, so ist $ggT(p, a) = 1$, denn $p \in \mathbb{P}$, weshalb p keine weiteren von 1 verschiedenen Teiler hat.
   Aus Satz 4.8 folgt die Behauptung (dieser lautete: Wenn $d|a \cdot b$ und $ggT(d, a) = 1$, folgt $d|b$).

Beispiel:

$3|6 \cdot 4 \Rightarrow 3|6 \vee 3|4$

$7|14 \cdot 3 \Rightarrow 7|14 \vee 7|3$ ◀

Bemerkung:
Achtung:
Es gilt nicht $c|a \cdot b \Rightarrow c|a \vee c|b$ mit $a, b, c \in \mathbb{N}$ und $c \notin \mathbb{P}$.
Beispiel: $6|2 \cdot 3 \nRightarrow 6|2 \vee 6|3$

Die Bedeutung der Primzahlen für die Mathematik liegt darin, dass sie „Bausteine" der natürlichen Zahlen sind. Mit ihnen kann man jede beliebige natürliche Zahl durch Multiplikation herstellen. Dies ist die Aussage des Hauptsatzes der elementaren Zahlentheorie:

Satz 5.4: Hauptsatz der elementaren Zahlentheorie
Jede natürliche Zahl $n > 1$ lässt sich eindeutig (bis auf Reihenfolge der Faktoren) als Produkt von Primzahlen $p \in \mathbb{P}$ darstellen. $n = p_1 \cdot \ldots \cdot p_k$ mit $p_i \in \mathbb{P}$, $i \in \{1, \ldots, k\}$

Bemerkungen:
1. Das Wort „Produkt" bezieht sich auch auf den Fall, dass es nur einen Faktor gibt. Beispielsweise birgt die „Produktdarstellung" der Zahl 17 (wie auch die anderer Primzahlen) nur einen Faktor: $17 = 17$
2. Die obige Zerlegung einer natürlichen Zahl heißt Primfaktorzerlegung (Bez.: PFZ).
3. Der Hauptsatz zeigt auch einen Grund dafür, warum man sagt: $1 \notin \mathbb{P}$. Denn wäre 1 eine Primzahl, so wäre die PFZ nicht eindeutig. Man könnte ja beliebig oft mit 1 weiter multiplizieren.

Beweis zu Satz 5.4:
Bemerkung zur Beweisstruktur: Im Hauptsatz wird eine Aussage zur Darstellung natürlicher Zahlen gemacht. Entsprechend sind zwei Dinge zu zeigen: (1) Existenz und (2) Eindeutigkeit der PFZ.

Voraussetzung: $n \in \mathbb{N}, n > 1$
Zu zeigen: $n = p_1 \cdot \ldots \cdot p_k$ mit $p_i \in \mathbb{P}$, $i \in \{1, \ldots, k\}$

Teil 1: Existenz (Beweis durch Widerspruch):
Annahme: Es existiert eine natürliche Zahl, die größer ist als 1 und sich nicht(!) als ein Produkt von Primzahlen darstellen lässt. Nehmen wir an, die kleinste dieser Zahlen sei n_0. Die Wohlordnungseigenschaft der natürlichen Zahlen garantiert uns die Existenz dieses kleinsten Elements. $n_0 \notin \mathbb{P}$, denn ansonsten hätten wir bereits ein Produkt von Primfaktoren gefunden (s. o. Bemerkung 1). D. h., n_0 muss eine zerlegbare Zahl sein. Sei also $n_0 = n_1 \cdot n_2$. Dann sind n_1 und n_2 kleiner als n_0: $1 < n_1 < n_0$ und $1 < n_2 < n_0$.
   Da n_0 die kleinste nicht in Primfaktoren zerlegbare Zahl ist, müssen n_1 und n_2 in Primfaktoren zerlegbar sein. Damit muss aber auch $n_0 = n_1 \cdot n_2$ in Primfaktoren zerlegbar sein, insofern dies ein Produkt von in Primfaktoren zerlegbaren Zahlen darstellt. Dies ist ein Widerspruch zur Annahme, dass n_0 nicht in Primfaktoren zerlegbar ist. Also kann es dieses kleinste Element nicht geben und damit existiert für jede natürliche Zahl ein Produkt von Primzahlen.

Teil 2: Eindeutigkeit (Beweis durch Widerspruch):
Annahme: $n = p_1 \cdot p_2 \cdot \ldots \cdot p_k$ und $n = q_1 \cdot q_2 \cdot \ldots \cdot q_l$ seien zwei PFZen von $n \in \mathbb{N}$ und es gelte $k \leq l$ (dies beschränkt die Allgemeinheit des Beweises insofern nicht, als dass im Fall $k \geq l$ im Folgenden nur ausgehend von q_1 als Teiler von n argumentiert werden müsste).

Dann gilt:
$p_1 | n \Leftrightarrow p_1 | (q_1 \cdot \ldots \cdot q_l)$, also nach Satz 5.3: $p_1 | q_i$ für ein $i \in \{1, \ldots, l\}$.
Da $p_1, q_i \in \mathbb{P}$ (Primzahlen haben nach Definition keine weiteren Teiler außer 1 und sich selbst 5.1), muss gelten: $p_1 = q_i$ für ein $i \in \{1, \ldots, l\}$.
Ebenso kann man zeigen: $p_2 | n \Leftrightarrow p_2 | (q_1 \cdot \ldots \cdot q_l)$. Also $p_2 = q_h$ für ein $h \in \{1, \ldots, l\}$ nach Satz 5.3 und Definition 5.1.
Das machen wir insgesamt k-mal. Alle Primfaktoren p_j mit $j \in \{1, \ldots, k\}$ müssen als ein q identifizierbar sein.

Wir wissen an dieser Stelle also, dass die Primfaktoren mit p unter denjenigen mit q vorkommen. Jetzt wäre noch zu zeigen, ob es mehr Primfaktoren bei den q's gibt. Da $k \leq l$ könnten noch ein paar übrig bleiben. Hier schauen wir nun genauer hin und sortieren die Primfaktoren um: Alle bereits als ein p identifizierten Primzahlen aus der Menge der q's ersetzen wir und schreiben sie an den Beginn des Produktes.
Wäre $k < l$, so wäre $p_1 \cdot \ldots \cdot p_k = n = q_1 \cdot \ldots \cdot q_l = \underbrace{p_1 \cdot \ldots \cdot p_k}_{=n} \cdot \underbrace{q_{k+1} \cdot \ldots \cdot q_l}_{=1}$. Die restlichen q's (also $q_{k+1}, \ldots, q_l$) müssten als Produkt 1 ergeben, denn es gibt keine andere Zahl, mit der man n multiplizieren kann, um wieder n zu erhalten (in einem späteren Kapitel wird auch von dem neutralen Element der Multiplikation gesprochen).

Dies aber wäre ein Widerspruch zu $q_i \in \mathbb{P}$ für $i \in \{k+1, \ldots, l\}$, denn das Produkt 1 ist mit natürlichen Zahlen nur dann möglich, wenn alle Zahlen 1 lauten. Die 1 aber ist keine Primzahl.

Also muss $k = l$ und somit $n = p_1 \cdot \ldots \cdot p_{k=l} = q_1 \cdot \ldots \cdot q_{l=k}$ gelten mit den bereits zuvor paarweise identifizierten Primfaktoren. Die PFZ von n ist somit eindeutig.

Der wesentliche Schritt in diesem Eindeutigkeitsbeweis ist die Anwendung von Satz 5.3. Dies gilt auch für den nachfolgenden Beweis der Eindeutigkeit, der als alternativer Beweis dargestellt wird, weil die Idee des hier angewendeten Prinzips schon im Zuge des Existenzbeweises auftauchte:

(Beweis 2 zur Eindeutigkeit:)
Annahme (wie oben): Es gibt natürliche Zahlen, die zwei verschiedene Primfaktorzerlegungen haben.
Nun betrachten wir die folgende Menge:
$M = \{n \in \mathbb{N} \mid$ PFZ von n ist nicht eindeutig$\}$

Laut Annahme muss M mindestens ein Element enthalten. Da es sich um natürliche Zahlen handelt, existiert auf Grund der Wohlordnungseigenschaft in M ein kleinstes Element. Wir bezeichnen es mit n_0. Es gelte:
$n_0 = p_1 \cdot \ldots \cdot p_k = q_1 \cdot \ldots \cdot q_l$ mit $k, l \in \mathbb{N}$ mit $p_1, \ldots, p_k, q_1, \ldots, q_l \in \mathbb{P}$.

Da $p_1 \mid n_0$ gilt, folgt $p_1 \mid (q_1 \cdot \ldots \cdot q_l)$.
Aus Satz 5.3 folgt nun: $p_1 \mid q_i$ für ein $i \in \{1, \ldots, l\}$ und da $p_1, q_i \in \mathbb{P}$: $p_1 = q_i$.

Nun wird im Vergleich zum ersten Beweis anders argumentiert, um die Wohlordnungseigenschaft zu nutzen.
Also gilt:
$p_1 \cdot \ldots \cdot p_k = n_0 = q_1 \cdot \ldots \cdot q_{i-1} \cdot p_1 \cdot q_{i+1} \cdot \ldots \cdot q_l$
Dies ist wiederum gleichbedeutend mit (Kürzen mit p_1):
$p_2 \cdot \ldots \cdot p_k = q_1 \cdot \ldots \cdot q_{i-1} \cdot q_{i+1} \cdot \ldots \cdot q_l$

Das Produkt $p_2 \cdot \ldots \cdot p_k$ ist kleiner als n_0, also nicht in M enthalten. Das wiederum bedeutet, dass die PFZ der durch $p_2 \cdot \ldots \cdot p_k$ beschriebenen Zahl bis auf die Reihenfolge der Faktoren eindeutig ist. Entsprechend müssen die Produkte $p_2 \cdot \ldots \cdot p_k = q_1 \cdot \ldots \cdot q_{i-1} \cdot q_{i+1} \cdot \ldots \cdot q_l$ bis auf Reihenfolge übereinstimmen. Oben haben wir jedoch festgestellt, dass $p_1 = q_i$ ist. Also müssen auch $p_1 \cdot \ldots \cdot p_k = q_1 \cdot q_2 \cdot \ldots \cdot q_l$ bis auf die Reihenfolge übereinstimmen, denn es wurde lediglich auf beiden Seiten die gleiche Primzahl multipliziert. Anders formuliert: M müsste laut Annahme ein kleinstes Element haben, aber der Beweis zeigt, dass dieses Element nicht existieren kann. Dies aber ist ein Widerspruch.

Bemerkung zur Bedeutung des Hauptsatzes:

Bisher haben wir die natürlichen Zahlen mittels der Nachfolgerabbildung ausgehend von der Zahl 1 erzeugt (s. Peano-Axiome Definition 3.1). Mittels des Hauptsatzes gelingt es nun, diese Zahlen eindeutig als Produkte aufzubauen: Jede natürliche Zahl lässt sich multiplikativ mittels der Primzahlen darstellen.

Kanonische Primfaktorzerlegung

Für die nachfolgenden Darstellungen ist es ratsam, sich kurz an die Potenzrechnung zu erinnern. Hierzu eine vorbereitende Übung:

Vorbereitende Übung 5.2:

Aufgabe 1:

a) Berechnen Sie $7^9 \cdot 7^{13}$, ohne einen Taschenrechner zu benutzen.

b) Berechnen Sie $7^9 : 7^{13}$, ohne einen Taschenrechner zu benutzen.

c) Formulieren Sie Ihre Feststellungen als mathematische Sätze.

d) Beweisen Sie diese Sätze.

Für die nachfolgenden Betrachtungen benötigen wir das Produktzeichen, welches für Sie womöglich bereits bekannt ist. Es handelt sich schlicht um eine Abkürzung der Schreibweise: Für $x_0 \cdot \ldots \cdot x_k$ kann man auch schreiben $\prod_{i=0}^{k} x_i$. Dabei ist 0 die untere Grenze und k die obere Grenze (gesprochen: „Das Produkt von $i = 0$ bis k über x_i").

Auch seien die Potenzgesetze (PG) betrachtet (s. vorbereitende Übung):

Für $a, b, k, m, n, x \in \mathbb{N}$ gilt:

PG 1: $x^a \cdot x^b = x^{a+b}$

Potenzen mit gleicher Basis werden multipliziert, indem man die Exponenten addiert.

PG 2: $(n^m)^k = n^{m \cdot k}$

Wird eine Potenz potenziert, so entspricht dies der Multiplikation der Exponenten.

PG 3: $n^m \cdot k^m = (n \cdot k)^m$

Potenzen mit gleichem Exponenten werden multipliziert, indem man bei unverändertem Exponenten die Basen multipliziert.

PG 4: $\frac{x^a}{x^b} = x^{a-b}$

Potenzen mit gleicher Basis werden dividiert, indem man die Exponenten subtrahiert.

Zusätzlich gilt: $n^0 = 1$ (man betrachte als Begründung z. B.: $5^0 = \frac{5^3}{5^3} = \frac{5 \cdot 5 \cdot 5}{5 \cdot 5 \cdot 5} = 1$).

Im Hauptsatz der elementaren Zahlentheorie kann man bei der Darstellung einer Zahl eine einzelne Primzahl womöglich sehr oft aufschreiben. Um sich dieses Aufschreiben im Produkt zu sparen, kann man auch mit Exponenten arbeiten. Des Weiteren hat der Hauptsatz eine „Schwachstelle": Die Eindeutigkeit ist nur bis auf die Reihenfolge der Faktoren möglich. Um beides zu vermeiden, nutzt man gerne eine sog. kanonische Primfaktorzerlegung.

Definition 5.2: Kanonische Primfaktorzerlegung (PFZ)

Unter der *kanonischen Primfaktorzerlegung (kPFZ)* einer Zahl $n \in \mathbb{N}$ in Primfaktoren $p_i \in \mathbb{P}$ für $i \in \{1, \ldots, r\}$ versteht man die Darstellung

$n = p_1^{\alpha_1} \cdot \ldots \cdot p_r^{\alpha_r} = \prod_{i=1}^{r} p_i^{\alpha_i}$ mit $p_1, \ldots, p_r \in \mathbb{P}$, $p_i < p_{i+1}$ für $i \in \{1, \ldots, r-1\}$ (hier wird gefordert, dass die Primzahlen der Größe nach geordnet sind) und $\alpha_1, \ldots, \alpha_r \in \mathbb{N}$.

Beispiele:

1. $2 = 2^1$
2. $6 = 2^1 \cdot 3^1$
3. $12 = 2 \cdot 6 = 2^2 \cdot 3^1$
4. $T_{180} = \{1, 2, 3, 4, 5, 6, 9, 10, 12, 15, 18, 20, 30, 36, 45, 60, 90, 180\}$
   $= \{1^1, 2^1, 3^1, 2^2, 5^1, 2^1 \cdot 3^1, 3^2, 2^1 \cdot 5^1, 2^2 \cdot 3^1, 3^1 \cdot 5^1, 2^1 \cdot 3^2, 2^2 \cdot 5^1, \ldots, 3^2 \cdot 5^1, 2^2 \cdot 3^1 \cdot 5^1, \ldots\}$
   Die *kPFZ* lautet $180 = 2^2 \cdot 3^2 \cdot 5^1$.
5. $420 = 2 \cdot 210 = 2 \cdot 2 \cdot 105 = 2 \cdot 2 \cdot 5 \cdot 21 = 2 \cdot 2 \cdot 5 \cdot 3 \cdot 7 = 2^2 \cdot 3^1 \cdot 5^1 \cdot 7^1$ ◀

Bemerkung:

Der Hauptsatz der elementaren Zahlentheorie lässt leicht erkennen, dass die kanonische Primfaktorzerlegung eine eindeutige Darstellung bietet. Im Folgenden wollen wir jedoch auch die kanonischen Primfaktorzerlegungen verschiedener Zahlen miteinander vergleichen können. Dies gelingt einfach, wenn beide Zahlen die gleichen Primzahlen in der Zerlegung aufweisen. Schwieriger wird der Vergleich jedoch bereits bei den Zahlen 12 und 4: Die Primzahl 3 taucht in der *kPFZ* von 4 nicht auf. Wir könnten maximal formulieren: Sie weist den Exponenten 0 auf. Dann jedoch wäre es keine kanonische Primfaktorzerlegung mehr und insbesondere keine eindeutige Darstellung der Zahlen, denn $4 = 2^2$ und $4 = 2^2 \cdot 3^0$ und $4 = 2^2 \cdot 3^0 \cdot 5^0$ wären drei unterschiedliche Darstellungen der Zahl 4. Entsprechend ist in der Folge die Rede von einer kanonischen Zerlegung in Primfaktoren, wenn wir den Exponenten 0 für beliebig viele Primzahlen zulassen. Hierbei nehmen wir dann die fehlende Eindeutigkeit der Darstellung in Kauf. Entsprechend kann man nun eine beliebige Zahl $n \in \mathbb{N}$ wie folgt notieren:

$$n = \prod_{p \in \mathbb{P}} p^{\alpha_p}, \text{ wobei } \alpha_p \text{ den zur jeweiligen Primzahl } p \text{ zugehörigen Exponenten bezeichnet.}$$

Beispiel:

$12 = 2^2 \cdot 3^1 \cdot 5^0 \cdot 7^0 \cdot 11^0 \cdot 13^0 \cdot \ldots$

Wenn wir dieses Produkt über alle Primzahlen bilden, dann müsste das ausgeschriebene Produkt entsprechend des Satzes von Euklid unendlich lang sein (weswegen ein vollständiges Ausschreiben auch wenig Sinn macht). Zudem gilt für alle bis auf endlich viele (man spricht auch von „fast alle") Primzahlen, dass ihre Exponenten $\alpha_p = 0$ sind, sodass stets mit 1 multipliziert wird. Das Beispiel anders formuliert: $12 = 2^2 \cdot 3^1 \cdot 1 \cdot 1 \cdot 1 \cdot 1 \cdots$

Zusatz: Für $n = 1$ gilt dann: $\alpha_i = 0$ für alle $i \in \{1, \ldots, r\}$.

Entsprechend kann man verschiedene natürliche Zahlen mit denselben Primzahlen darstellen, wobei sich nur die jeweiligen Exponenten verändern. ◄

Beispiel:

$24 = 2^3 \cdot 3^1 \cdot 5^0 \cdot 7^0 \cdot 11^0 \cdot 13^0 \cdot \ldots$

$36 = 2^2 \cdot 3^2 \cdot 5^0 \cdot 7^0 \cdot 11^0 \cdot 13^0 \cdot \ldots$ ◄

Kanonische Zerlegung in Primfaktoren, Teilbarkeit, ggT und kgV

Mit dem bisher erarbeiteten Wissen können wir einige frühere Betrachtungen vereinfachen bzw. überprüfbar machen. Hierzu gehören:

1. Die Überprüfung der Teilbarkeit zweier natürlicher Zahlen anhand ihrer kanonischen Darstellung (Satz 5.5).
2. Die Überprüfung der Größe der Teilermenge einer Zahl (Satz 5.6).
3. Der Zusammenhang zwischen dem größten gemeinsamen Teiler und dem kleinsten gemeinsamen Vielfachen (Satz 5.8 bzw. Satz 5.7 zu dessen Vorbereitung).

Satz 5.5: Teilbarkeit und Zerlegung in Primfaktoren

Es sei $a = p_1^{\alpha_1} \cdot \ldots \cdot p_r^{\alpha_r}$ eine Zerlegung von a in Primfaktoren und ebenso $b = p_1^{\beta_1} \cdot \ldots \cdot p_r^{\beta_r}$, wobei $p_i \in \mathbb{P}, \alpha_i \geq 0$ und $\beta_i \geq 0$ für $i \in \{1, \ldots, r\}$.

Es gilt: $a|b \Leftrightarrow 0 \leq \alpha_i \leq \beta_i$ für alle $i \in \{1, \ldots, r\}$.

Beweis zu Satz 5.5:

Voraussetzung: $a = p_1^{\alpha_1} \cdot \ldots \cdot p_r^{\alpha_r}$ und $b = p_1^{\beta_1} \cdot \ldots \cdot p_r^{\beta_r}$, mit $\alpha_i \geq 0, \beta_i \geq 0$ für $i \in \{1, \ldots, r\}$

Zu zeigen: $a|b \Leftrightarrow 0 \leq \alpha_i \leq \beta_i$

Bemerkung zur Beweisstruktur: Diese Äquivalenzaussage wird wiederum bewiesen, indem beide Richtungen einzeln behandelt werden.

„$\Rightarrow$"

Voraussetzung: $a|b, a = \prod_{i=1}^{r} p_i^{\alpha_i} = p_1^{\alpha_1} \cdot \ldots \cdot p_r^{\alpha_r}$ und $b = \prod_{i=1}^{r} p_i^{\beta_i} = p_1^{\beta_1} \cdot \ldots \cdot p_r^{\beta_r}$

Zu zeigen: $0 \leq \alpha_i \leq \beta_i$ für alle $i \in \{1, \ldots, r\}$

Für diese Richtung gilt also nun: $a|b$. Zu zeigen ist die Kleiner-Relation in Bezug auf die Exponenten.

Nach Definition der Teilbarkeit folgt aus der Voraussetzung: $a|b \overset{\text{Def.4.1}}{\Longrightarrow} \exists\, c \in \mathbb{N}: a \cdot c = b$. Dieses Produkt wird nun mit Definition 5.2 durch eine kanonische Zerlegung in

Primfaktoren dargestellt: $\Rightarrow \underbrace{\prod_{i=1}^{r} p_i^{\alpha_i}}_{=a} \cdot \underbrace{\prod_{i=1}^{r} p_i^{\gamma_i}}_{=c} = \underbrace{\prod_{i=1}^{r} p_i^{\beta_i}}_{=b}$

Unter Nutzung des ersten Potenzgesetzes können wir dies äquivalent umschreiben:

$$\Rightarrow \prod_{i=1}^{r} p_i^{\alpha_i + \gamma_i} = \prod_{i=1}^{r} p_i^{\beta_i}$$

$$\Rightarrow \alpha_i + \gamma_i = \beta_i$$

$$\overset{\gamma_i \in \mathbb{N}_0}{\Longrightarrow} \alpha_i \leq \beta_i \text{ für } i \in \{1, \ldots, r\}$$

„$\Leftarrow$"

Voraussetzung: $0 \leq \alpha_i \leq \beta_i$ für alle $i \in \{1, \ldots, r\}$ aus
$a = \prod_{i=1}^{r} p_i^{\alpha_i} = p_1^{\alpha_1} \cdot \ldots \cdot p_r^{\alpha_r}$ und $b = \prod_{i=1}^{r} p_i^{\beta_i} = p_1^{\beta_1} \cdot \ldots \cdot p_r^{\beta_r}$
Zu zeigen: $a|b$

Für die Exponenten $\alpha_i \leq \beta_i$ für alle $i \in \{1, \ldots, r\}$ müssen wir zeigen, dass gilt: $a|b$. Mit der Definition der Teilbarkeit formuliert: Wir müssen ein c finden, sodass $a \cdot c = b$. Mit der kanonischen Zerlegung in Primfaktoren formuliert: Es ist ein $c = \prod_{i=1}^{r} p_i^{\gamma_i}$ zu finden mit $\prod_{i=1}^{r} p_i^{\alpha_i} \cdot \prod_{i=1}^{r} p_i^{\gamma_i} = \prod_{i=1}^{r} p_i^{\beta_i}$.

Da gilt $\alpha_i \leq \beta_i$, gibt es für die einzelnen Stellen i auch Zahlen (wir nennen sie mal einfach γ_i), für die gilt: $\alpha_i + \gamma_i = \beta_i$ für alle $i \in \{1, \ldots, r\}$.

Nun nehmen wir die γ_i's und setzen diese als Exponenten der jeweiligen Primzahlen, zu denen bereits α_i und β_i gehörten. Dies machen wir für alle $i \in \{1, \ldots, r\}$. Die aus dem Produkt gebildete Zahl nennen wir c:

$$c = \prod_{i=1}^{r} p_i^{\gamma_i}$$

Nun bilden wir das Produkt von a und c:

$$\left(\prod_{i=1}^{r} p_i^{\alpha_i} \right) \cdot \left(\prod_{i=1}^{r} p_i^{\gamma_i} \right) \overset{PG1}{=} \prod_{i=1}^{r} p_i^{\alpha_i + \gamma_i} = \prod_{i=1}^{r} p_i^{\beta_i}$$

Anders formuliert:

$a \cdot c = b$
$\overset{\text{Def. 4.1}}{\Longrightarrow} a|b$

Beispiele:

$4 = 2^2 \cdot 3^0$ und $T_4 = \left\{ 1 (= 2^0 \cdot 3^0); 2 (= 2^1 \cdot 3^0); 4 (= 2^2 \cdot 3^0) \right\}$
$6 = 2^1 \cdot 3^1$ und $T_6 = \left\{ 1 (= 2^0 \cdot 3^0); 2 (= 2^1 \cdot 3^0); 3 (= 2^0 \cdot 3^1); 6 (= 2^1 \cdot 3^1) \right\}$ ◄

Anmerkung: Das Beispiel zeigt, dass wir durch die Zerlegung in kanonische Zerlegung in Primfaktoren schnell die Teiler einer Zahl bestimmen können: Wir müssen nach Satz 5.5 einfach die Exponenten der in der kanonischen Zerlegung enthaltenen Primfaktoren sukzessiv erhöhen, startend bei 0. Kein Exponent zu einem Primfaktor darf dabei größer werden als der Exponent des entsprechenden Primfaktors in der Zerlegung. Im Beispiel darf der Exponent zur 2 bei der Zahl 6 (der Exponent der Primzahl 2 in der kanonischen Zerlegung in Primfaktoren ist 1) also 0 und 1 betragen. Würden wir einen Teiler der 6 suchen, bei dessen kanonischer Zerlegung der Exponent zur Primzahl 2 größer als 1 wäre, dann würden wir die Bedingung des Satzes 5.5 verletzen und könnten ihn nicht mehr anwenden. Die Zahl 4 wäre beispielsweise die kleinste Zahl mit einem höheren Exponenten in der Zerlegung. Hier gilt also: $4 \nmid 6$.

$2 = 2^1 = 2^1 \cdot 3^0 \cdot 5^0$
$6 = 2 \cdot 3 = 2^1 \cdot 3^1 \cdot 5^0$

2|6, da gilt (die $\alpha_i's$ seien im Folgenden die Exponenten für die Primzahlen in der Zerlegung von 2 und die $\beta_i's$ für diejenigen zur 6): $\alpha_1 = 1 = \beta_1$, $\alpha_2 = 0 < 1 = \beta_2$, $\alpha_3 = 0 = \beta_3$.

Satz 5.5 lässt uns nun recht einfach die Teiler einer Zahl bestimmen. Er hilft uns daher auch, die Anzahl der Teiler einer Zahl zu bestimmen. Diese Folgerung beschreibt Satz 5.6:

Satz 5.6: Anzahl der Teiler einer Zahl

Die Teilermenge T_a einer natürlichen Zahl $a = p_1^{\alpha_1} \cdot \ldots \cdot p_r^{\alpha_r}$ ($\alpha_i \in \mathbb{N}$ für $i \in \{1, \ldots, r\}$) hat $(\alpha_1 + 1) \cdot (\alpha_2 + 1) \cdot \ldots \cdot (\alpha_r + 1)$ viele Elemente.

Also: $|T_a| = (\alpha_1 + 1) \cdot (\alpha_2 + 1) \cdot \ldots \cdot (\alpha_r + 1)$

Beweis zu Satz 5.6:

Voraussetzung: $a = p_1^{\alpha_1} \cdot \ldots \cdot p_r^{\alpha_r}$ ($\alpha_i \in \mathbb{N}$ für $i \in \{1, \ldots, r\}$)

Zu zeigen: $|T_a| = (\alpha_1 + 1) \cdot (\alpha_2 + 1) \cdot \ldots \cdot (\alpha_r + 1)$

$a = p_1^{\alpha_1} \cdot \ldots \cdot p_r^{\alpha_r}$

Nach Satz 5.5 gilt für Teiler d von a, dass alle Exponenten kleiner oder gleich denjenigen der Primfaktoren von a sein müssen. Entsprechend sind beispielsweise die folgenden Zahlen Teiler von $a = p_1^{\alpha_1} \cdot \ldots \cdot p_r^{\alpha_r}$:

$$p_1^1 \cdot p_2^0 \cdot \ldots \cdot p_r^0, \; p_1^2 \cdot p_2^0 \ldots \cdot p_r^0, \; \ldots, p_1^{\alpha_1} \cdot p_2^0 \ldots \cdot p_r^0, \; p_1^0 \cdot p_2^1 \ldots \cdot p_r^0, \; \ldots, p_1^0 \cdot p_2^{\alpha_2} \ldots \cdot p_r^0, \; \ldots,$$
$$p_1^0 \cdot p_2^0 \ldots \cdot p_r^1, \; \ldots, p_1^0 \cdot p_2^0 \ldots \cdot p_r^{\alpha_r}, \; \ldots, \; p_1^{\alpha_1} \cdot p_2^{\alpha_2} \ldots \cdot p_r^{\alpha_r}$$

Anders formuliert: Um Teiler von a zu erhalten, können wir bei allen Primzahlen, die in der kanonischen Primfaktorzerlegung von a enthalten sind, die Exponenten von 0 bis $\alpha_i \in \mathbb{N}$ für $i \in \{1, \ldots, r\}$ sukzessiv variieren und kombinieren. Es gibt ja nur eine Bedingung nach Satz 5.5: Die Exponenten in der kanonischen Zerlegung in Primfaktoren der Teiler von a müssen kleiner oder gleich denen in der *kPFZ* von a sein. Hiervon gibt es $(\alpha_1 + 1) \cdot (\alpha_2 + 1) \cdot \ldots \cdot (\alpha_r + 1)$ viele Möglichkeiten.

Beispiele:

1. Die Zahl 50 lässt sich als Produkt von Potenzen mit den Basen 5 und 2 darstellen: $50 = 5^2 \cdot 2^1$. Nach Satz 5.6 hätten wir $(2 + 1) \cdot (1 + 1) = 6$ Elemente in T_{50}. Diese wären: $5^2 \cdot 2^1$; $5^1 \cdot 2^1$; $5^0 \cdot 2^1$; $5^2 \cdot 2^0$; $5^1 \cdot 2^0$; $5^0 \cdot 2^0$

2. Die Zahl 25 lässt sich als Quadrat der Zahl 5 mit nur einer Potenz schreiben: $25 = 5^2$. Die $2 + 1 = 3$ Elemente in T_{25} sind: 5^2; 5^1; 5^0

3. $12 = 2^2 \cdot 3^1$. Nach Satz 5.6 gibt es $(2+1) \cdot (1+1) = 6$ mögliche Teiler. Diese Teiler lassen sich wiederum durch Satz 5.5 schnell bestimmen: $2^0 \cdot 3^0 = 1$, $2^1 \cdot 3^0 = 2$, $2^2 \cdot 3^0 = 4$, $2^0 \cdot 3^1 = 3$, $2^1 \cdot 3^1 = 6$, $2^2 \cdot 3^1 = 12$; insgesamt: $T_{12} = \{1; 2; 3; 4; 6; 12\}$. ◄

Während Satz 5.5 sehr schnell die Teiler einer Zahl bestimmen lässt (durch geschickte Betrachtung der Exponenten), ermöglicht Satz 5.6 eine schnelle Überprüfung über die Anzahl der Elemente der Teilermenge. Hierzu sei abschließend der Zusammenhang zwischen ggT und kgV thematisiert, wobei wir diese zunächst mittels einer kPFZ darstellen. Es wird sich ein sehr einfaches Verfahren zeigen, um bei gegebener PFZ den ggT und das kgV zu bestimmen:

Satz 5.7: ggT und kgV und kanonische Zerlegung in Primfaktoren
Es seien $a = \prod_{i=1}^{r} p_i^{\alpha_i}$ und $b = \prod_{i=1}^{r} p_i^{\beta_i}$ mit $\alpha_i, \beta_i \in \mathbb{N}_0$ für $i \in \{1, \ldots, r\}$. Dann gilt:
a) $ggT(a,b) = \prod_{i=1}^{r} p_i^{\min\{\alpha_i, \beta_i\}}$
b) $kgV(a,b) = \prod_{i=1}^{r} p_i^{\max\{\alpha_i, \beta_i\}}$
Dabei ist $\min\{\alpha_i, \beta_i\}$ der kleinste und $\max\{\alpha_i, \beta_i\}$ der größte Exponent der jeweiligen Primzahlexponenten.

Beispiele:

1. $a = 12 = 2^2 \cdot 3^1, b = 6 = 2^1 \cdot 3^1$
   $ggT(6, 12) = 2^{\min\{2,1\}} \cdot 3^{\min\{1,1\}} = 2^1 \cdot 3^1 = 6$
2. $a = 24 = 2^3 \cdot 3^1, b = 14 = 2^1 \cdot 7^1$
   $ggT(24, 14) = 2^{\min\{3,1\}} \cdot 3^{\min\{1,0\}} \cdot 7^{\min\{0,1\}} = 2^1 \cdot 3^0 \cdot 7^0 = 2$
   $kgV(24, 14) = 2^{\max\{3,1\}} \cdot 3^{\max\{1,0\}} \cdot 7^{\max\{0,1\}} = 2^3 \cdot 3^1 \cdot 7^1 = 168$ ◄

Beweis zu Satz 5.7a):
Voraussetzung: $a = \prod_{i=1}^{r} p_i^{\alpha_i}$ und $b = \prod_{i=1}^{r} p_i^{\beta_i}$ mit $\alpha_i, \beta_i \in \mathbb{N}_0$ für $i \in \{1, \ldots, r\}$
Zu zeigen: $ggT(a,b) = \prod_{i=1}^{r} p_i^{\min\{\alpha_i, \beta_i\}}$

Sei $d := \prod_{i=1}^{r} p_i^{\min\{\alpha_i, \beta_i\}}$

Dann gilt $d|a$ und $d|b$ (s. Satz 5.5), wegen $\min\{\alpha_i, \beta_i\} \leq \alpha_i$ und $\min\{\alpha_i, \beta_i\} \leq \beta_i$. Folglich ist d ein gemeinsamer Teiler von a und b. Sei nun $c = \prod_{i=1}^{r} p_i^{\gamma_i}$ ebenso ein Teiler von a und b, wobei c ungleich d.
Nach Satz 5.5 folgt, dass $\gamma_i \leq \alpha_i$ und $\gamma_i \leq \beta_i$ ist. Damit gilt auch $\gamma_i \leq \min\{\alpha_i, \beta_i\}$. Folglich ist nach Satz 5.5 $c|d$ und damit $c \leq d$. Es folgt, dass d der ggT von a und b ist.

Beweis zu Satz 5.7b):
Analog zum Beweis von Satz 5.7a).

Mit dem so gewonnenen Wissen können wir den größten gemeinsamen Teiler und das kleinste gemeinsame Vielfache zusammenbringen und eine zunächst überraschend vermutende Einsicht gewinnen:

Satz 5.8: Zusammenhang von ggT und kgV
Für $a, b \in \mathbb{N}$ gilt: $ggT(a, b) \cdot kgV(a, b) = a \cdot b$

Beweis zu Satz 5.8:
Voraussetzung: $a, \, b \in \mathbb{N}$
Zu zeigen: $ggT(a, \, b) \cdot kgV(a, \, b) = a \cdot b$

Sei $a = \prod_{i=1}^{r} p_i^{\alpha_i}$ und $b = \prod_{i=1}^{r} p_i^{\beta_i}$ (mit $p_i \in \mathbb{P}$; $\alpha_i, \, \beta_i \in \mathbb{N}_0$ für $i \in \{1, \ldots, r\}$), dann gilt:

Satz 5.7: $ggT(a,b) \cdot kgV(a,b) = \left(\prod_{i=1}^{r} p_i^{\min\{\alpha_i,\beta_i\}} \right) \cdot \left(\prod_{i=1}^{r} p_i^{\max\{\alpha_i,\beta_i\}} \right)$

$\overset{PG\ 1}{=} \prod_{i=1}^{r} p_i^{\min\{\alpha_i,\beta_i\}+\max\{\alpha_i,\beta_i\}} \overset{*}{=} \prod_{i=1}^{r} p_i^{\alpha_i+\beta_i} \overset{PG\ 1}{=} \prod_{i=1}^{r} p_i^{\alpha_i} \cdot \prod_{i=1}^{r} p_i^{\beta_i} \Rightarrow a \cdot b$

Zur Erklärung von *: Im Exponenten wird das Minimum und das Maximum von zwei Variablen gesucht. Die Variablen geben die Häufigkeit der jeweiligen Primzahl in der Zerlegung in Primfaktoren von a und b an. Sie stehen also für natürliche Zahlen (einschließlich der 0). Gesucht werden somit das Minimum und das Maximum zweier Zahlen. Dabei ist unwichtig, ob das jeweilige α_i oder das β_i größer oder kleiner ist. Wir nehmen ja beide, weil wir sowohl das größte als auch das kleinste Element nehmen. Wenn $\alpha_i = \beta_i$ gelten, dann sind Minimum und Maximum identisch, sodass wir ebenfalls beide nehmen.

Nachbereitende Übung 5.1:

Aufgabe 1:
Beweisen Sie Satz 5.3: „Seien $a, b \in \mathbb{N}$ und $p \in \mathbb{P}$. Dann gilt: $p|a \cdot b \Rightarrow p|a \vee p|b$."

▶ **Tipp:** Führen Sie eine Fallunterscheidung hinsichtlich $p|a$ und $p \nmid a$ durch.

Aufgabe 2:
Seit Urzeiten suchen die Menschen nach Mustern in der Verteilung der Primzahlen über die natürlichen Zahlen. Nun behauptet eine gewitzte Studentin, sie habe eine Formel entdeckt, die Primzahlen erzeugt. Die Formel lautet $n^2 + n + 41, n \in \mathbb{N}$.

a) Sie sind skeptisch und überprüfen die Behauptung für $n = 1, 2, 3, \ldots$ Wie fleißig sind Sie? Bei welchem n können Sie ohne Berechnung, aber unter Einsatz des Satzes 4.2a)i) (Summenregel), die Behauptung widerlegen?

b) Überzeugen Sie nun, anhand dieser Aufgabe, eine Person Ihrer Wahl, die Beweise (insbesondere Induktionsbeweise) nicht mag und lieber einige Zahlenbeispiele zu betrachten pflegt, dass man auf diesem Wege nicht zu gesicherten Erkenntnissen kommt.

Aufgabe 3:
Beweisen Sie folgenden Satz:
Es sei $a = \prod_{i=1}^{r} p_i^{\alpha_i}$ eine Zerlegung in Primfaktoren von $a \in \mathbb{N}, a \geq 2$.
Dann gilt: a ist eine Quadratzahl $\Leftrightarrow 2|\alpha_i$ für $i \in \{1, \ldots, r\}$

Hinweis: Das Zeichen $\prod_{i=1}^{r} p_i^{\alpha_i}$ bedeutet, dass über die Variable i multipliziert werden soll. Für i sind also nacheinander die Zahlen von 1 bis r einzusetzen. Die hierdurch entstandenen Ausdrücke $p_1^{\alpha_1}, p_2^{\alpha_2}, \ldots, p_r^{\alpha_r}$ sind dann miteinander zu multiplizieren.

Aufgabe 4:
Behauptung: Wenn p eine Primzahl ungleich 2 ist, dann gibt es eine natürliche Zahl k mit $p = 4k + 1$ oder $p = 4k + 3$.
a) Überlegen Sie sich zu jedem Beweistyp aus Kap. 2, ob er zum Beweis dieser Behauptung genutzt werden kann und wie er prinzipiell funktionieren würde.
b) Führen Sie eine Fallunterscheidung durch.

Hinweis am Ende des Kapitels: Übersicht verschaffen

Mit den Kapiteln 4 und 5 wurden die ersten umfassenden Kapitel beendet. Die ganzen Sätze und Definitionen zu merken, mag zwar nicht unbedingt schwer fallen, aber es ist zumindest insofern anstrengend, als dass viele Leser*innen sich zum ersten Mal mit der Hochschulmathematik konfrontiert sehen und überfordert sein könnten. Die folgende Methode sei Ihnen auch für die weiteren Kapitel ans Herz gelegt, um sich selbst eine Übersicht zu verschaffen.

Von der Definition 4.1 bis hin zu Satz 5.8 sollen alle Sätze und Begriffe mit einer kurzen Beschreibung miteinander in Verbindung gebracht werden. Zur Erklärung und als Ihren Startpunkt nehmen Sie bitte den folgenden (nicht vollständigen) Ansatz:

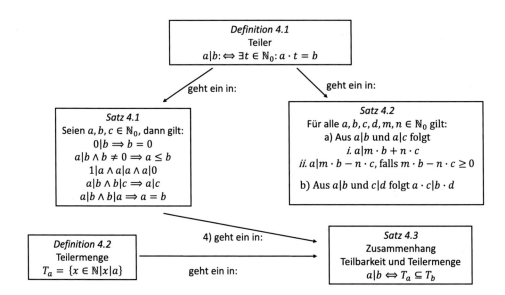

Zahlentheorie –Teil II: Ganze Zahlen

6

In den vorherigen Kapiteln wurde betrachtet, wie sich die Teilbarkeit im Bereich der natürlichen Zahlen verhält. Aus dem Alltag wissen wir bereits, dass es Zahlen über die natürlichen Zahlen hinaus gibt, denn beispielsweise ein Thermometer besitzt eine Anzeige auch unterhalb von 0. In diesem Kapitel soll zunächst ein weiterer Zahlbereich eingeführt und zusätzlich untersucht werden, wie es sich mit der Teilbarkeit in diesem Zahlbereich verhält.

Vorbereitende Übung 6.1

Aufgabe 1:
Hilberts Hotel[1]:
Stellen Sie sich vor, es gibt ein Hotel mit abzählbar unendlich[2] vielen Zimmern. Es kommen unendlich viele Leute und sie alle nehmen ein Zimmer, damit ist das Hotel voll. Es kommen aber endlich viele neue Besucher, sagen wir 4, die gerne ein Zimmer hätten. Im Hotel ist jedoch kein Zimmer mehr frei, oder? Der Manager bittet alle Gäste, die schon da sind, jeweils in das Zimmer mit der um 1 höheren Zimmernummer zu gehen (also der Gast von Zimmer 1 geht in Zimmer 2, der Gast von Zimmer 2 ins Zimmer 3, …). Das ist möglich, denn das Hotel ist ja unendlich, dementsprechend gibt es keine höchste Zimmernummer und für jedes Zimmer n

---

[1] Nach Friedrich Wille (2011). *Humor in der Mathematik.* 6. Auflage. Göttingen: Vandenhoeck & Ruprecht, S. 9 f.

[2] Abzählbar unendlich viele bedeutet, dass man die Zimmer mit den natürlichen Zahlen (1, 2, 3, …) durchnummerieren kann, wobei diese Nummerngebung natürlich unendlich lange dauern würde.

© Springer-Verlag GmbH Deutschland, ein Teil von Springer Nature 2023
M. Meyer, *Einführung in die Mathematik für Lehramtskandidat*innen,*
https://doi.org/10.1007/978-3-662-64027-2_6

auch ein Zimmer $n + 1$. Dadurch ist ein Zimmer frei geworden. Für unsere 4 neuen Gäste machen wir das viermal, und schon haben sie alle einen Platz. Jetzt kommt aber ein Bus mit unendlich vielen Zimmersuchenden. Wir können die Leute nicht dazu auffordern, unendlich mal die Zimmer zu wechseln (die werden ja nie fertig). Also was machen wir? (…)

a) Lesen Sie den Text zu „Hilberts Hotel".
b) Überlegen Sie sich, wie auch die Neuankömmlinge alle ein Zimmer bekommen.
c) Es kommen unendlich viele Busse mit unendlich vielen Zimmersuchenden. Wie können diese sich nun verteilen?
d) Wie lässt sich Hilberts Hotel auf die Zahlbereicherweiterung von $\mathbb{N}$ nach $\mathbb{Z}$ übertragen?
e) Die Mächtigkeit welcher Menge ist größer: $\mathbb{N}$ oder $\mathbb{Z}$?

Einführung der Menge der ganzen Zahlen

Aus der Schule sind die negativen Zahlen (z. B. -4) bereits bekannt, und man könnte vereinfacht sagen: Wir nehmen die negativen Zahlen, vereinen sie mit den natürlichen (den positiven) Zahlen und erhalten die Menge der ganzen Zahlen. Aus fachlicher Sicht lässt dies aber die Frage offen, was negative Zahlen überhaupt sein sollen. Ein Minuszeichen vor eine natürliche Zahl zu schreiben, gibt ihr an sich keine Bedeutung. Anders formuliert: Wir müssen mit den bisherigen Mitteln die Menge der ganzen Zahlen erschaffen. Um dies zu tun, benötigen wir zunächst eine sehr grundlegende mathematische Struktur: die Relation.

Definition 6.1: Relation
Eine zweistellige *Relation R* zwischen den Elementen zweier Mengen M_1 und M_2 ist eine Teilmenge von $M_1 \times M_2$. Formal: $R \subseteq M_1 \times M_2$.

Relationen (und ebenso das kartesische Produkt) werden im folgenden Kapitel des Buches noch deutlich ausführlicher thematisiert. Für unsere Zwecke in diesem Kapitel müssen wir kaum über diese Definition hinausgehen: Mit einer Relation können wir zwei Mengen unter einem bestimmten Blickwinkel miteinander verknüpfen. Dies haben wir z. B. im Zuge der Teilbarkeit getan. Betrachten wir als Beispiel die Mengen $M_1 = M_2 = \{1, 2, 3, 4\}$ und überlegen, welche Kombinationen die Teilbarkeitsrelation (s. Definition 4.1) erfüllen.
Dann sehen wir:

$$R = \{(1, 1), (1, 2), (1, 3), (1, 4), (2, 2), (2, 4), (3, 3), (4, 4)\}.$$

Anders formuliert: Die Relation der Teilbarkeit wird von diesen Zahlenpaaren erfüllt. (1, 2) ist also ein Element der Relation, da gilt: $1|2$. (2, 3) ist kein Element der Menge R, da 2 kein Teiler von 3 ist.

Bei der „$>$"-*Relation* ($x > y$) mit $M_1 = M_2 = \mathbb{N}$ gilt analog:

$$R = \{(2, 1), (3, 1), (3, 2), (4, 1), \ldots\}$$

Nachdem wir nun den Relationsbegriff eingeführt haben, sei die Rechnung $a + x = b$ betrachtet. Für diese gilt:

Falls $a < b$ dann gilt: $x \in \mathbb{N}$.
Falls $a = b$ dann gilt: $x = 0$.
Falls $a > b$ dann gilt: $x = ?$

Hier kommen wir mit den natürlichen Zahlen nicht mehr weiter und benötigen die sog. ganzen Zahlen $\mathbb{Z}$, aber wie lassen sich diese herstellen? In der Schule erfolgt dies häufig über Sachsituationen wie etwa mittels eines Thermometers oder Bankkonten. Die Idee, ein „ – " vor eine Zahl zu schreiben, ist zunächst nur eine Notation. Die natürlichen Zahlen an dem Nullpunkt zu spiegeln und die gespiegelten Zahlen dann mit dem neuen Zeichen zu versehen, weist rein mathematisch betrachtet ein großes Problem auf: Wir wussten zuvor nicht, was sich auf der anderen Seite der Null befindet. Gleichwohl müssen wir keine neue Axiomatik aufstellen, um die ganzen Zahlen zu erhalten.

Final betrachtet müssen die negativen Zahlen den gleichen Abstand zwischen sich und der 0 aufweisen, wie die entsprechende Zahl ohne dieses „–"-Zeichen (nur eben in die andere Richtung). Wir nutzen hierzu die uns bekannten natürlichen Zahlen und definieren die ganzen Zahlen als Abstände von natürlichen Zahlen, indem wir Paare von den bekannten Zahlen bilden.

Beispiel:

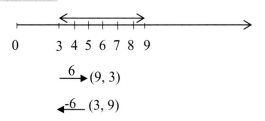

Der Abstand zwischen verschiedenen Zahlen kann gleich sein: $(9, 3) = (10, 4) = (7, 1) = (3483, 3477)$. Nun kommt es aber nicht nur auf den Abstand selbst an, sondern auch auf dessen Orientierung:

Um von der 9 zur 3 zu gelangen, „gehen wir 6 Schritte nach links" auf dem Zahlenstrahl. Dies ist äquivalent dazu, wie wenn wir von 10 nach 4 gehen. Wenn wir aber von der 3 zur 9 gehen, dann „gehen wir 6 Schritte nach rechts". ◄

Zusammen mit Orientierung und Abstand können wir nun Zahlen als Klassen von gleichen Abständen mit gleicher Orientierung definieren:

Definition 6.2: Ganze Zahlen ($\mathbb{Z}$)

Auf $\mathbb{N}_0 \times \mathbb{N}_0$ sei folgende Relation gegeben:
$$(x_1, x_2) \sim (y_1, y_2) :\Leftrightarrow x_2 + y_1 = x_1 + y_2$$
Die durch diese Relation eingeführten Klassen von Paaren natürlicher Zahlen nennt man ganze Zahlen (im Zeichen: $\mathbb{Z}$).

Bemerkung:

Zunächst werden in dieser Definition zwei Paare von natürlichen Zahlen zueinander in Beziehung gesetzt. Diese Beziehung gilt genau dann, wenn die Gleichung erfüllt ist.

Beispiele:

$(9, 3) \sim (10, 4)$

1. $3 + 10 = 9 + 4$

   $13 = 13$

   Dies ist korrekt, also stehen die Zahlenpaare zueinander in Beziehung. Achtung: Es gilt natürlich weiterhin $9 + 3 \neq 13$ bzw. $9 - 3 \neq 13$ bzw. Vergleichbares für das Zahlenpaar (10, 4).

2. $(4, 6) \sim (6, 4) \Leftrightarrow 6 + 6 = 4 + 4$ ist falsch. Hier wird also deutlich, dass die Relation nicht nur zwischen Abständen, sondern auch hinsichtlich der Orientierung unterscheidet.

3. Die Menge der ganzen Zahlen lässt sich dann beispielsweise so notieren:

   $\mathbb{Z} = \{\ldots, (1, 3), (2, 3), (3, 3), (4, 3), (4, 2), \ldots\}$

   Hierbei gilt:

   $(1, 3) = (2, 4) = (3, 5) = (4, 6) = \ldots$ und

   $(2, 3) = (3, 4) = (4, 5) = (5, 6) = \ldots$ und

   $(3, 3) = (1, 1) = (2, 2) = \ldots$ usw.

Die hier als gleich markierten Zahlenpaare bilden entsprechend der Relation eine Klasse. ◀

Mit dieser Definition hätten wir formal die ganzen Zahlen eingeführt. Um dieses Thema jedoch nicht unnötig kompliziert werden zu lassen, nutzen wir im Folgenden die übliche Darstellung:

$$\mathbb{Z} = \{\ldots, -3, -2, -1, 0, 1, 2, 3, \ldots\}$$

Rechnen mit ganzen Zahlen

Analog zu unserem Vorgehen im Bereich der natürlichen Zahlen benötigen wir wiederum als Voraussetzungen die Gültigkeit einiger Regeln, die eigentlich beweisbare Sätze sind (was wir uns an dieser Stelle sparen):

KG+	Kommutativgesetz bzgl. „+"	$a, b \in \mathbb{Z}$	$a + b = b + a$
KG ·	Kommutativgesetz bzgl. „·"	$a, b \in \mathbb{Z}$	$a \cdot b = b \cdot a$
AG+	Assoziativgesetz bzgl. „+"	$a, b, c \in \mathbb{Z}$	$a + (b + c) = (a + b) + c$
AG ·	Assoziativgesetz bzgl. „·"	$a, b, c \in \mathbb{Z}$	$a \cdot (b \cdot c) = (a \cdot b) \cdot c$
DG	Distributivgesetz	$a, b, c \in \mathbb{Z}$	$a \cdot (b + c) = a \cdot b + a \cdot c$
K+	Kürzungsregel bzgl. „+"	$a, b, c \in \mathbb{Z}$	$a + b = a + c \Rightarrow b = c$
K ·	Kürzungsregel bzgl. „·"	$a, b, c \in \mathbb{Z}$ und $a \neq 0$	$a \cdot b = a \cdot c \Rightarrow b = c$
NE+	Existenz und Eindeutigkeit des neutralen Elementes bzgl. „+"	$a \in \mathbb{Z}$	Die 0, denn: $a + 0 = a$
NE ·	Existenz und Eindeutigkeit des neutralen Elementes bzgl. „·"	$a \in \mathbb{Z}$	Die 1, denn: $a \cdot 1 = a$
<	Kleiner-Relation	$a, b \in \mathbb{Z}$	$a < b : \exists x \in \mathbb{N} : a + x = b$
>	Größer-Relation	$a, b \in \mathbb{Z}$	$a > b : \exists x \in \mathbb{N} : b + x = a$
TRI	Trichotomie	$a, b \in \mathbb{Z}$	$a < b \vee a = b \vee b < a$
TRANS <	Transitivität für Kleiner-Relation	$a, b, c \in \mathbb{Z}$	$(a < b) \wedge (b < c) \Rightarrow a < c$
TRANS >	Transitivität für Größer-Relation	$a, b, c \in \mathbb{Z}$	$(a > b) \wedge (b > c) \Rightarrow a > c$
MON+	Monotonie bzgl. „+"	$a, b, c \in \mathbb{Z}$	$a < b \Rightarrow a + c < b + c$
MON ·	Monotonie bzgl. „·"	$a, b, c \in \mathbb{Z}$	$a < b \wedge c > 0 \Rightarrow a \cdot c < b \cdot c$ $a < b \wedge c < 0 \Rightarrow a \cdot c > b \cdot c$ $a < b \wedge c = 0 \Rightarrow a \cdot c = b \cdot c$

$\mathbb{Z}$ besitzt nicht die Wohlordnungseigenschaft, d. h., $\{\ldots, -3, -2, -1, 0, 1, 2, 3, \ldots\}$ hat kein kleinstes Element.

Einige Teilbarkeitsaussagen für die natürlichen Zahlen gelten auch für die ganzen Zahlen und werden in diesem Kapitel beweislos übernommen (z. B. Satz 4.2, 4.6, 4.7, 4.8). Dies unter der Voraussetzung, dass sich bei den Beweisen keine größeren Veränderungen ergeben (außer natürlich, dass die meisten Variablen bei dem neuen Beweis nicht mehr Zahlen aus der Menge der natürlichen Zahlen, sondern aus der Menge der ganzen Zahlen repräsentieren). Am Beispiel der Division mit Rest, welche für dieses Kapitel zentral ist, wird dies später noch thematisiert.

Zu Beginn des Kapitels wurde bereits thematisiert, dass Abstand und Orientierung bei den Paaren natürlicher Zahlen zur Generierung der ganzen Zahlen ausschlaggebend sein können. Auch wenn im Folgenden keine Zahlenpaare mehr betrachtet werden, so können wir dennoch Abstände ebenso separat betrachten. Hierzu nutzt man den Betrag:

Definition 6.3: Betrag

Der *Betrag* einer ganzen Zahl a wird definiert durch

$$|a| := \begin{cases} a, & \text{falls } a \geq 0 \\ -a, & \text{falls } a < 0 \end{cases}$$

Zunächst eine Definitionen und ein paar Eigenschaften: Insofern die Darstellungen nahezu analog zu denen aus Kap. 4 erfolgen, werden sie nicht weiter erläutert:

Definition 6.4: Teilbarkeit in $\mathbb{Z}$

Eine Zahl $a \in \mathbb{Z}$ teilt eine Zahl $b \in \mathbb{Z}$, falls es ein $t \in \mathbb{Z}$ gibt mit: $a \cdot t = b$.
Formal: $a|b :\Leftrightarrow \exists\, t \in \mathbb{Z}$ mit $a \cdot t = b$.

Satz 6.1: Eigenschaften des Betrages

Für alle $a, b \in \mathbb{Z}$ gilt:
a) $|a| = |-a|$
b) $|a| = 0 \Leftrightarrow a = 0$
c) $|a \cdot b| = |a| \cdot |b|$
d) $|a + b| \leq |a| + |b|$ (Dreiecksungleichung)

Beweis zu Satz 6.1a):
Voraussetzung: $a \in \mathbb{Z}$
Zu zeigen: $|a| = |-a|$

Bemerkung zur Beweisstruktur: Wir wenden eine Fallunterscheidung an.

1. Fall: $a > 0$, also $-a < 0$
   Zu zeigen: $|a| = |-a|$
   $a > 0 \overset{\text{Def.6.3}}{\Longrightarrow} |a| = a$
   $a > 0 \overset{\text{Def.6.3}}{\Longrightarrow} |-a| = a$

2. Fall: $a < 0$, also $-a > 0$
Zu zeigen: $|a| = |-a|$

$a < 0 \overset{\text{Def.6.3}}{\Longrightarrow} |a| = -a$

$a < 0 \overset{\text{Def.6.3}}{\Longrightarrow} |-a| = -a$

Achtung (eine „beliebte" Verständnisschwierigkeit): Hier muss beachtet werden, dass a eine negative Zahl ist. $-a$ ist dann aber eine positive Zahl. Bei Auflösung des Betrages muss die Zahl dann nicht geändert werden: $|-a| = -a$. Eine alternative Möglichkeit zum Verstehen besteht darin, die Gleichung $a = -b$ zu nutzen.

3. Fall: $a = 0$
Zu zeigen: $|a| = |-a|$

$|a| = |0| \overset{\text{Def.6.3}}{=} 0 = |-0| = |-a|$

Beweis zu Satz 6.1b):
Voraussetzung: $a \in \mathbb{Z}$
Zu zeigen: $|a| = 0 \Leftrightarrow a = 0$

Bemerkung zur Beweisstruktur: direkter Beweis (getrennt nach Richtungen der Äquivalenz).
„$\Rightarrow$"
Voraussetzung: $a \in \mathbb{Z}$ und $|a| = 0$
Zu zeigen: $a = 0$

$$|a| = 0 \overset{\text{Def.6.3}}{\Longrightarrow} a = 0 \vee -a = 0 \Longrightarrow a = 0$$

„$\Leftarrow$"
Voraussetzung: $a \in \mathbb{Z}$ und $a = 0$
Zu zeigen: $|a| = 0$

$$a = 0 \overset{\text{Def.6.3}}{\Longrightarrow} |a| = 0$$

Beweis zu Satz 6.1c):
Voraussetzung: $a, b \in \mathbb{Z}$
Zu zeigen: $|a \cdot b| = |a| \cdot |b|$ für alle $a, b \in \mathbb{Z}$

Bemerkung zur Beweisstruktur: Fallunterscheidung für verschiedene Werte von a und b.

a	≥ 0	≥ 0	< 0	< 0
b	≥ 0	< 0	≥ 0	< 0
$|a \cdot b|$	$a \cdot b$	$-(a \cdot b)$	$-(a \cdot b)$	$a \cdot b$
$|a| \cdot |b|$	$a \cdot b$	$-(a \cdot b)$	$-(a \cdot b)$	$a \cdot b$

Beweis zu Satz 6.1d):
Voraussetzung: $a, b \in \mathbb{Z}$
Zu zeigen: $|a + b| \le |a| + |b|$

Bemerkung zur Beweisstruktur: Beweis durch Widerspruch
Annahme: $|a + b| > |a| + |b|$ für gewisse $a, b \in \mathbb{Z}$
Dann wäre:

$$|a + b|^2 > (|a| + |b|)^2$$

$$\overset{\text{1. Binom. Formel}}{\Longrightarrow} |a + b|^2 > |a|^2 + 2|a| \cdot |b| + |b|^2$$

$$\Leftrightarrow \underbrace{(a + b)^2}_{>0} > \underbrace{|a|^2 + 2|a| \cdot |b| + |b|^2}_{>0}$$

Der letzte Schritt funktioniert, da

$$|a + b|^2 = |a + b| \cdot |a + b| \overset{\text{Satz 6.1c}}{=} |(a + b)(a + b)| = \left|(a + b)^2\right| \underset{(a+b)^2>0}{\overset{\text{Def. 6.3}}{=}} (a + b)^2$$

Außerdem ist $(a + b)^2 = a^2 + 2ab + b^2$, sodass die nachfolgende Ungleichung betrachtet werden kann:

$$(a + b)^2 = \underbrace{a^2}_{>0} + \underbrace{2ab}_{\substack{> \, 0 \\ < \, 0}} + \underbrace{b^2}_{>0} > \underbrace{|a|^2}_{>0} + \underbrace{2|a||b|}_{>0} + \underbrace{|b|^2}_{>0}$$

Der linke Ausdruck kann nicht größer sein als der rechte, höchstens kleiner (falls a oder b negativ). Somit kann nicht gelten: $|a + b| > |a| + |b|$. Also gilt $|a + b| \le |a| + |b|$.

Man nennt diese Ungleichung gelegentlich auch Dreiecksungleichung, weil bei einem Dreieck die dritte Seite niemals länger sein kann als die Summe der beiden anderen Seiten. Die Gleichheit tritt dann nur in dem Fall ein, dass die zwei anderen Seiten als kleinere Seiten des Dreickes mit einem Winkel von 180° (gestreckter Winkel) hintereinanderliegen. Für unsere Zahlen wäre diese Situation gegeben, wenn wir zwei negative Zahlen direkt addieren würden oder eben zwei positive Zahlen. Wenn wir jedoch eine positive Zahl und eine negative Zahl vorliegen hätten, so würden wir wegen der vertauschten Orientierung in $|a + b|$ die Zahlen nicht direkt addieren, sondern Differenzen bilden, z. B.: $|5 + (-3)| = |5 - 3| = 2$.

Satz 6.2: Eigenschaft der Teilbarkeit in $\mathbb{Z}$
Für alle $a, b, c \in \mathbb{Z}$ gilt:
a) Aus $a|b$ und $b \ne 0$ folgt $|a| \le |b|$
b) $1|a \wedge a|a \wedge a|0$
c) Aus $0|a$ folgt $a = 0$
d) Aus $a|b \wedge b|c$ folgt $a|c$ (Transitivität)
e) Aus $a|b \wedge b|a$ folgt $|a| = |b|$

Beweis zu Satz 6.2a):

Voraussetzung: $a, b \in \mathbb{Z}$, $a|b$ und $b \neq 0$

Zu zeigen: $|a| \leq |b|$

Aus $a|b$ folgt: $\exists\, t \in \mathbb{Z}$, sodass $a \cdot t = b$.

$$\Rightarrow |a \cdot t| = |b| \overset{\text{Satz 6.1c)}}{\Longrightarrow} |a| \cdot \underbrace{|t|}_{>0 \text{ (nach Vor. gilt: } b \neq 0 \Rightarrow t \neq 0)} = |b| \Rightarrow |a| \leq |b|$$

Beweise zu Satz 6.2b), c), d):

Die Beweise erfolgen analog zu denen im Rahmen der Teilbarkeit in $\mathbb{N}$.

Beweis zu Satz 6.2e):

Voraussetzung: $a, b \in \mathbb{Z}$ und $a|b \wedge b|a$

Zu zeigen: $|a| = |b|$

$$a|b \wedge b|a \overset{\text{Def.6.4}}{\Longrightarrow} \exists\, t_1 \in \mathbb{Z} : a \cdot t_1 = b \wedge \exists\, t_2 \in \mathbb{Z} : b \cdot t_2 = a$$

$$\overset{a \cdot t_1 \text{ einsetzen für } b}{\Longrightarrow} (a \cdot t_1) \cdot t_2 = a$$

$$\overset{\text{AG} \cdot}{\Longrightarrow} a \cdot (t_1 \cdot t_2) = a$$

$$\overset{\text{NE} \cdot}{\Longrightarrow} t_1 \cdot t_2 = 1$$

$$\Rightarrow t_1 = t_2 = 1 \vee t_1 = t_2 = -1$$

Fall 1: $t_1 = -1$

$\Rightarrow a \cdot (-1) = b$

$\Rightarrow -a = b$

$\overset{\text{Def.6.3}}{\Longrightarrow} |a| = |b|$

Fall 2: $t_1 = 1$

$\Rightarrow a \cdot 1 = b$

$\overset{\text{Def.6.3}}{\Longrightarrow} |a| = |b|$

$t_2 = 1 \vee t_2 = -1$ müssen nicht mehr betrachtet werden, denn wir haben die Aussage ja schon gefolgert.

Den nachfolgenden Satz, die Division mit Rest in $\mathbb{Z}$, haben wir bereits in seiner Variante für die natürlichen Zahlen in Kap. 4 kennengelernt. Da sich die Beweise sehr ähneln, soll er hier nicht mehr ausführlich bewiesen werden. Vielmehr wird überlegt, was sich an dem Beweis ändert, wenn wir ihn im Bereich der ganzen Zahlen betrachten.

Division mit Rest in $\mathbb{Z}$

Zu $a, b \in \mathbb{Z}$ existieren eindeutig bestimmte $q, r \in \mathbb{Z}$ mit $a = q \cdot b + r$, wobei $0 \leq r < |b|$

Änderungen in der Begründung (anschauliche Variante):
Im Zusammenhang mit den natürlichen Zahlen wurden diese in einer Tabelle aufgeschrieben. Im Bereich der ganzen Zahlen können wir diese Tabelle nach oben fortsetzen:

$\vdots$	$\vdots$	$\vdots$	$\vdots$			$\vdots$
$-xb$	$-xb+1$	$-xb+2$	$-xb+3$	$\ldots$	$\ldots$	$-(x-1)b-1$
$\vdots$	$\vdots$	$\vdots$	$\vdots$			$\vdots$
$-2b$	$-2b+1$	$-2b+2$	$-2b+3$	$\ldots$	$\ldots$	$-b-1$
$-b$	$-b+1$	$-b+2$	$-b+3$	$\ldots$	$\ldots$	-1
0	1	2	3	$\ldots$	$\ldots$	$b-1$
b	$b+1$	$b+2$	$b+3$	$\ldots$	$\ldots$	$2b-1$
$2b$	$2b+1$	$2b+2$	$2b+3$	$\ldots$	$\ldots$	$3b-1$
$3b$	$3b+1$	$3b+2$	$3b+3$	$\ldots$	$\ldots$	$4b-1$
$\vdots$	$\vdots$	$\vdots$	$\vdots$	$\vdots$	$\vdots$	$\vdots$
xb	$xb+1$	$xb+2$	$xb+3$	$\ldots$	$\ldots$	$(x+1)b-1$
$\vdots$	$\vdots$	$\vdots$	$\vdots$	$\vdots$	$\vdots$	$\vdots$

Ähnlich wie in Kap. 4 ist hier ersichtlich, dass die ganze Zahl a hiermit erfasst wird und
in einer Zeile bzw. Spalte auftaucht. Im Unterschied zur Division mit Rest im Bereich
der natürlichen Zahlen muss man nun jedoch fordern: $-b < r < b$. Dann gäbe es
jedoch zwei Reste und die Eindeutigkeit wäre nicht mehr gegeben. Daher gehen wir im
Folgenden immer von einem positiven Rest aus.

Vorbereitende Übung 6.2

Aufgabe 1: Das Verteilmodell
Stellen Sie sich vor, wir hätten eine Reihe nummerierter Süßigkeiten (s. hierzu
Abb. 6.1) auf dem Tisch liegen – nehmen wir z. B. an, diese wären von 1 bis 5335
nummeriert. Diese Süßigkeiten sollen nun nach der Abfolge der Nummern an
fünf Kinder verteilt werden (Kind 1 bekommt also Süßigkeit 1, Kind 2 Süßigkeit 2
usw.). Jedes Kind legt seine Süßigkeiten in eine Schachtel.

a) Welche nummerierten Süßigkeiten befinden sich in der Schachtel von Kind 1,
Kind 2, Kind 3, Kind 4 und Kind 5?
b) Wie passen diese Elemente der Schachteln mit den Inhalten aus der Teilbarkeitslehre zusammen?

Aufgabe 2:
In der vorbereitenden Übung 3.1 haben Sie ein Perlenmodell kennengelernt. Dabei gab es auch eine Kreisanordnung, bei der wir nun einfach mal die 1 als ausgezeichnetes Element setzen:

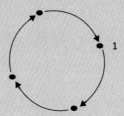

a) Wie könnte die Addition auf einem Kreismodell mit 4 Perlen aussehen (z. B. die Rechnung $5 + 3$)?
b) Finden Sie für das Perlenmodell eine effiziente Lösung für Aufgaben wie $3679 + 491$.

Aufgabe 3:
Ein Bauer hat Fliegen und Pferde (vgl. Abb. 6.2). Insgesamt haben seine Tiere 160 Beine. Wie viele Fliegen und Pferde hat er?
a) Geben Sie eine Lösung für die obige Aufgabe an. Gibt es womöglich mehrere Lösungen?
b) Die Gesamtanzahl der Beine könnte man variieren. Welche Gesamtanzahl der Beine wäre nicht sinnvoll?

Aufgabe 4:
7 lässt bei Division durch 5 den Rest 2
12 lässt bei Division durch 5 den Rest 2
...
a) Welche weiteren Zahlen lassen bei Division durch 5 den Rest 2?
b) Geben Sie alle Lösungen für a) an.
c) Überlegen Sie sich neue Beispiele für andere Teiler und Reste.

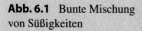

Abb. 6.1 Bunte Mischung von Süßigkeiten

Abb. 6.2 Fliege und Pferd (gezeichnet von Mirjam Jostes)

Kongruenzrechnung

Grundsätzlich lässt sich die Division (das Teilen) als fortgesetzte (sukzessive) Subtraktion verstehen: Wenn wir beispielsweise 8 : 2 berechnen wollen, dann können wir so lange wiederholt die 2 von der 8 bzw. dem vorherigen Abzugsergebnis abziehen, bis wir die 0 erreicht haben (oder alternativ einen Rest behalten, von dem aus kein weiterer Abzug erfolgen kann). Wenn die Zahlengerade aber nach links beliebig weitergeht, dann könnte man ja immer weitergehend subtrahieren. Auch wird es schwierig, eine negative Zahl wiederholt zu subtrahieren, denn dann würde man sie immer wieder addieren.

Aber es lässt sich betrachten, welche Ergebnisse von Subtraktionen bei diesem Verfahren überhaupt eine Rolle spielen. Betrachten wir z. B. die Rechnung 50 : 16, so können wir rechnen:

$$50 - 16 = 34$$
$$34 - 16 = 18$$
$$18 - 16 = 2$$
$$2 - 16 = -14 \text{ usw.}$$

Die Ergebnisse dieser Rechnungen $(34, 18, 2, -14)$ stehen insofern zueinander in Beziehung, als dass sie alle die Differenz 16 zueinander aufweisen (dies ist kein Wunder, weil immer 16 subtrahiert wurde). Diese Differenzen betrachten wir im Folgenden ein wenig genauer.

> **Definition 6.5: Modul der Kongruenz**
> Seien $a, b \in \mathbb{Z}, m \in \mathbb{N}$
> Dann heißt a kongruent b modulo m, wenn $m|(a - b)$ gilt.
> m heißt der *Modul der Kongruenz*. Im Zeichen: $a \equiv b(mod\ m)$

Bemerkung:
$1|(a - b)$ ist immer wahr, also gilt immer $a \equiv b(mod\ 1)$. Im obigen Bild der fortgesetzten Subtraktion gesprochen: Ich kann von jeder beliebigen Zahl 1 abziehen und gelange zu jeder beliebigen anderen Zahl, sofern letztgenannte kleiner ist.

Bekannt sind uns solche Rechnungen auch bei der Betrachtung von Winkeln und Uhren. Nach 360° fangen wir wieder bei 0 an. Eine Uhr wird entweder modulo 24 (bei den Stunden) oder modulo 60 (bei den Minuten und Sekunden) gelesen oder modulo 12 (v. a. im englischsprachigen Raum).

Beispiele:

1) $24 \equiv 15 \equiv 6 \equiv -3 \equiv \ldots (mod\ 9)$.

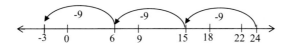

Die Richtung der Pfeile spielt lediglich für die Rechnung „-9" eine Rolle. Mit „$+9$" könnten wir ebenso in die andere Richtung gehen.
Es gilt auch: $94 \equiv 40(mod\ 9)$.
Achtung: Es gilt natürlich nicht: $94 = 40$. Die beiden Zeichen $\equiv$ und $=$ weisen einen großen inhaltlichen Unterschied auf!

2) $5 \equiv -2(mod\ 7)$, da $7|\underbrace{(5 - (-2))}_{=7}$. ◄

Der bereits thematisierte Zusammenhang zwischen der Betrachtung von Kongruenzen und der Division sei nun als Satz formuliert und bewiesen:

Satz 6.3: Zusammenhang von Kongruenz und Division mit Rest
Es seien $a, b \in \mathbb{Z}$ und $m \in \mathbb{N}$, dann gilt:
$a \equiv b(mod\ m) \Leftrightarrow a$ und b lassen bei Division durch m denselben Rest über.

Beweis zu Satz 6.3:
Voraussetzung: $a, b \in \mathbb{Z}, m \in \mathbb{N}$
Zu zeigen: $a \equiv b(mod\ m) \Leftrightarrow a$ und b lassen bei Division durch m denselben Rest über

„$\Rightarrow$"
Voraussetzung: $a, b \in \mathbb{Z}, m \in \mathbb{N}$ und $a \equiv b(mod\ m)$
Zu zeigen: a und b lassen denselben Rest bei Division durch m

$$a \equiv b(mod\ m)$$
$$\overset{\text{Def.6.5}}{\Longrightarrow} m \mid (a - b)$$
$$\overset{\text{Def.6.4}}{\Longrightarrow} \exists\, t \in \mathbb{Z} : m \cdot t = a - b$$
$$\overset{\text{Division mit Rest in } \mathbb{Z}}{\Longrightarrow} m \cdot t = \underbrace{(qm + r)}_{=a} - b$$
$$\overset{AG,KG}{\Longrightarrow} b = mq - mt + r$$
$$\overset{DG}{\Rightarrow} b = m\underbrace{(q - t)}_{\in \mathbb{Z}} + r$$

D. h.: Wenn a bei Division mit Rest durch m den Rest r lässt, dann geschieht dies auch bei b (nur mit einem anderen Vielfachen, wenn $a \neq b$ gilt).

„$\Leftarrow$"
Voraussetzung: $a = q_1 m + r$ und $b = q_2 m + r$
Zu zeigen: $a \equiv b(mod\ m)$

$$a - b = (q_1 m + r) - (q_2 m + r)$$
$$\overset{DG,AG}{=} q_1 m + r - q_2 m - r$$
$$= q_1 m - q_2 m$$
$$\overset{DG}{=} m\underbrace{(q_1 - q_2)}_{t \in \mathbb{Z}}$$
$$\overset{\text{Def.6.4}}{\Rightarrow} m \mid (a - b)$$
$$\overset{\text{Def.6.5}}{\Rightarrow} a \equiv b(mod\ m)$$

Nachdem die Kongruenzrechnung eingeführt ist, sollen ein paar Eigenschaften derselben gezeigt werden. Zunächst seien drei ausgewählte Eigenschaften – die Reflexivität, die Symmetrie und die Transitivität – hervorgehoben.

Satz 6.4: Eigenschaften der Relation „≡"

Es seien $a, b, c \in \mathbb{Z}$, $m \in \mathbb{N}$. Die Relation „kongruent modulo m" hat die folgenden Eigenschaften:

a) $a \equiv a \,(mod\ m)$ (Reflexivität)

b) $a \equiv b \,(mod\ m) \Rightarrow b \equiv a \,(mod\ m)$ (Symmetrie)

c) $a \equiv b \,(mod\ m) \wedge b \equiv c \,(mod\ m) \Rightarrow a \equiv c \,(mod\ m)$ (Transitivität)

Beweis zu Satz 6.4a):

Voraussetzung: $a, b \in \mathbb{Z}$ und $m \in \mathbb{N}$

Zu zeigen: $a \equiv a \,(mod\ m)$

$a \equiv a \,(mod\ m)$, da $m \mid \underbrace{(a - a)}_{=0}$ (s. Def. 6.5).

Beweis zu Satz 6.4b):

Voraussetzung: $a, b \in \mathbb{Z}$ und $m \in \mathbb{N}$: $a \equiv b \,(mod\ m)$

Zu zeigen: $b \equiv a \,(mod\ m)$

$$a \equiv b \,(mod\ m)$$

$$\overset{Def.6.5}{\Longrightarrow} m \mid (a - b)$$

$$\overset{Def.6.4}{\Longrightarrow} \exists\, t \in \mathbb{Z} : m \cdot t = a - b$$

$$\overset{KG+}{\Longrightarrow} m \cdot t = -b + a$$

$$\overset{\cdot(-1)}{\Longrightarrow} m \cdot \underbrace{(-t)}_{\in \mathbb{Z}} = b - a$$

$$\overset{Def.6.4}{\Longrightarrow} m \mid (b - a)$$

$$\overset{Def.6.5}{\Longrightarrow} b \equiv a \,(mod\ m)$$

Beweis zu Satz 6.4c):

Voraussetzungen: $a, b \in \mathbb{Z}$ und $m \in \mathbb{N}$: $a \equiv b \,(mod\ m)$ und $b \equiv c \,(mod\ m)$

Zu zeigen: $a \equiv c \,(mod\ m)$

$$a \equiv b \,(mod\ m) \wedge b \equiv c \,(mod\ m)$$

$$\overset{Def.6.5}{\Longrightarrow} m \mid (a - b) \wedge m \mid (b - c)$$

$\overset{Satz\ 4.2a)i)}{\Longrightarrow} m|(a-b)+(b-c)$ (Wir sparen uns hier den Beweis des Satzes für die ganzen Zahlen, s. Anmerkungen zuvor.)

$$\overset{AG+}{\Longrightarrow} m|a-b+b-c$$

$$\Rightarrow m|a-c$$

$$\overset{Def.6.5}{\Longrightarrow} a \equiv c(mod\ m)$$

Definition 6.6: Äquivalenzrelation
Eine Relation mit den drei Eigenschaften Reflexivität, Symmetrie, Transitivität heißt *Äquivalenzrelation*.

Beispiele:

1) Die Relation „kongruent modulo m" ist nach Satz 6.4) also eine Äquivalenzrelation.
2) Bezogen auf verschiedene Personen ist die Relation „gleich groß" eine Äquivalenzrelation.
3) Die Teilbarkeit $a|b$ ist keine Äquivalenzrelation. Die Symmetrie ist nicht erfüllt, denn beispielsweise ist 2 ein Teiler von 4, aber nicht 4 ein Teiler von 2. ◄

Im Folgenden betrachten wir, wie mit Kongruenzen umgegangen werden kann. Insbesondere werden die Grundrechenarten hierbei analysiert: Kann man mit Kongruenzen so rechnen wie mit ganzen Zahlen?

Zunächst wird gezeigt, dass dies bei Addition, Subtraktion und Multiplikation problemlos möglich ist.

Satz 6.5 (Teil 1): Rechnen mit Kongruenzen
i) Es gelte $a, b, c, d, \in \mathbb{Z}, m \in \mathbb{N} : a \equiv b(mod\ m)$ und $c \equiv d(mod\ m)$.
Dann ist:
a) $a + c \equiv b + d(mod\ m)$
b) $a - c \equiv b - d(mod\ m)$
c) $a \cdot c \equiv b \cdot d(mod\ m)$

Beispiel:

$$5 \equiv 9(mod\ 4) \wedge 6 \equiv 10(mod\ 4)$$

$$5 \cdot 6 \equiv 9 \cdot 10(mod\ 4)$$

$$30 \equiv 90(mod\ 4)$$

◄

Beweis zu Satz 6.5i)a) und b):

Voraussetzung: $a, b, c, d, \in \mathbb{Z}, m \in \mathbb{N}: a \equiv b(mod\ m) \wedge c \equiv d(mod\ m)$

Zu zeigen: (a) $a + c \equiv b + d(mod\ m)$ und (b) $a - c \equiv b - d(mod\ m)$

$$a \equiv b(mod\ m) \wedge c \equiv d(mod\ m)$$
$$\overset{\text{Def.6.5}}{\Longrightarrow} m|a - b \wedge m|c - d$$
$$\overset{\text{Satz 4.2a)i) und ii)}}{\Longrightarrow} \underbrace{m|(a - b) + (c - d)}_{\text{für } (a)} \wedge \underbrace{m|(a - b) - (c - d)}_{\text{für } (b)}$$

Jetzt müssen wir die Aussagen eigentlich nur noch umformen. Dazu werden sie einzeln behandelt:

(a) $m|(a - b) + (c - d)$

$$\overset{AG+}{\Longrightarrow} m|a - b + c - d$$
$$\overset{KG+}{\Longrightarrow} m|a + c - b - d$$
$$\overset{AG+}{\Longrightarrow} m|(a + c) - (b + d)$$
$$\overset{\text{Def.6.5}}{\Longrightarrow} a + c \equiv b + d(mod\ m)$$

Damit wäre 6.5i)a) bewiesen.

(b) $m|(a - b) - (c - d)$

$$\overset{AG+}{\Longrightarrow} m|a - b - c + d$$
$$\overset{KG+}{\Longrightarrow} m|a - c - b + d$$
$$\overset{AG+}{\Longrightarrow} m|(a - c) - (b - d)$$
$$\overset{\text{Def.6.5}}{\Longrightarrow} a - c \equiv b - d(mod\ m)$$

Damit wäre 6.5i)b) bewiesen.

Beweis zu Satz 6.5i)c):

Versuchen Sie 6.5i)c) als Übung selbst zu beweisen.

Bemerkung:

Mit der Division ist es nicht ganz so einfach wie mit den anderen Regeln. Betrachten wir hierzu zwei Beispiele:

Beispiel 1:

$$60 \equiv 120(mod\ 12)$$
$$6 \cdot 10 \equiv 12 \cdot 10(mod\ 12)$$

Aber es gilt nicht: $6 \equiv 12(mod\ 12)$

Beispiel 2:

$$60 \equiv 120(mod\ 12)$$

$$12 \cdot 5 \equiv 24 \cdot 5(mod\ 12)$$

Es gilt auch: $12 \equiv 24(mod\ 12)$

Der Unterschied zwischen diesen beiden Beispielen ist nicht unbedingt offensichtlich. Warum sollte nun das eine gelten und das andere nicht? Zur Beantwortung dieser Frage betrachten wir die „Kürzungsfaktoren" genauer: Die Zahlen 10 und 5 unterscheiden sich im Wesentlichen dadurch, dass sie andere Teiler haben und insbesondere einen anderen ggT mit der Zahl 12. Es gilt: $ggT(12, 10) = 2$ und $ggT(12, 5) = 1$. Alles Weitere wird der zweite Teil von Satz 6.5 zeigen:

Satz 6.5 ii) (Teil 2): Rechnen mit Kongruenzen

ii) Es gelte mit $a,\ b,\ d,\ \in Z,\ m \in N$: $a \cdot k \equiv b \cdot k(mod\ m)$ und $ggT(k, m) = d$, dann folgt $a \equiv b\left(mod \frac{m}{d}\right)$

Die Satz 6.5ii) kann die schnelle Kongruenzberechnung bzw. -prüfung für größere Zahlen durch Division ermöglichen. Ihre Anwendung ist jedoch insofern schwierig, als dass immer auch der Modul betrachtet werden muss:

$$180 \equiv 120(mod\ 12), ggT(10, 12) = 2$$

$$18 \cdot 10 \equiv 12 \cdot 10(mod\ 12)$$

$$18 \equiv 12(mod\ 6)$$

Beweis zu Satz 6.5ii):

Voraussetzung: $a, b, k \in \mathbb{Z}, m \in \mathbb{N}$: $a \cdot k \equiv b \cdot k(mod\ m)$ und $ggT(k, m) = d$

Zu zeigen: $a \equiv b\left(mod \frac{m}{d}\right)$

$a \cdot k \equiv b \cdot k(mod\ m)$

$\overset{\text{Def.6.5}}{\implies} m|a \cdot k - b \cdot k$

$\overset{DG}{\implies} m|(a - b) \cdot k$

$\overset{ggT(k,m)=d(\text{weshalb sich beide Seiten ganzzahlig mit } d \text{ dividieren lassen})}{\implies} \frac{m}{d}\big|\left((a - b)\frac{k}{d}\right)$

$ggT(k, m) = d$, wegen Satz 4.6 $(ggT\left(\frac{a}{ggT(a,b)}, \frac{b}{ggT(a,b)}\right) = 1)$ gilt:

$ggT\left(\frac{k}{d}, \frac{m}{d}\right) = 1$. Demnach sind $\frac{k}{d}$ und $\frac{m}{d}$ teilerfremd, und es gilt laut Satz 4.8:

$$\frac{m}{d}\big|(a - b)$$

$\overset{\text{Def.6.5}}{\implies} a \equiv b\left(mod \frac{m}{d}\right)$

Weitere Rechenregeln für Kongruenzen

Bisher wurden die Grundrechenarten für Kongruenzen betrachtet. Nun kommen die Ersetzungsregel und die Verknüpfungsregeln hinzu.

Bemerkung:

An diversen Stellen in diesem Buch wurde schon ein Ausdruck für einen anderen eingesetzt. Ein Beispiel wäre: Es gelte $a + b = c$ und $b = 3x + 4y$, dann ist $a + (3x + 4y) = c$.

Anders formuliert: In einer Gleichung kann man jeden Zahlenausdruck durch einen äquivalenten Ausdruck ersetzen.

Kongruenz *(mod m)* lässt sich also als Gleichheit von Zahlen bzgl. eines Aspektes betrachten, dem Rest bei der Division durch m.

Entsprechend können wir formulieren:

> **Satz 6.6: Ersetzungsregel**
> Für alle $a, b, c \in \mathbb{Z}$ und $m \in \mathbb{N}$ gilt:
> $a \pm b \equiv c(mod\ m) \wedge a \equiv a'(mod\ m) \Rightarrow a' \pm b \equiv c(mod\ m)$

Versuchen Sie einmal den Beweis. Die Anwendung von Satz 6.5i) und Satz 6.4c) (die Transitivität) können Ihnen dabei helfen.

> **Satz 6.7: Verknüpfungsregel**
> Für alle $a, b, c \in \mathbb{Z}$ und $m, k \in \mathbb{N}$ gilt:
> i) $a \equiv b(mod\ m) \Rightarrow a \pm c \equiv b \pm c(mod\ m)$
> ii) $a \equiv b(mod\ m) \Rightarrow a^k \equiv b^k(mod\ m)$

Beweis zu Satz 6.7i):

Voraussetzung: $a, b, c \in \mathbb{Z}$ und $m, k \in \mathbb{N} : a \equiv b(mod\ m) \wedge c \equiv c(mod\ m)$ (Letzteres gilt immer, kann also hinzugefügt werden, auch wenn es im Satz nicht explizit steht.)

Zu zeigen: $a \pm c \equiv b \pm c(mod\ m)$

$$a \equiv b(mod\ m) \wedge c \equiv c(mod\ m)$$

$$\overset{\text{Satz 6.5}}{\Longrightarrow} a \pm c \equiv b \pm c(mod\ m)$$

d. h. $a + c \equiv b + c(mod\ m) \wedge a - c \equiv b - c(mod\ m)$.

Beweis zu Satz 6.7ii):

Voraussetzung: $a, b, c \in \mathbb{Z}$ und $m, k \in \mathbb{N} : a \equiv b(mod\ m)$

Zu zeigen: $a^k \equiv b^k (mod\ m)$

$$a \equiv b(mod\ m) \wedge a \equiv b(mod\ m)$$

$$\overset{\text{Satz 6.5}}{\Longrightarrow} \underbrace{a \cdot a}_{a^2} \equiv \underbrace{b \cdot b}_{b^2} (mod\ m)$$

Führen Sie dieses Vorgehen insgesamt $(k - 1)$-mal durch:

$$\Longrightarrow a \cdot \ldots \cdot a \equiv b \cdot \ldots \cdot b(mod\ m)$$

$$\Rightarrow a^k \equiv b^k(mod\ m)$$

Restklassen

Aus Satz 6.3 ($a \equiv b(mod\ m) \Leftrightarrow a$ und b lassen bei Division durch m denselben Rest über) wird bereits deutlich, dass es Elemente aus einer Menge M (z. B. die Menge der ganzen Zahlen, aber auch eine beliebige Teilmenge derselben) gibt, die in Relation zueinander stehen, und welche, die nicht in Relation stehen. Es stehen hierbei die Elemente in Relation zueinander, die bei Division durch m denselben Rest lassen. Somit kann die Ausgangsmenge M in Teilmengen eingeteilt werden. Die Teilmengen sind nicht leere, paarweise disjunkte (d. h., zwei Teilmengen haben kein Element gemeinsam) Teilmengen. Vereinigt man alle Teilmengen, so erhält man wiederum die Ausgangsmenge M. Weil man die Teilmengen nach ihren Resten bei Division durch m bestimmt, heißen diese auch *Restklassen*.

Beispiel:

Bei der Kongruenz modulo 7 gibt es folgende Restklassen:

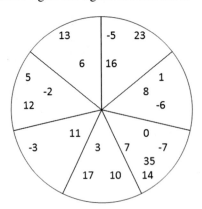

$\overline{0}$: Klasse der Zahlen, die bei Division durch 7 den Rest 0 lassen.

$$0 = 0 \cdot 7 + 0; \ 7 = 1 \cdot 7 + 0; \ldots$$

$\overline{1}$: Klasse der Zahlen, die bei Division durch 7 den Rest 1 lassen.

$$1 = 0 \cdot 7 + 1; 8 = 1 \cdot 7 + 1; -6 = -1 \cdot 7 + 1; \ldots$$

$\overline{2}$: Klasse der Zahlen, die bei Division durch 7 den Rest 2 lassen.

$$2 = 0 \cdot 7 + 2; 9 = 1 \cdot 7 + 2; -5 = -1 \cdot 7 + 2; \ldots$$

$\overline{3}$: Klasse der Zahlen, die bei Division durch 7 den Rest 3 lassen.

$$3 = 0 \cdot 7 + 3; \ 10 = 1 \cdot 7 + 3; -4 = -1 \cdot 7 + 3; \ldots$$

$\overline{4}$: Klasse der Zahlen, die bei Division durch 7 den Rest 4 lassen.

$$4 = 0 \cdot 7 + 4; 11 = 1 \cdot 7 + 4; -3 = -1 \cdot 7 + 4; \ldots$$

$\overline{5}$: Klasse der Zahlen, die bei Division durch 7 den Rest 5 lassen.

$$5 = 0 \cdot 7 + 5; \ 12 = 1 \cdot 7 + 5; \ -2 = -1 \cdot 7 + 5; \ldots$$

$\overline{6}$: Klasse der Zahlen, die bei Division durch 7 den Rest 6 lassen.

$$6 = 0 \cdot 7 + 6; \ 13 = 1 \cdot 7 + 6; \ -1 = -1 \cdot 7 + 6; \ldots$$

$\overline{7}$: Klasse der Zahlen, die bei Division durch 7 den Rest 7 lassen.
Diese Klasse ist identisch zu der Klasse $\overline{0}$. ◄

Definition 6.7: Restklassen
Es sei $m \in \mathbb{N}$ und $a \in \mathbb{Z}$. Dann heißt $\overline{a} = \{x \in \mathbb{Z} | x \equiv a(mod\ m)\}$ die Restklasse von a modulo m.

Beispiel:

Es seien die ganzen Zahlen in Restklassen modulo 4 betrachtet. Das Vorgehen ist identisch zum Vorgehen bei dem obigen Beispiel. Der Unterschied besteht lediglich darin, dass es nun nur 4 verschiedene Reste gibt, weshalb die ganzen Zahlen nun in 4 Bereiche eingeteilt sind. Alle Bereiche zusammengenommen ergeben $\mathbb{Z}$.

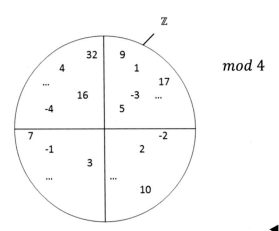

Mit diesen Restklassen kann nun auch gerechnet werden. Beispielsweise bietet der nachfolgende Satz ein Kriterium dafür, wann verschiedene Restklassen, die einen unterschiedlichen Namen tragen, gleich sind:

Satz 6.8: Zusammenhang von Restklassen und Kongruenz
Für Restklassen modulo m gilt: $\overline{a} = \overline{b} \Leftrightarrow a \equiv b(mod\ m)$, mit $a, b \in \mathbb{Z}, m \in \mathbb{N}$

Beweis zu Satz 6.8:
Voraussetzung: $a, b \in \mathbb{Z}, m \in \mathbb{N}$
Zu zeigen: $\overline{a} = \overline{b} \Leftrightarrow a \equiv b(mod\ m)$

„$\Leftarrow$"
Voraussetzung: $a, b \in \mathbb{Z}, m \in \mathbb{N} : a \equiv b(mod\ m)$
Zu zeigen: $\overline{a} = \overline{b}$

Um dies (eine Aussage über die Gleichheit von zwei Mengen) zu zeigen, führen wir zwei Schritte durch:
1) für alle $x \in \overline{a}$ gilt: $x \in \overline{b}$
2) für alle $x \in \overline{b}$ gilt: $x \in \overline{a}$

1) Es gelte: $x \in \overline{a}$
   $\overset{Def.6.7}{\Longrightarrow} x \equiv a(mod\ m) \wedge a \equiv b(mod\ m)$ (Letzteres ist unsere Voraussetzung.)

   $\overset{Transitivität}{\Longrightarrow} x \equiv b(mod\ m)$

   $\overset{Def.6.7}{\Longrightarrow} x \in \overline{b}$

2) Es gelte: $x \in \overline{b}$

$$\overset{\text{Def.6.7}}{\Longrightarrow} x \equiv b(mod\ m) \wedge a \equiv b(mod\ m)$$

$$\overset{\text{Symmetrie und Transitivität}}{\Longrightarrow} x \equiv a(mod\ m)$$

$$\overset{\text{Def.6.7}}{\Longrightarrow} x \in \overline{a}$$

Zusammen: $\left.\begin{array}{l} x \in \overline{a} \Rightarrow x \in \overline{b} \\ x \in \overline{b} \Rightarrow x \in \overline{a} \end{array}\right\} \Rightarrow \overline{a} = \overline{b}$

„$\Rightarrow$"

Voraussetzung: $a, b \in \mathbb{Z}, m \in \mathbb{N} : \overline{a} = \overline{b}$

Zu zeigen: $a \equiv b(mod\ m)$

$$\overline{a} = \overline{b}$$

$$\Rightarrow a \in \overline{b} \text{ und } b \in \overline{a}$$

$$\overset{\text{Def.6.7}}{\Longrightarrow} a \equiv b(mod\ m)$$

Betrachten wir nun ein paar Eigenschaften von Restklassen. Wie sehen sie aus? Wie verhalten sich die Elemente der Grundmenge zu den Restklassen? Wie viele Restklassen gibt es eigentlich etc.?

Satz 6.9: Eigenschaften von Restklassen

Für Restklassen modulo m gilt:

a) Keine Restklasse ist leer.

b) Restklassen sind paarweise disjunkt
   (d. h. $\overline{a} \cap \overline{b} = \emptyset$, wenn $\overline{a} \neq \overline{b}$).

c) Jedes Element aus $\mathbb{Z}$ liegt in genau einer Restklasse.

Beweis zu Satz 6.9a):

Zu zeigen: Keine Restklasse ist leer.

In der Restklasse $\overline{a}$ liegt zumindest das Element a.
Damit ist die Restklasse nicht leer.

Beweis zu Satz 6.9b):

Voraussetzung: $\overline{a}$ und $\overline{b}$ sind zwei verschiedene Restklassen: $\overline{a} \neq \overline{b}$

Zu zeigen: Es gibt kein Element $x \in \mathbb{Z}$ mit $x \in \overline{a} \cap \overline{b}$.

Bemerkung zur Beweisstruktur: Beweis durch Widerspruch
Annahme: $x \in \mathbb{Z}$ mit $x \in \overline{a} \cap \overline{b}$

$x \in \mathbb{Z}$ mit $x \in \overline{a} \cap \overline{b}$, dann gilt nach Definition 6.7

$$x \equiv a \pmod{m} \wedge x \equiv b \pmod{m}$$

$$\overset{\text{Symmetrie und Transitivität}}{\Longrightarrow} a \equiv b \pmod{m}$$

$$\overset{\text{Satz 6.8}}{\Longrightarrow} \overline{a} = \overline{b}$$

Wenn also ein $x \in \mathbb{Z}$ mit $x \in \overline{a} \cap \overline{b}$ existieren würde, dann wären die Restklassen gleich. Dies aber ist ein Widerspruch zur Voraussetzung $\overline{a} \neq \overline{b}$.

Beweis zu Satz 6.9c):
Voraussetzung: $a \in \mathbb{Z}$
Zu zeigen: a liegt in genau einer Restklasse.

$a \in \mathbb{Z}$ liegt in $\overline{a}$ nach Satz 6.9a). Nach Satz 6.9b) ist dies die einzige Restklasse, in der a liegt.

Satz 6.10: Anzahl von Restklassen
Es gibt genau m Restklassen modulo m.

Beweis zu Satz 6.10:
Zu zeigen: Es gibt genau m Restklassen modulo m.

$\overline{0}, \overline{1}, \overline{2}, \ldots, \overline{m-1}$ sind nach Division mit Rest die verschiedenen Restklassen modulo m. Grund: Alle Elemente $0, \ldots, m-1$ lassen bei Division mit Rest verschiedene Reste und bilden nach Definition 6.7 verschiedene Restklassen.
Da bei Division mit Rest durch m genau diese obigen Zahlen als Reste auftreten können, bilden sie alle möglichen Restklassen.

Diophantische Gleichungen
Im Folgenden werden nahezu analog zu den Linearkombinationen bei der Betrachtung der natürlichen Zahlen diophantische Gleichungen thematisiert. Dies sind Gleichungen der Form $ax + by = c$, wobei $a, b, c \in \mathbb{Z}$. Hierbei werden nur Lösungen gesucht, bei denen $x, y \in \mathbb{Z}$.

Wann sind diophantische Gleichungen der Form ax + by = c überhaupt lösbar?
Um das Vorgehen zunächst grob zu betrachten, erinnern wir uns an das Thema „Linearkombinationen" aus Kap. 4. Satz 4.7 lautete: Für alle $a|b$, $a, b \in \mathbb{N}$ existieren $x, y \in \mathbb{Z}$, sodass gilt: $ggT(a, b) = x \cdot a + y \cdot b$.

Wenn also bei der diophantischen Gleichung c der $ggT(a, b)$ von $a, b \in \mathbb{N}$ ist, dann wird die Gleichung lösbar sein. Das Vorgehen zur Bestimmung der Lösbarkeit und der Lösungen sei nach diesen Vorüberlegungen systematisch ausgeschrieben:

1) Berechnen Sie den $ggT(a, b) = d$.
2) Überprüfen Sie, ob $d|c$. Wenn das nicht stimmt, dann ist die Gleichung nicht lösbar. Das Verfahren endet.
3) Wenn $d|c$, dann wird die Gleichung mit d dividiert. Da $ggT(a, b) = d$, ist $\frac{a}{d}, \frac{b}{d}, \frac{c}{d} \in \mathbb{Z}$. Die Gleichung lautet nun $\frac{a}{d}x + \frac{b}{d}y = \frac{c}{d}$, wobei der $ggT\left(\frac{a}{d}, \frac{b}{d}\right) = 1$.
4) Finden Sie eine spezielle Lösung (x_0, y_0) der Gleichung $\frac{a}{d}x + \frac{b}{d}y = \frac{c}{d}$.
5) Die Lösungsmenge besteht aus den Paaren $\left(x_0 + k \cdot \frac{b}{d}, y_0 - k \cdot \frac{a}{d}\right)$, wobei $k \in \mathbb{Z}$.

Der Schritt 3 bewirkt, dass wir die Faktoren in der Gleichung maximal „verkleinern". Würden wir dies nicht machen, so würden bei der Multiplikation in Schritt 5 verschiedene Lösungen verloren gehen.
Innerhalb der Lösungsmenge in Schritt 5 haben die einzelnen Symbole folgende Funktion:

1. Unsere spezielle Lösung x_0 und y_0 bildet den Anfang. Von hier aus können wir weitere Lösungen bestimmen.
2. Die Rechenoperationen „+" und „−" bewirken ein sich gegenseitig aufhebendes Verhältnis: Die diophantische Gleichung beinhaltet eine Summe. Würde man nun auf beiden Seiten die Summanden $x_0 \cdot a + y_0 \cdot b$ gleichzeitig erhöhen, so würde das Ergebnis ja stark von dem zuvor berechneten Wert abweichen. Also müssen wir auf einer Seite etwas abziehen und auf der anderen Seite etwas addieren, damit sich die Veränderungen gegenseitig „aufheben".
3. Wie sich die Faktoren $x_0, k \cdot \frac{b}{d}, y_0$ und $k \cdot \frac{a}{d}$ ergeben, ist der Inhalt des folgenden Satzes 6.11.

Satz 6.11: Lösungsmenge Diophantischer Gleichungen
Sei (x_0, y_0) eine Lösung der diophantischen Gleichung $ax + by = c$ mit $a, b, x, y \in \mathbb{Z}$. Dann besteht die Lösungsmenge genau aus den Paaren $\left(x_0 + k \cdot \frac{b}{d}, y_0 - k \cdot \frac{a}{d}\right)$ mit $k \in \mathbb{Z}$ und $d = ggT(a, b)$.

Beweis zu Satz 6.11:
Voraussetzung: Sei (x_0, y_0) eine Lösung der Gleichung $ax + by = c$ und $d = ggT(a, b)$
Zu zeigen: Die Lösungsmenge besteht genau aus den Paaren $\left(x_0 + k \cdot \frac{b}{d}, y_0 - k \cdot \frac{a}{d}\right)$ mit $k \in \mathbb{Z}$.

Bemerkung zur Beweisstruktur: Der Satz besitzt im Grunde zwei Aussagen:

1) Wenn (x_0, y_0) eine Lösung der diophantischen Gleichung $ax + by = c$ ist, dann auch $\left(x_0 + k \cdot \frac{b}{d}, y_0 - k \cdot \frac{a}{d}\right)$ mit $k \in \mathbb{Z}$ und $d = ggT(a, b)$.

2) Es gibt keine weiteren Lösungen als diese.

1. Voraussetzung: (x_0, y_0) ist eine Lösung der diophantischen Gleichung $ax + by = c$

Zu zeigen: die Lösungsmenge umfasst genau die Paare $\left(x_0 + k \cdot \frac{b}{d}, y_0 - k \cdot \frac{a}{d}\right)$ mit $k \in \mathbb{Z}$ und $d = ggT(a, b)$

(x_0, y_0) sei eine Lösung der diophantischen Gleichung. Dann gilt: $ax_0 + by_0 = c$. Von nun an erfolgen reine Termumformungen:

$$ax_0 + by_0 = c$$

$$\Leftrightarrow a \cdot x_0 + \frac{akb}{d} + b \cdot y_0 - \frac{akb}{d} = c$$

(Die Addition und Subtraktion eines gleichen Wertes ändert das Ergebnis der Addition nicht.)

$$\Leftrightarrow a \cdot x_0 + ak \cdot \frac{b}{d} + by_0 - bk \cdot \frac{a}{d} = c$$

$$\Leftrightarrow a \cdot \left(x_0 + k \cdot \frac{b}{d}\right) + b \cdot \left(y_0 - k \cdot \frac{a}{d}\right) = c$$

Daher ist auch $\left(x_0 + k\frac{b}{d}, y_0 - k\frac{a}{d}\right)$ eine Lösung.

Nachtrag: Die Addition und Subtraktion von $\frac{akb}{d}$ ist natürlich nicht beliebig. Die Frage bleibt, wie man auf einen solchen Bruch kommt. Die Antwort ist relativ einfach: Man geht von dem aus, was gezeigt werden soll: $a \cdot \left(x_0 + k \cdot \frac{b}{d}\right) + b \cdot \left(y_0 - k \cdot \frac{a}{d}\right) = c$. Nur wenn diese Gleichung gilt, kann auch $\left(x_0 + k \cdot \frac{b}{d}, y_0 - k \cdot \frac{a}{d}\right)$ unsere Gleichung lösen. Im Folgenden werden die Schritte des oben stehenden Beweises im Grunde nur rückwärts (also von unten nach oben) durchgeführt. Dies ist ein sehr typisches Verfahren: Wenn man nicht weiter weiß, beginnt man bei der zu beweisenden Behauptung und versucht, diese irgendwie zu erzeugen.

2. Voraussetzung: (x_1, y_1) und (x_0, y_0) sind zwei Lösung der diophantischen Gleichung

Zu zeigen: (x_1, y_1) ist von der Form $\left(x_0 + k \cdot \frac{b}{d}, y_0 - k \cdot \frac{a}{d}\right)$ mit $k \in \mathbb{Z}$ und $d = ggT(a, b)$

Seien (x_1, y_1) und (x_0, y_0) zwei Lösung der diophantischen Gleichung. Dann gilt:

$$ax_1 + by_1 = c \text{ und } ax_0 + by_0 = c$$

Subtraktion oder Einsetzen (für c) liefert:

$$a(x_1 - x_0) + b(y_1 - y_0) = 0$$

$$\Leftrightarrow a(x_1 - x_0) = -b(y_1 - y_0)$$

$$\Leftrightarrow a(x_1 - x_0) = b(y_0 - y_1)$$

Wir dividieren durch $ggT(a, b) = d$ und erhalten:

$$\frac{a}{d}(x_1 - x_0) = \frac{b}{d}(y_0 - y_1)$$

Daraus folgt nach Definition Teilbarkeit:

$$\frac{a}{d} \Big| \frac{b}{d}(y_0 - y_1)$$

Weiterhin gilt, dass $ggT\left(\frac{a}{d}, \frac{b}{d}\right) = 1$. Also sind $\frac{a}{d}$ und $\frac{b}{d}$ teilerfremd, und es muss gelten:

$$\frac{a}{d} \Big| (y_0 - y_1) \overset{\text{Def. Teilbarkeit}}{\Longrightarrow} \exists\, k \in \mathbb{Z}: \frac{a}{d} \cdot k = (y_0 - y_1) \Rightarrow y_1 = y_0 - \frac{a}{d} \cdot k$$

y_1 ist also von der besagten Form $(y_1 = y_0 - k \cdot \frac{a}{d})$.

Bestimmung von x_1:
Wir setzen $\frac{a}{d} \cdot k = y_0 - y_1$ in die Gleichung $\frac{a}{d}(x_1 - x_0) = \frac{b}{d}(y_0 - y_1)$ und erhalten dann:

$$\frac{a}{d}(x_1 - x_0) = \frac{b}{d} \cdot \frac{a}{d} \cdot k$$

$$\Rightarrow x_1 - x_0 = \frac{b}{d} \cdot k$$

$$\Rightarrow x_1 = x_0 + \frac{b}{d}k$$

D. h.: x_1 ist von der besagten Form $(x_1 = x_0 + k \cdot \frac{b}{d})$.

Satz 6.12: Lösung diophantischer Gleichungen bei Teilerfremdheit
Sei der $ggT(a, b) = 1$. Dann ist die Menge aller Zahlen, die sich als Linearkombination von a und b darstellen lassen, die Menge $\mathbb{Z}$.

Beweis zu Satz 6.12:
Voraussetzung: $ggT(a, b) = 1$
Zu zeigen: Es lassen sich alle Zahlen aus $\mathbb{Z}$ als Linearkombination von a und b darstellen

Nach Satz 4.7 gibt es mit $ggT(a, b) = 1$, $x, y \in \mathbb{Z}$, sodass gilt: $1 = ax + by$

Sei nun $c \in \mathbb{Z}$, dann ist:

$$1 \cdot c = (ax + by) \cdot c$$

$$\overset{DG}{\Leftrightarrow} c = a \underbrace{xc}_{x_0} + b \underbrace{yc}_{y_0}$$

D. h.: Da wir zum ggT eine Linearkombination erstellen können, gelingt dies auch für jede beliebige ganze Zahl durch Multiplikation beider Summanden mit dieser ganzen Zahl.

Das Vorgehen zur Lösung einer diophantischen Gleichung lässt sich noch ein wenig variieren. Hierbei nutzen wir nun die Kongruenzrechnung:

$$ax + by = c$$

$$\Longleftrightarrow ax = c - by$$

$$\overset{\text{Def.6,4}}{\Longleftrightarrow} a|(c - by)$$

$$\overset{\text{Def.6,5}}{\Longleftrightarrow} c \equiv by (mod\ a)$$

Anders formuliert: Zu y lässt sich ein x-Wert finden, mit $x = \frac{c-by}{a}$ qua Einsetzungsverfahren.

Beispiele:

1) $12x + 20y = 200$

Wir berechnen den $ggT(12, 20)$ (1. Schritt) und prüfen, ob $ggT(12, 20)|200$ (2. Schritt), denn dann ist die diophantische Gleichung lösbar.

$ggT(12, 20) = 4$ und $4|200$. Die Gleichung ist also lösbar.

	$12x + 20y = 200$	
$\Rightarrow$	$12x = 200 - 20y$	1. Schritt: Variablen auf verschiedenen Seiten
$\Rightarrow$	$12|(200 - 20y)$	2. Schritt: Anwendung Def. Teilbarkeit
$\Rightarrow$	$200 \equiv 20y(mod\ 12)\ ggT(20, 12) = 4$	3. Schritt: Anwendung Def. Kongruenz
$\overset{\text{Satz 6,5ii)}}{\Rightarrow}$	$10 \equiv 1y(mod\ 3) \wedge 10 \equiv 1(mod\ 3)$	4. Schritt: Kongruenzausdruck vereinfachen
$\overset{\text{Ersetzen}}{\Longrightarrow}$	$1 \equiv y(mod\ 3)$	
$\Rightarrow$	$y = 3k + 1$ mit $k \in \mathbb{Z}$	5. Schritt: y bestimmen (Def. Kongruenz)
	$12x + 20y = 200 \wedge y = 3k + 1$	6. Schritt: x bestimmen
$\overset{\text{Einsetzen}}{\Longrightarrow}$	$12x + 20(3k + 1) = 200$	
$\Rightarrow$	$12x + 60k + 20 = 200$	
$\Rightarrow$	$x = \frac{180-60k}{12}$	
$\Rightarrow$	$x = 15 - 5k$	

◄

Lösungsmenge $L = \{(15 - 5k, 3k + 1) | k \in \mathbb{Z}\}$

$$k = 1: y_0 = 4 \text{ und } x_0 = 10$$
$$k = 2: y_1 = \ldots$$

$$\vdots$$

2) $2x + 4y = 140$

Da $ggT(2,4) = 2$ und $2 | 140$, ist die diophantische Gleichung lösbar.

Eine Lösung wäre: $x_0 = 70 \wedge y_0 = 0$.

$$2x + 4y = 140$$
$$\Rightarrow 2x = 140 - 4y$$
$$\overset{\text{Def.6.4}}{\Longrightarrow} 2 | (140 - 4y)$$
$$\overset{\text{Def.6.5}}{\Longrightarrow} \underbrace{140}_{35 \cdot 4} \equiv \underbrace{4y}_{4y} \ (mod \ 2)$$

Wir wissen, dass $ggT(4,2) = 2$. Also kann Satz 6.5ii) angewendet werden. Damit erhalten wir $35 \equiv y (mod \ 1)$. D. h.: y kann jede beliebige Zahl sein, da es nur eine Restklasse *modulo* 1 gibt. Zu jedem $y \in \mathbb{Z}$ gibt es also ein $x \in \mathbb{Z}$ mit:

$$2x + 4y = 140$$
$$\Rightarrow 2x = 140 - 4y$$
$$\Rightarrow x = \frac{140 - 4y}{2}$$
$$\Rightarrow x = 70 - 2y$$

Lösungsmenge $L = \{(70 - 2y, y) | y \in \mathbb{Z}\}$
Also:

$$y = 1 \Rightarrow x = 68$$
$$y = 2 \Rightarrow x = 66$$
$$y = 3 \Rightarrow x = 64$$

$$\ldots$$

Nachbereitende Übung 6.2

Aufgabe 1:
Lösen Sie folgende Aufgaben:
a) Aus zwei Holzbrettern der Längen 270 cm und 360 cm sollen Regalbretter gleicher Länge geschnitten werden. Es soll dabei kein Holz übrig bleiben. Geben Sie die größtmögliche Länge der Regalbretter an.
b) Anna geht regelmäßig alle 3 Tage zum Schwimmen, Jan trainiert alle 5 Tage, Kati schwimmt jeden 2. Tag. Heute sind alle drei gleichzeitig im Schwimmbad. Wann treffen sie sich das nächste Mal?
c) Ein Bauer kaufte auf dem Markt Hühner und Enten und zahlte dabei für ein Huhn 4 € und für eine Ente 5 €. Kann es sein, dass er 62 € ausgegeben hat? Wenn ja, wie viele Hühner und wie viele Enten könnte er gekauft haben?

Aufgabe 2:
Bestimmen Sie die Eigenschaften der folgenden Relationen:
a) $R_1 = \{(x,y) \in \mathbb{Z} \times \mathbb{Z} | x + y = 6\}$
b) $R_2 = \{(x,y) \in \mathbb{N} \times \mathbb{N} | x \leq y\}$
c) $R_3 = \{(x,y) \in \mathbb{Z} \times \mathbb{Z} | 2 \text{ teilt } x + y\}$
d) $R_4 = \{(x,y) \in \mathbb{N} \times \mathbb{N} | x \text{ und } y \text{ haben die gleiche Stellenzahl im Dezimalsystem}\}$
Welche der Relationen sind Äquivalenzrelationen?

Aufgabe 3:
a) Stellen Sie den $ggT(1584, 210)$ als Linearkombination von 1584 und 210 dar.
b) Bestimmen Sie die Lösungsmenge für:
   $31979993x \cdot 15978007y = 7992$ $(x,y \in \mathbb{Z})$.

Hinweis zu b): Hier ist es sinnvoll, im Lösungsprozess zu nutzen, dass für alle $a \in \mathbb{Z}$ gilt: $ggT(a, a + 1) = 1$.

Aufgabe 4:
Formulieren Sie mithilfe der Kongruenzrechnung Endstellenregeln zur Teilbarkeit durch 4: Eine Regel für das Rechnen im Stellenwertsystem zur Basis 10 und eine für das Rechnen im Stellenwertsystem zur Basis 8. Beweisen Sie diese Regeln.

Aufgabe 5:
Zeigen Sie: Eine Zahl a ist genau dann durch 11 teilbar, wenn ihre alternierende Quersumme durch 11 teilbar ist.

Hinweis: Sie müssen die folgende Kongruenz erzeugen und damit weiterrechnen:

$$10^i \equiv (-1)^i (mod \ 11)$$

Aufgabe 6

Das Briefmarkenproblem:

a) Kann ich mit 5-Cent- und 2-Cent-Briefmarken jedes Porto > 3 Cent darstellen? Wenn ja: warum? Wenn nein: welche nicht und warum nicht?

b) Kann ich mit 6-Cent- und 2-Cent-Briefmarken jedes Porto darstellen? Wenn ja: warum? Wenn nein: welche nicht und warum nicht?

c) Worin liegt der entscheidende Unterschied zwischen den Aufgabenstellungen a) und b)?

Grundbegriffe der Funktionenlehre

7

In diesem Kapitel wird ein kurzer Einblick in einen anderen mathematischen Bereich vorgenommen: die Funktionenlehre. Hierbei wird insofern systematisch vorgegangen, als dass zunächst einmal (erneut) das kartesische Produkt und Relationen betrachtet werden. Hiermit lassen sich Funktionen definieren. Auch benötigen wir einen neuen Zahlbereich, die reellen Zahlen, um später Funktionen „durchzeichnen" zu können.

Vorbereitende Übung 7.1:

Aufgabe 1:
Setzen Sie die gegebenen Zahlenfolgen fort:
a) 2, 4, 6, …
b) 1, 3, 5, 7, …
c) 5, 12, 31, 68, …

Aufgabe 2:
Betrachten Sie die Funktion: $f(x) = a(x - b)^2 + c$
a) Diskutieren Sie die Funktion. D. h.: Beschreiben Sie das Aussehen des dazugehörigen Graphen, Extremstellen, …
b) Welchen Definitions- und Wertebereich haben Sie zur Beantwortung des Aufgabenteils a) genommen? Was verändert sich, wenn wir nun $\mathbb{N}$ nehmen?
c) In der Grundschule werden häufig Zahlenfolgen betrachtet. Z. B.: 1, 4, 9, 16, …
  i. Bestimmen Sie die nächste Zahl der Zahlenfolge.
  ii. Bestimmen Sie eine formale Funktionsgleichung zu dieser Zahlenfolge (inkl. Definitions- und Wertebereich).
  iii. Könnten Sie noch eine andere Funktionsgleichung angeben? Wenn ja: warum? Wenn nein: warum nicht?

© Springer-Verlag GmbH Deutschland, ein Teil von Springer Nature 2023
M. Meyer, *Einführung in die Mathematik für Lehramtskandidat*innen*,
https://doi.org/10.1007/978-3-662-64027-2_7

Einführung

In der Mathematik ist die Idee der Funktion grundlegend. Eine Funktion beschreibt Zusammenhänge zwischen zwei Mengen. Eine erste Annäherung an Funktionen erfolgt bereits in der Grundschule, wo es heißt: Wie lautet die nächste Zahl in der Folge 2, 4, 6, 8, ...? Wenn wir uns diese Zahlenfolge unendlich lang denken und die einzelnen Stellen der Zahlenfolge durchnummerieren, gelangen wir zu der folgenden Tabelle:

1	2	3	4	5	...
2	4	6	8		...

Bezeichnen wir nun noch die Zahlen in der oberen Reihe als „x-Werte" und die Zahlen in der unteren Reihe als y-Werte, so gelangen wir zu einer bekannten Darstellungsform: die tabellarische Darstellung einer Funktion.

x-Wert	1	2	3	4	5	...
y-Wert	2	4	6	8		...

Anhand der Frage, wie sich aus den Zahlen der oberen Reihe die Zahlen in der unteren Reihe ergeben, lässt sich für diese Tabelle relativ leicht eine „Entstehungsvorschrift" (Zuordnungs- bzw. Funktionsvorschrift) entwickeln:

$f(x) = 2x$ (gesprochen: f von x gleich 2 mal x) bzw.

$x \mapsto 2x$ (gesprochen: x wird zugeordnet 2 mal x)

Damit hätten wir zur der tabellarischen eine zweite Darstellungsform für Funktionen gebildet: die symbolische Darstellung. Neben diesen beiden existieren noch die verbale (z. B. „um von x auf y zu kommen, multipliziere ich den jeweiligen Wert mit 2") und die grafische Darstellung (der Funktionsgraph).

Natürlich lassen sich solche Betrachtungen mit verschiedenen Zahlenfolgen anstellen, wobei auch schwierigere Funktionsvorschriften auftauchen könnten. Aber im Grunde wären dies fast die gesamten Inhalte dieses Kapitels. Doch was bedeutet eigentlich „x wird zugeordnet y"? Lassen sich Werte beliebig zuordnen? Wann lässt sich ein Funktionsgraph durchzeichnen? Bezeichnet man eine beliebige Zuordnung von Zahlen als Funktion? Fragen wie diese zielen auf die Grundlagen der Funktionenlehre, die nun zum Teil behandelt werden.

Es sei wieder mit einigen grundlegenden Definitionen begonnen, wobei die ersten beiden schon im vorangegangenen Kapitel verwendet wurden:

Definition 7.1: Kartesisches Produkt
Unter einem *kartesischen Produkt* $M_1 \times M_2$, wobei M_1 und M_2 nicht leere Mengen sind, versteht man die Menge aller geordneten Paare (x, y), wobei die erste Komponente (x-Wert) aus M_1 und die zweite Komponente (y-Wert) aus M_2 ist. Formal: $M_1 \times M_2 = \{(x, y) | x \in M_1 \wedge y \in M_2\}$

Ein kartesisches Produkt verhilft, die Elemente von zwei Mengen (die nicht notwendig verschieden sein müssen) zu verbinden. Eine solche Verbindung wird später benötigt, um Elemente des Definitionsbereiches einer Funktion mit Elementen des Wertebereiches dieser Funktion zu verbinden. Beispielsweise können wir wie oben bei der Funktionsvorschrift $f(x) = 2x$ dem x-Wert 1 den y-Wert 2 zuordnen.

Definition 7.2: (Zweistellige) Relation
Eine (zweistellige) *Relation R* zwischen den Elementen zweier Mengen M_1 und M_2 ist eine Teilmenge des kartesischen Produktes $M_1 \times M_2 = \{(x, y) | x \in M_1 \wedge y \in M_2\}$. Formal: $R \subseteq M_1 \times M_2$

Wie später noch zu erkennen sein wird, ist eine Funktion eine spezielle Relation, insofern durch sie Elemente von Mengen miteinander verbunden werden. Es wird von Definitions- und Wertebereich gesprochen, aus denen Elemente einander zugeordnet werden, m. a. W.: Die Elemente werden in eine Relation zueinander gebracht.

Einschub: Erweiterung des bisherigen Zahlbereiches (und Beispiel für Def. 7.1 und 7.2)

Zur Einführung der ganzen Zahlen wurde in Kap. 6 die folgende Relation betrachtet:

$$(x_1, x_2) \sim (y_1, y_2) :\Leftrightarrow x_1 + y_2 = x_2 + y_1$$

Damit wurde eine Äquivalenzrelation definiert, welche den Zahlbereich $\mathbb{Z}$ beschreiben lässt. Nun gehen wir einen Schritt weiter und definieren ausgehend hiervon die rationalen Zahlen $\mathbb{Q}$. Dies ist dem Wunsch geschuldet, dass Funktionen häufig durchgezeichnet werden und wir hierfür die gesamte Zahlengerade betrachten können müssen. Die Idee der Zahlbereichserweiterung hin zu den rationalen Zahlen ist: $x \cdot b = a$ soll für $a, b \in \mathbb{Z}$ lösbar sein ($b \neq 0$).

Gewöhnlich schreiben wir hierfür: $x = \frac{a}{b}$ oder $x = a : b$

Der Bruch $\frac{a}{b}$ muss jedoch noch erklärt werden, denn dieser war zuvor (im Kontext der ganzen Zahlen) noch nicht bekannt. Diesen betrachten wir zunächst als eine Relation

von Zahlen (a, b), von der wir fordern, dass (a, b) und (c, d) gleichwertig sind, wenn:
$a \cdot d = b \cdot c$

Also: $(a, b) \sim (c, d) :\Leftrightarrow a \cdot d = b \cdot c$

Man kann relativ leicht zeigen, dass die oben eingeführte Relation $\sim$ auch eine Äquivalenzrelation ist. Mit $\overline{(a, b)} := \{(c, d) \in \mathbb{Z} \times \mathbb{Z}\backslash\{0\} | a \cdot d = b \cdot c; b, d \neq 0\}$ bezeichnen wir die Äquivalenzklasse des Paares $(a, b) \in \mathbb{Z} \times \mathbb{Z}\backslash\{0\}$.

Hier verbirgt sich, dass es unendlich viele Zahlen gibt, die zueinander in dieser Relation stehen (z. B. $\overline{(1, 2)} = \{(1, 2), (2, 4), (3, 6), (-1, -2), (-2, -4), \ldots\}$). Die Elemente der Menge, die Brüche, lassen sich als unterschiedliche Darstellungen für denselben Wert (dieselbe Bruchzahl) verstehen. Wird der Bruch anschaulich etwa in einem Tortendiagramm betrachtet, so sind die jeweiligen Stücke womöglich anders unterteilt, in der Gesamtmenge jedoch gleich (unter der Perspektive der betrachteten Relation ist etwa eine halbe Torte nur in der Realität etwas anderes als zwei Vierteltorten).

In der eher gewohnten Schreibweise kann nun auch notiert werden:

$$\left(\frac{a}{b}\right) := \{(c, d) \in \mathbb{Z} \times \mathbb{Z}\backslash\{0\} | a \cdot d = b \cdot c\}$$

Hiermit lässt sich nun die Menge der rationalen Zahlen definieren:

Definition 7.3: Rationale Zahlen ($\mathbb{Q}$)

Die durch die soeben eingeführte Relation $\sim$ entstandenen Äquivalenzklassen fassen wir als Elemente einer neuen Menge, die rationalen Zahlen, auf. Bezeichnung: $\mathbb{Q}$

$$\mathbb{Q} := \left\{\frac{a}{b} : a \in \mathbb{Z} \wedge b \in \mathbb{Z}\backslash\{0\} | \sim\right\} \text{ mit } \left(\frac{a}{b}\right) \sim \left(\frac{c}{d}\right) :\Leftrightarrow a \cdot d = b \cdot c$$

Nachdem die rationalen Zahlen hier sehr kurz eingeführt wurden, gehen wir nun einen Schritt weiter und zeigen, dass hiermit noch nicht alle Zahlen auf der Zahlengeraden beschrieben werden. Ein bekanntes Problem hierzu bietet folgende Frage: Wie lang ist die Hypotenuse x in einem rechtwinkligen Dreieck, bei dem die Katheten jeweils eine Einheit lang sind (also die Länge 1 haben)?

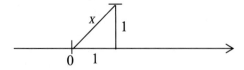

Mit dem Satz des Pythagoras lässt sich die Länge, die immer durch eine positive Zahl beschrieben wird, ermitteln:

$$1^2 + 1^2 = x^2$$
$$\Leftrightarrow 2 = x^2$$
$$\Leftrightarrow \sqrt{2} = x$$

Bei der Skizze oben könnte x in der Vorstellung auf die Zahlengerade „geklappt" werden, sodass deutlich wird, dass das Ende der Strecke ein Punkt auf der Zahlengeraden sein muss. Allerdings wird der nachfolgende Satz zeigen, dass $\sqrt{2}$ keine rationale Zahl ist. Mit anderen Worten: Die Zahlengerade hat noch „Lücken" (zunächst einmal zumindest eine), wenn ausschließlich die rationalen Zahlen betrachtet werden.

> **Satz 7.1: Existenz nicht rationaler Zahlen**
> $\sqrt{2}$ ist keine rationale Zahl.

Beweis zu Satz 7.1:
Zu zeigen: $\sqrt{2}$ ist keine rationale Zahl.

Bemerkung zur Beweisstruktur: Beweis durch Widerspruch.
Annahme: $\sqrt{2} \in \mathbb{Q}$, dann muss ein (maximal) gekürzter Bruch $\frac{p}{q}$ existieren, dessen Quadrat 2 ist. Maximal gekürzt bedeutet, dass Zähler p und Nenner q teilerfremd zueinander sind: $ggT(p,q) = 1$ mit $p, q \in \mathbb{Z}$.
Also:

$$\left(\frac{p}{q}\right)^2 = 2$$
$$\Leftrightarrow \frac{p^2}{q^2} = 2$$
$$\Leftrightarrow p^2 = 2q^2$$

Dann ist nach Definition der Teilbarkeit p^2 eine gerade Zahl, da sie durch 2 teilbar ist. Damit ist auch p durch 2 teilbar, denn durch das Wurzelziehen (Radizieren) „verschwinden" die Primzahlen nicht aus denen sich eine Zahl zusammensetzt (s. Hauptsatz der elementaren Zahlentheorie und den Exkurs in diesem Buch). D. h., p ist eine gerade Zahl und darstellbar als $2r$ mit $r \in \mathbb{Z}$. Damit gilt nun:

$$2q^2 = p^2$$
$$\Leftrightarrow 2q^2 = (2r)^2$$
$$\Leftrightarrow 2q^2 = 4r^2$$
$$\Leftrightarrow q^2 = 2r^2$$

$2r^2$ ist eine gerade Zahl. Also ist mit derselben Begründung wie oben q auch gerade. Damit ist q eine gerade Zahl, ebenso wie p. Dies ist ein Widerspruch zur Teilerfremdheit von p und q bzw. zu $ggT(p,q) = 1$, da $ggT(p,q) \geq 2$. Mit anderen Worten: Wenn p und q beide gerade sind, dann haben beide Zahlen mindestens den gemeinsamen Teiler 2.

Daraus folgt, dass $\sqrt{2}$ keine rationale Zahl sein kann.

Die Zahlengerade hat also noch mehr Elemente als nur rationale Zahlen. Der obige Beweis lässt sich beispielsweise analog für Wurzeln aus anderen Primzahlen führen. Würden Dezimalbrüche betrachtet werden, so könnte man allgemeiner auch alle nicht periodischen, nicht endenden Dezimalbrüche als nicht rationale Zahlen betrachten. Wir werden es uns im Folgenden vereinfachen und alle Elemente auf der Zahlengeraden als reelle Zahlen definieren.

> **Vereinfachte Betrachtung („Definition") 7.4: Die reellen Zahlen ($\mathbb{R}$)**
> Die Menge der reellen Zahlen $\mathbb{R}$ entspricht der Menge aller Punkte auf der Zahlengerade.

Beispiele:

1. $\left. \begin{aligned} M_1 &= \mathbb{R} \\ M_2 &= \mathbb{R} \\ \mathbb{R} \times \mathbb{R} &= \mathbb{R}^2 \end{aligned} \right\}$ für das gesamte Koordinatensystem

2. $M_1 = \mathbb{N}, M_2 = \mathbb{Z}$
    $M_1 \times M_2 = \mathbb{N} \times \mathbb{Z}$
    Durch dieses kartesische Produkt erhält man ein „Gitternetz":

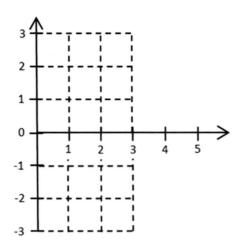

3. $\mathbb{R} \times \mathbb{R} \times \mathbb{R} = \mathbb{R}^3$
    Das kartesische Produkt muss sich also nicht auf zwei Mengen beschränken.
    Das folgende Bild zeigt beispielhaft einen Punkt in einem solchen dreidimensionalen Koordinatensystem. Seine drei Koordinaten werden durch die durchgezogene Linie (auf der x_1-Achse), die gestrichelte Linie (parallel zur x_2-Achse) und die gepunktete Linie (parallel zur x_3-Achse) dargestellt.

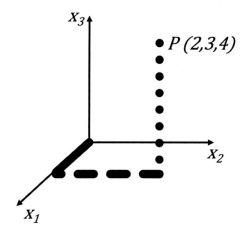

4. Relation: „a teilt b"

    Gegeben sei die Menge $M = \{1, 2, 3, 4\}$ mit $a \in$ M $\wedge b \in$ M.

    Folgende Zahlen der Menge M stehen in der Relation „a teilt b" zueinander:

$$1|1 \quad 2|2 \quad 3|3 \quad 4|4$$
$$1|2 \quad 2|4$$
$$1|3$$
$$1|4$$

Dieser Zusammenhang lässt sich in verschiedenen Formen darstellen:

1. Pfeildiagramm

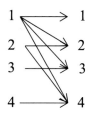

2. Tabelle

$a|b$	1	2	3	4
1	x	x	x	x
2		x		x
3			x	
4				x

3. Koordinatensystem

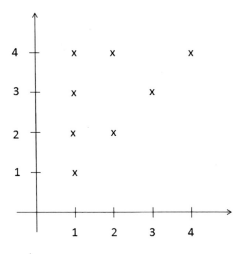

Funktionen als Relationen

Im Folgenden stellen wir uns die Frage, was erfüllt sein muss, damit eine Relation eine Funktion ist. Mit anderen Worten: Wie ist eine Funktion eigentlich definiert? Zunächst seien verschiedene Relationen betrachtet:

Beispiele:

1. $M_1 = M_2 = \{1, 2, 3, 4\}$

   $R: a|b, a \in M_1, b \in M_2$

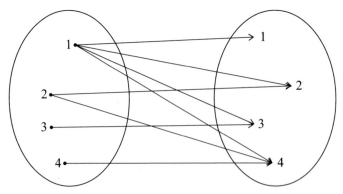

2. $M_1 = M_2 = \mathbb{N}$

   $R: a < b, a \in M_1, b \in M_2$

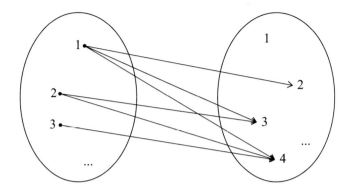

3. $M_1 = M_2 = \mathbb{R}$

   $R : a \mapsto a^2$

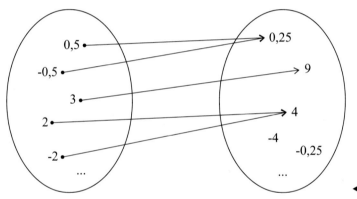

Die verschiedenen Beispiele deuten bereits Unterschiede zwischen Relationen an. In Beispiel 3 geht etwa von jedem Element der linken Menge ein Pfeil in die rechte Menge (auch wenn nicht alle eingezeichnet sind). Manchmal geht von jedem Element nur ein Pfeil aus, manchmal mehrere. Manchmal werden alle Elemente getroffen, manchmal nicht. Den für die nachfolgenden Darstellungen wichtigen Unterschieden seien nun Namen gegeben:

Definition 7.5: Linkstotal, rechtstotal, linkseindeutig, rechtseindeutig

Seien M_1 und M_2 Mengen sowie $R \subseteq M_1 \times M_2$ eine Relation zwischen M_1 und M_2.

R heißt *linkstotal*, wenn gilt: $\forall\, x \in M_1\ \exists\, y \in M_2 : (x, y) \in R$

(Anders formuliert: Von allen Elementen der linken Menge geht mindestens ein Pfeil aus.)

R heißt *rechtstotal*, wenn gilt:

$$\forall\, y \in M_2 \,\exists\, x \in M_1 : (x,y) \in R$$

(Anders formuliert: Alle Elemente der rechten Menge werden von mindestens einem Pfeil getroffen.)

R heißt *linkseindeutig*, wenn gilt:

$$(x_1,y) \in R \wedge (x_2,y) \in R \Rightarrow x_1 = x_2$$

(Anders formuliert: Zeigen zwei Pfeile aus der linken Menge auf ein Element aus der rechten Menge, so müssen die Elemente aus der linken Menge identisch sein. Salopp: Ein Element der rechten Menge hat genau ein Partnerelement aus der linken Menge.)

R heißt *rechtseindeutig*, wenn gilt:

$$(x,y_1) \in R \wedge (x,y_2) \in R \Rightarrow y_1 = y_2$$

(Anders formuliert: Sind zwei Elemente der rechten Menge mit einem Element der linken Menge verbunden, so müssen die Elemente aus der rechten Menge identisch sein. Salopp: Ein Element aus der linken Menge hat genau ein Partnerelement aus der rechten Menge.)

Mit diesen Eigenschaften haben wir nun die Möglichkeit, Funktionen als spezielle Relationen zu betrachten:

Definition 7.6: Funktion
Eine Relation $R \subseteq M_1 \times M_2$ heißt *Funktion* von M_1 nach M_2 (Synonym: *Abbildung*), wenn gilt:
1. Zu jedem $x \in M_1$ gibt es ein $y \in M_2$ mit $(x,y) \in R$. D. h., die Relation ist *linkstotal*.
2. Aus $(x,y_1) \in R$ und $(x,y_2) \in R$ folgt $y_1 = y_2$. D. h., die Relation ist *rechtseindeutig*.

Anders formuliert:
Eine Relation $R \subseteq M_1 \times M_2$ ist eine Funktion von M_1 nach M_2, wenn es zu jedem $x \in M_1$ genau ein $y \in M_2$ gibt mit $(x,y) \in R$.

Bemerkungen:
- Schreibweise: Wie vermutlich die meisten es aus der Schule kennen, werden Funktionen auch hier mit „f:" statt „R:" abgekürzt.

- Zudem wird notiert: $f : A \to B$, wobei A auch Quellbereich der Funktion genannt wird und B die Wertebereich der Funktion.
- Bei Funktionen ist der Quellbereich immer identisch mit dem Definitionsbereich (also die Menge aller Zahlen, für die die Relation definiert ist), da Funktionen linkstotal sind.
- $f(\mathbb{R})$ nennt man den Bildbereich von f. Er beinhaltet die Elemente, die eine Funktion annehmen kann. $f : A \to f(A)$ ist daher auch immer rechtstotal.
- $f(x) = y$ (statt $(x,y) \in f$) nennen wir „Funktionsgleichung".

Beispiele:

1. $f(x) = x^2$ ist eine Funktion, die sog. Normalparabel, da sie linkstotal und rechtseindeutig ist.
2. $f(x) = \sqrt{x}$ ist keine Funktion, da diese Relation nicht rechtseindeutig ist. ◀

Beispielhafte Mengendarstellung:
Funktion bedeutet: Von jedem Element aus der ersten Menge geht **genau ein** Pfeil aus. Das beinhaltet auch, dass nicht alle Elemente der zweiten (rechten) Menge einmal getroffen werden müssen. Sie können also gar nicht oder auch mehrfach getroffen werden.

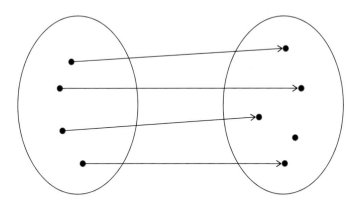

Werden Funktionen betrachtet, so sind die Eigenschaften linkstotal und rechtseindeutig von Beginn an gesetzt. Die weiteren bisher definierten Eigenschaften einer Relation (linkseindeutig und rechtstotal) erhalten ausgehend hiervon auch andere Bezeichnungen:

Definition 7.7: Injektiv, surjektiv, bijektiv
$f : M_1 \to M_2$ sei eine Funktion.

f heißt *injektiv* $:\Leftrightarrow$ f ist linkseindeutig.
Formal: $\forall\, x, x' \in M_1$ *gilt*: $f(x) = f(x') \Rightarrow x = x'$

Alternativ: $\forall\, x, x' \in M_1 : x \neq x' \Rightarrow f(x) \neq f(x')$

f heißt *surjektiv* $:\Leftrightarrow$ f ist rechtstotal.
Formal: $\forall\, y \in M_2\ \exists\, x \in M_1 : f(x) = y$

f heißt *bijektiv* $:\Leftrightarrow$ f ist injektiv und surjektiv.

Beispiel: der Sinus

Zunächst sei der Sinus innerhalb der reellen Zahlen näher betrachtet:

$$f : \mathbb{R} \to \mathbb{R}$$
$$f(x) = \sin(x)$$

Der Graph gibt uns schon verschiedene Hinweise, welche Eigenschaften der Sinus hat. Beispielsweise lässt sich erkennen, dass der Funktionsgraph y-Werte zwischen -1 und 1 annimmt. Wird der Sinus von $\mathbb{R} \to \mathbb{R}$ betrachtet, so nimmt er nicht alle y-Werte an (z. B. 2 wird nicht angenommen). Der Sinus ist dann nicht rechtstotal bzw. surjektiv. Wird er hingegen von $\mathbb{R} \to f(\mathbb{R})$ betrachtet, so nimmt er alle y-Werte an und wäre rechtstotal bzw. surjektiv. Anders formuliert: Es kommt wesentlich auf die Bereiche an, für die eine Funktion betrachtet wird. Verschiedene Bereiche können verschiedene Eigenschaften nach sich ziehen. Dies sei in der nachfolgenden Tabelle am Beispiel des Sinus dargestellt:

	$f : \mathbb{R} \to \mathbb{R}$	$f : \mathbb{R} \to f(\mathbb{R})$
Definitionsbereich:	$\mathbb{R}$	$\mathbb{R}$
Wertebereich:	$\mathbb{R}$	$f(\mathbb{R}) = \{y \mid -1 \leq y \leq 1\}$
Bildbereich:	$f(\mathbb{R}) = \{y \mid -1 \leq y \leq 1\}$	$f(\mathbb{R}) = \{y \mid -1 \leq y \leq 1\}$
Funktion:	Ja	Ja

	$f\colon \mathbb{R} \to \mathbb{R}$	$f\colon \mathbb{R} \to f(\mathbb{R})$
Injektiv:	Nein	Nein
Surjektiv:	Nein	Ja
Bijektiv:	Nein	Nein

◀

Umkehrfunktionen

Durch eine Funktion werden Elemente verschiedener Bereiche zueinander in eine Relation gesetzt. Hierzu existiert auch die Vorstellung, dass ausgehend von einem (Eingabe-)Wert ein (Ausgabe-)Wert erstellt wird. Im Folgenden wird nun ein Verfahren betrachtet, wodurch sich ein solches Vorgehen rückgängig machen lässt: die Umkehrfunktion. Die Intention hierbei ist also: Wenn durch die Funktion aus einem bestimmten x-Wert ein bestimmter y-Wert erzeugt wird, dann soll man durch die Umkehrfunktion ausgehend von dem erreichten y-Wert wieder zurück zum ursprünglichen x-Wert gelangen.

In der folgenden Abbildung wird die Idee einer Umkehrabbildung skizziert: Ausgehend von einem x-Wert wird durch die Funktion ein y-Wert erreicht mit $f(x) = y$. Ausgehend von diesem y-Wert soll derselbe x-Wert erreicht werden mit der Funktion g, wobei es also lauten muss: $g(y) = x$. Führen wir die beiden Operationen f und g nacheinander aus (zuerst f, dann g, im Zeichen $g(f)$), so drehen wir uns unentwegt im Kreis und enden beim Startpunkt.

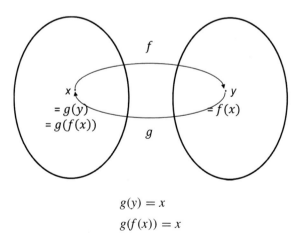

$$g(y) = x$$
$$g(f(x)) = x$$

Die nachfolgenden Darstellungen dienen dazu, Umkehrfunktionen und ihre Eigenschaften zu thematisieren. Hierzu verhilft es, sich an einem konkreten Beispiel ein wenig in die grundlegende Idee einzufinden:

Vorbereitende Übung 7.2:

Aufgabe 1:
Füllen Sie die folgende Tabelle startend bei konkreten Werten für x aus:

x	$f(x)$	$g(f(x))$	$g(x)$	$f(g(x))$

$$f(x) = 5x$$
$$g(x) = x^2$$
$$f, g: \mathbb{R} \to \mathbb{R}$$

Beschreiben Sie die Funktionen $g(f(x))$ und $f(g(x))$, indem Sie z. B. ihre grafischen Verläufe betrachten.

Definition 7.8: Umkehrabbildung
$g: M_2 \to M_1$ heißt Umkehrfunktion zu $f: M_1 \to M_2$, falls gilt:
a) $\forall\, x \in M_1$ gilt $g(f(x)) = x$
b) $\forall\, y \in M_2$ gilt $f(g(y)) = y$

Bemerkung:
Statt g wird auch häufig die Bezeichnung f^{-1} verwendet, um hiermit explizit zum Ausdruck zu bringen, dass es sich um die Umkehrung der Funktion f handelt.

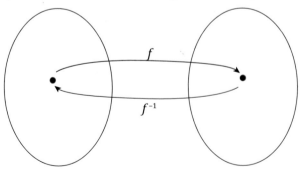

Umkehrfunktionen bestimmen:

Um eine Umkehrfunktion zu bestimmen, lassen sich verschiedene Wege verwenden. Hier sei ein einfacher Weg aufgezeigt:

Bei einer Umkehrfunktion sollen die Funktionswerte einer Funktion f eingesetzt werden können. Salopp formuliert: Aus den y-Werten von f sollen die x-Werte von g werden. Um dies zu erreichen, können wir die Funktionsgleichung nach x auflösen, wodurch wir den Bezug zu den y-Werten herstellen (Anders: Wie verändere ich mein y, um x zu erhalten?). Anschließend wird die Umkehrfunktion notiert, indem x und y vertauscht werden, weil die vormalige Veränderung der Werte wieder rückgängig gemacht werden soll.

Beispiel:

Sei $f(x) = 2x + 1$ oder in anderer Schreibweise: $y = 2x + 1$. Zuerst formen wir nach x um.

$y = 2x + 1$ (Subtraktion beider Seiten mit 1)

$\Leftrightarrow y - 1 = 2x$ (Division beider Seiten mit 2)

$\Leftrightarrow \frac{y}{2} - \frac{1}{2} = x$

Nun tauschen wir x und y, also erhalten wir die Umkehrfunktion: $g(x) = \frac{x}{2} - \frac{1}{2}$

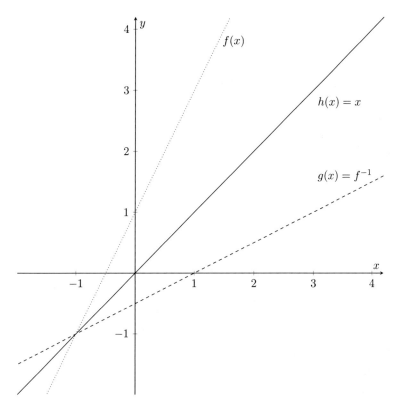

Die Umkehrfunktion ist in der oben gezeigten Grafik die gestrichelte Funktion: $g(x) = \frac{x}{2} - \frac{1}{2}$ und verläuft durch den Punkt $(1, 0)$. $f(x)$ schneidet die y-Achse in dem Punkt $(0, 1)$. Die Geraden haben den gemeinsamen Schnittpunkt $(-1, -1)$. ◀

Die Umkehrfunktion ist die an der Geraden $h(x) = x$ zu $f(x)$ gespiegelte Funktion. Diese Symmetrie kann als ein anschaulicher Hintergrund für den nachfolgenden Satz aufgefasst werden: Wenn es eine Umkehrfunktion zu einer Funktion gibt, dann auch nur diese eine (eben die Gespiegelte). Dies sei nun aber formal betrachtet.

Satz 7.2: Eindeutigkeit von Umkehrfunktionen
Wenn die Funktion $f \colon M_1 \to M_2$ umkehrbar ist, dann ist die Umkehrfunktion g von f eindeutig bestimmt.

Beweis zu Satz 7.2:
Voraussetzung: die Funktion $f \colon M_1 \to M_2$ ist umkehrbar
Zu zeigen: Die Umkehrfunktion g von f ist eindeutig bestimmt.

Bemerkung zur Beweisstruktur: Beweis durch Widerspruch
Annahme: Es gibt zwei verschiedene Umkehrfunktionen g und g'.

Das bedeutet für die Elemente des Definitionsbereiches von f:
$g(f(x)) = x$ und $g'(f(x)) = x$

Sei nun y ein Element des Bildbereiches von f. Dann gilt:
$\forall\, x \in B : g(x) = g'(x)$

Da g und g' Umkehrfunktionen zu f sind, gilt:
$f\big(g'(y)\big) = y$ bzw. $f(g(y)) = y$ und $g(f(x)) = x$ bzw. $g'(f(x)) = x$

Damit können wir nun folgern:
$g(y) = g\big(f\big(g'(y)\big)\big)$, da $f\big(g'(y)\big) = y$
Nun gilt aber auch: $g(f(x)) = x$

Für x sei nun $g'(y)$ eingesetzt und schon folgt aus der obigen Gleichung:
$g(y) = g'(y)$.
Die als unterschiedlich angenommenen Umkehrfunktionen müssen also gleich sein.

Satz 7.3: Umkehrbarkeit und Bijektivität
Eine Funktion $f \colon M_1 \to M_2$ ist genau dann umkehrbar, wenn f bijektiv ist.

Beweis zu Satz 7.3:

Zu zeigen: $f: M_1 \to M_2$ ist umkehrbar $\Leftrightarrow$ f ist bijektiv

Bemerkung zur Beweisstruktur: Die Äquivalenzaussage wird in beide Richtungen aufgespalten.

„$\Rightarrow$".

Voraussetzung: $f: M_1 \to M_2$ ist umkehrbar
Zu zeigen: f ist bijektiv

Bemerkung zur Beweisstruktur: Beweis durch Widerspruch
Annahme: f ist nicht bijektiv

Falls f nicht surjektiv ist, dann wäre die Umkehrfunktion nicht linkstotal und somit keine Funktion. Falls f nicht injektiv wäre, dann wäre die Umkehrfunktion nicht rechtseindeutig und somit ebenfalls keine Funktion. Falls f beides nicht ist, so wäre die Umkehrfunktion weder das eine noch das andere. Da aber eine Umkehrfunktion existiert, kann also f ***nicht nicht*** bijektiv sein.

„$\Leftarrow$"

Voraussetzung: f ist bijektiv
Zu zeigen: $f: M_1 \to M_2$ ist umkehrbar

Bemerkung zur Beweisstruktur: (narrativer) direkter Beweis
Definiere zu $f: M_1 \to M_2, f(m) = n, m \in M_1, n \in M_2$
die Relation $g: M_2 \to M_1, g(n) = m, m \in M_1, n \in M_2$
Kann g als Umkehrfunktion existieren?
g existiert, weil die Rechtstotalität von f (Surjektivität) die Linkstotalität von g verursacht und die Linkseindeutigkeit von f (Injektivität) die Rechtseindeutigkeit von g verursacht. Damit ist die Relation g nach Definition 7.6 eine Funktion.

Verkettung von Funktionen

Zwei Funktionen lassen sich auch dann nacheinander ausführen, wenn die zweite nicht die Umkehrfunktion der ersten ist. Allgemein wird dann von einer Verkettung von Funktionen gesprochen. Wichtig hierbei ist, dass die zweite Funktion auf den Wertebereich der ersten zugreift.

> **Definition 7.9: Verkettung**
> Sind $f: M_1 \to M_2$ und $g: M_2 \to M_3$ Funktionen, so ist $g \circ f : M_1 \to M_3$ mit
> $g \circ f(a) = g(f(a))$ die *Verkettung* von g und f.

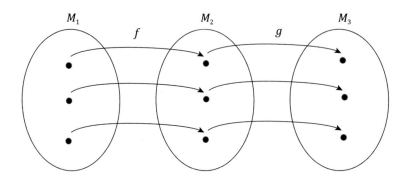

Bemerkung: Das runde Verknüpfungssymbol bräuchten wir an dieser Stelle nicht zusätzlich. Allerdings wird dieses Symbol häufig verwendet, weil es den Verknüpfungsgedanken auch symbolisch widerspiegelt. Daher sei es auch hier eingeführt.

Beispiel:

$f : \mathbb{R} \to \mathbb{R}, f(x) = x^2$
$h : \mathbb{R} \to \mathbb{R}, h(x) = 2x + 1$
$h \circ f(x) = h(x^2) = 2x^2 + 1$
$f \circ h(x) = f(2x + 1) = (2x + 1)^2 = 4x^2 + 4x + 1$

Das Beispiel zeigt, dass die Verkettung von zwei Funktionen nicht kommutativ ist. Wir können also nicht beliebig tauschen bzw. aussuchen, welche Funktion wir zuerst betrachten. ◄

Satz 7.4: Eigenschaften der Verkettungen von Funktionen
Seien $f : M_1 \to M_2$, $g : M_2 \to M_3$, $h : M_3 \to M_4$ Funktionen.
Dann gilt:
(i) Die Verkettung von je zwei Funktionen (z. B. $f \circ g, g \circ h, f \circ h, \ldots$) ist nicht kommutativ.
(ii) Die Verkettung von Funktionen ist assoziativ. Es gilt folglich
$((h \circ g) \circ f)(x) = (h \circ (g \circ f))(x)$

Beweis zu Satz 7.4i):
Zu zeigen: die Verkettung von je zwei Funktionen ist nicht kommutativ

Anmerkung zur Beweisstruktur: Widerspruchsbeweis (per Gegenbeispiel)
Zum Widerspruch sei obiges Beispiel mit $f(x) = x^2$ und $h(x) = 2x + 1$ betrachtet. Dieses Beispiel zeigt, dass die Verknüpfung von zwei Funktionen nicht kommutativ sein muss.

Beweis zu Satz 7.4ii):

Voraussetzung: $f: M_1 \to M_2, g: M_2 \to M_3, h: M_3 \to M_4$ sind Funktionen

Zu zeigen: $((h \circ g) \circ f)(x) = (h \circ (g \circ f))(x)$

Dafür formen wir beide Seiten der Gleichung mit unserem bisherigen Wissen über verkettete Funktionen (dies beschränkt sich auf Definition 7.9, weil Satz 7.4i) hier noch keine Rolle spielt) um:

$$((h \circ g) \circ f)(x) = (h \circ (g \circ f))(x)$$

$$\overset{\text{Def. 7.9}}{\Longleftrightarrow} (h \circ g)(f(x)) = h((g \circ f(x)))$$

$$\overset{\text{Def. 7.9}}{\Longleftrightarrow} h(g(f(x))) = h(g(f(x)))$$

Damit ist gezeigt, dass $((h \circ g) \circ f)(x) = (h \circ (g \circ f))(x)$.

Zwei besondere Relationen: Äquivalenz- und Ordnungsrelation

Die Äquivalenzrelation ist Ihnen bereits in Kap. 6 begegnet.

Definition 7.10: Äquivalenzrelation

Eine Relation $R \subseteq M \times M$ heißt

(i) *reflexiv*, falls $\forall a \in M$ gilt $(a, a) \in R$.

(ii) *symmetrisch*, falls $\forall a, b \in M$ gilt: $(a, b) \in R \Rightarrow (b, a) \in R$.

(iii) *transitiv*, falls $\forall a, b, c \in M$ gilt: $(a, b) \in R \wedge (b, c) \in R \Rightarrow (a, c) \in R$.

(iv) *Äquivalenzrelation*, falls R reflexiv, symmetrisch, transitiv ist.

Natürlich erfüllen nicht alle Relationen all diese Eigenschaften.

Beispiele:

1. $R: \{(x, y) \in \mathbb{N} \times \mathbb{N} | x < y\}$

   R ist transitiv, da:

   $(a, b) \in R \Rightarrow a < b$ d. h., $\exists t_1 \in \mathbb{N} : a + t_1 = b$

   $(b, c) \in R \Rightarrow b < c$ d. h., $\exists t_2 \in \mathbb{N} : b + t_2 = c$

   Wenn man die erste Gleichung in die zweite Gleichung einsetzt, folgt:

   $$\underbrace{(a + t_1)}_{=b} + t_2 = c \Leftrightarrow a + \underbrace{(t_1 + t_2)}_{\in \mathbb{N}} = c$$

   $$\Leftrightarrow a < c$$

   Also: $(a, c) \in R$

   R ist nicht reflexiv, da:

   $(a, a) \notin R$, weil $a \not< a$. Man denke sich für a beispielsweise die Zahl 5. Ein Zahl kann nicht echt kleiner als sie selbst sein ($5 \not< 5$). Diese Eigenschaft gilt für alle natürlichen Zahlen nicht, was aber bei der Reflexivität gefordert wäre.

R ist nicht symmetrisch, da:

$(1,2) \in R$. Da aber $2 \not< 1$, ist $(2,1) \notin R$.

R ist folglich keine Äquivalenzrelation.

2. $a \equiv a + k \cdot b(mod\ b)$ ist eine Äquivalenzrelation (s. Kap. 6) ◄

Definition 7.11: Äquivalenzklasse

Sei $R \subseteq M \times M$ eine Äquivalenzrelation und $a \in M$.

Dann heißt $K_a = \{x \in M | (a,x) \in R\}$ die zu a gehörige *Äquivalenzklasse*.

Bemerkung:

Die in Kap. 6 kennengelernte Restklasse ist somit eine Äquivalenzklasse, insofern die Relation „ist kongruent zu" eine Äquivalenzrelation ist. In Kap. 6 wurden auch einige Eigenschaften von Restklassen gezeigt. Diese gelten nahezu analog für Äquivalenzklassen:

Satz 7.5: Eigenschaften von Äquivalenzklassen und die zu a gehörige Äquivalenzklasse K_a

Sei $R \subseteq M \times M$ eine Äquivalenzrelation.

Dann gilt:

(i) $K_a \neq \emptyset$ (d. h.: Keine Äquivalenzklasse ist leer.)

(ii) $\{x \in M | x \in K_a$ für ein $a \in M\} = M$ (d. h.: Jedes Element aus M liegt in genau einer Äquivalenzklasse.)

(iii) $(a,b) \in R \Leftrightarrow K_a = K_b$ (d. h.: a und b sind äquivalent zueinander genau dann, wenn ihre Klassen nur gemeinsame Elemente haben.)

(iv) $(a,b) \notin R \Leftrightarrow K_a \cap K_b = \emptyset$ (d. h.: a und b sind nicht äquivalent zueinander genau dann, wenn ihre Klassen keine gemeinsamen Elemente haben.)

Der Beweis sei Ihnen als Übung überlassen.

Neben den bereits genannten Eigenschaften von Äquivalenzrelationen (Symmetrie, Reflexivität und Transitivität) gibt es noch andere Eigenschaften, die eine Relation erfüllen kann:

Definition 7.12: Antisymmetrisch, (schwache bzw. starke) Ordnungsrelation, irreflexiv

Eine Relation $R \subseteq M \times M$ heißt:

(i)   *antisymmetrisch*, falls $\forall\, a,b \in M$ gilt $((a,b) \in R \wedge (b,a) \in R) \Rightarrow a = b$ bzw.
      $\forall\, a,b \in M : a \neq b \Rightarrow \neg((a,b) \in R \wedge (b,a) \in R)$.

(ii) *Ordnungsrelation* (*OR*), falls die Relation antisymmetrisch und transitiv ist.

(iii) *irreflexiv*, falls $\forall\, a \in M$ gilt $(a, a) \notin R$.

(iv) *schwache* bzw. *starke Ordnungsrelation*, falls sie eine reflexive bzw. irreflexive Ordnungsrelation ist.

Beispiele:

1. „$\leq$" auf $\mathbb{N}$ ist eine schwache OR.
2. „$<$" auf $\mathbb{N}$ ist eine starke OR.
3. „$\subset$" auf Grundmenge M ist eine starke OR.
4. „$\subseteq$" auf Grundmenge M ist eine schwache OR. ◄

Merkschema

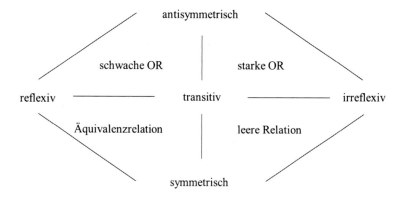

Nachbereitende Übung 7.1:

Aufgabe 1:
Sei $f: A \rightarrow B$ eine Funktion. Wie verhalten sich die Mächtigkeiten der Mengen A und B zueinander, wenn f
a) surjektiv,
b) injektiv,
c) bijektiv
ist?
Begründen Sie Ihre Antwort!

Aufgabe 2:
Sei $f: A \rightarrow B$ eine Funktion. Zeigen oder widerlegen Sie:
a) $f: A \rightarrow f(A)$ ist stets surjektiv.
b) $f: A \rightarrow f(A)$ ist stets injektiv.

Aufgabe 3:

Betrachten Sie die folgenden Relationen:

1. $R: \mathbb{R} \to \mathbb{R}, x \mapsto x^2$
2. $R: \mathbb{N} \to \mathbb{R}, x \mapsto x^2$
3. $R: \mathbb{R} \to \mathbb{N}, x \mapsto x^2$
4. $R: \mathbb{N} \to \mathbb{N}, x \mapsto x^2$

a) Zeigen oder widerlegen Sie, dass die angegebenen Relationen Funktionen sind.

b) Überprüfen Sie bei den in a) als Funktionen bewiesenen Relationen, ob sie injektiv, surjektiv und/oder bijektiv sind. Geben Sie zudem jeweils Definitions-bereich, Wertebereich und Bildmenge an.

Aufgabe 4:

Beweisen Sie die Aussagen i) bis iv) von Satz 7.5:

Sei $R \subseteq M \times M$ eine Äquivalenzrelation und $K_a = \{x \in M \,|\, (a,x) \in R\}$ die zu a gehörige *Äquivalenzklasse*. Dann gilt für alle $a, b \in M$:

i. $K_a \neq \emptyset$

ii. $\{x \in M \,|\, x \in K_a \text{ für ein } a \in M\} = M$

iii. $(a,b) \in R \Leftrightarrow K_a = K_b$

iv. $(a,b) \notin R \Leftrightarrow K_a \cap K_b = \emptyset$

▶ **Tipp:** zu iv): Kontraposition.

Aufgabe 5:

Seien $f: A \to B$ und $g: B \to C$ Funktionen. Zeigen oder widerlegen Sie:

a) (f surjektiv $\wedge$ g surjektiv) $\Rightarrow$ $g \circ f$ surjektiv

b) (f injektiv $\wedge$ g injektiv) $\Rightarrow$ $g \circ f$ injektiv

Aufgabe 6:

Seien A, B Teilmengen von M. Betrachten Sie die Relationen:

a) $R_1 = \{(A,B) \subseteq M \times M \,|\, A \subset B\}$

b) $R_2 = \{(A,B) \subseteq M \times M \,|\, A \subseteq B\}$

Um welche Art von Relation handelt es sich jeweils? Begründen Sie Ihre Antwort.

Aufgabe 7:
In Kap. 4 haben Sie Hasse-Diagramme kennengelernt. Welche Beziehung besteht zwischen Hasse-Diagrammen und Ordnungsrelationen?

Aufgabe 8:
Eine Firma wollte für 120 € Werbegeschenke zu Weihnachten in Form von Champagnerflaschen und kleinen Tannenbäumen kaufen. Die Flaschen kosten im Einkauf 25 €, die Bäume 9 €.

a) Kann die Firma mit der Wunschliste das gesamte Geld verausgaben? Begründen Sie Ihre Antwort.

b) Geben Sie alle Möglichkeiten an, wie viele Werbegeschenke die Firma von jeder Sorte kaufen könnte, um damit das gesamte Geld zu verbrauchen.

c) Stellen Sie die passende Gleichung als Funktion in einem Koordinatensystem dar. Wo finden Sie die Lösungen der Gleichung? Warum liegen sie nur an diesen Stellen? Begründen Sie Ihre Antworten.

Grundbegriffe der Algebra

8

Die (abstrakte) Algebra beschäftigt sich u. a. mit den Eigenschaften von Operationen, die auf gegebenen Mengen möglich sind bzw. sein sollten. Aus der Schulzeit sind vermutlich die sog. algebraischen Termumformungen bekannt. Hierbei verändert man eine gegebene Gleichung derart, bis ein gewünschtes Ergebnis erscheint. Im bisherigen Verlauf dieses Buches trat dies beispielsweise bei dem euklidischen Algorithmus auf.

In diesem Kapitel wird die abstrakte Algebra vorgestellt. Es werden bestimmte Mengen (z. B. die natürlichen Zahlen) mit bestimmten Operationen (z. B. die Multiplikation) betrachtet. Es stellt sich dann die Frage, ob die Operationen gewissen Bedingungen genügen (z. B.: Ist die Multiplikation innerhalb der natürlichen Zahlen kommutativ?). Die Mengen kann man verändern, die Operationen natürlich auch (statt der natürlichen Zahlen mit der Multiplikation könnte man sich auch die rationalen Zahlen mit der Addition ansehen). Mengen und Operationen, die gleichen Eigenschaften genügen, fügen wir in die gleiche Klasse. Der Sinn dieses Vorgehens ist recht einfach und auch im Alltag gebräuchlich: So fügen wir beispielsweise auch Äpfel, Birnen etc. in eine Klasse, um Aussagen über „Obst" machen zu können. Allerdings möchte man auch innerhalb einer Klasse (z. B. Obst) womöglich weitere Unterklassen finden (z. B. Kernobst oder Steinobst).

Im Vergleich zu den vorherigen Kapiteln, in welchen die Teilbarkeit bzw. die Grundlagen der Funktionenlehre thematisiert wurden, wird im Bereich der Algebra deutlich anders gehandelt. In der Mathematik lässt sich häufig beobachten, dass sich viele Strukturen ähneln. So können beispielsweise Zahlen und Abbildungen assoziativ verknüpft werden. Ein Satz über die abstrakte Verknüpfung kann dann in vielen solchen „konkreten" Situationen angewendet werden (s. vorbereitende Übung). Genau diese abstraktere Spielart in der Mathematik ist der Grund, weshalb dieses Kapitel in diesem Buch erscheint. Es wird vorrangig die Frage verfolgt, welche elementaren algebraischen Strukturen es in dem bisherigen Verlauf der vorangegangenen Kapitel gab. Hierzu betrachten wir kein Obst, sondern Mengen (zumeist Zahlbereiche). Diese werden gemeinsam mit bestimmten Operationen (zumeist den Grundrechenarten) verbunden.

© Springer-Verlag GmbH Deutschland, ein Teil von Springer Nature 2023
M. Meyer, *Einführung in die Mathematik für Lehramtskandidat*innen*,
https://doi.org/10.1007/978-3-662-64027-2_8

Vorbereitende Übung 8.1:

Aufgabe 1:
Betrachten Sie folgende Zahlbereiche und Operationen hierauf:
$(\mathbb{N}, +)$, $(\mathbb{Q}, \cdot)$ und $(\mathbb{R}, +, \cdot)$
In welchen Zahlräumen sind mehr Handlungen mit den unten vorgegebenen Operationen möglich?

Z. B.: Sei M der Zahlbereiche wie oben, $a \in M$ und die Operation „+" gegeben.
1. Gilt $\forall a \in M : a + a \in M$?
2. Gilt $\exists x \in M \, \forall a \in M : a + x = a$?
3. Gilt $\forall a \in M \, \exists a' \in M : a + a' = x$? (mit x wie in Frage 2)

Überlegen Sie sich weitere Handlungen (z. B. KG, AG, DG), die in diesen Zahlräumen mit diesen Operationen möglich sind.

Sortieren Sie die Zusammenstellungen von Mengen und Operationen nach der Anzahl der hiermit möglichen Handlungen.

Aufgabe 2:

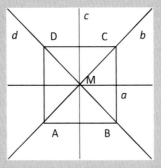

Deckabbildung eines Quadrates: Das Quadrat in der Mitte der obigen Abbildung soll verändert werden: D steht für eine Drehung (gegen den Uhrzeigersinn) um eine gewisse Gradzahl, S steht für eine Spiegelung an einer der Geraden a, b, c oder d. Die Frage ist, was passiert, wenn die verschiedenen Operationen miteinander verkettet werden.

$\circ$	D_0	$D_{90°}$	$D_{180°}$	$D_{270°}$	S_a	S_b	S_c	S_d
D_0	D_0	$D_{90°}$	$D_{180°}$	$D_{270°}$	S_a	S_b	S_c	S_d
$D_{90°}$	$D_{90°}$		$D_{270°}$					
$D_{180°}$	$D_{180°}$							
$D_{270°}$	$D_{270°}$							
S_a	S_a							
S_b	S_b							
S_c	S_c							
S_d	S_d							

1. Füllen Sie die Tabelle aus.
2. Existiert zu a ein x bzw. a', sodass
   i) $a \circ x = a$?
   ii) $a \circ a' = x$? (wobei x wie in i)
3. Ist die Hintereinanderausführung von Drehungen und/oder Spiegelungen kommutativ?
4. Ist die Hintereinanderausführung von Drehungen und/oder Spiegelungen assoziativ?

Elementare algebraische Strukturen

Wie schon erwähnt, werden innerhalb der Algebra verschiedene Mengen mit Operationen verbunden. Durch einige Definitionen seien im Folgenden sehr elementare Klassen eingeführt. Zunächst beginnen wir bei einem Verknüpfungsgebilde:

Definition 8.1: Verknüpfungsgebilde, Halbgruppe

Eine nicht leere Menge M, auf der eine Verknüpfung $\circ : M \times M \to M$ erklärt ist, heißt *Verknüpfungsgebilde* $(M, \circ)$.
Wenn für dieses Verknüpfungsgebilde das Assoziativgesetz gilt, dann spricht man von einer *Halbgruppe:* $\forall a, b, c \in M: a \circ (b \circ c) = (a \circ b) \circ c$.

Bemerkung:

Eine Verknüpfung $\circ$ auf einer Menge M ist eine Abbildung $\circ$ von $M \times M \to M$. Statt der bei Abbildungen üblichen Schreibweise $\circ(a, b) = c$ kann man auch einfach schreiben: $a \circ b = c$. Ein Verknüpfungsgebilde (und damit auch die darauf aufbauenden Strukturen) ist per Definition abgeschlossen. Dies bedeutet, dass, wenn zwei Elemente der Menge miteinander verknüpft werden, das Ergebnis der Verknüpfung ebenfalls in der Menge enthalten ist. Hinsichtlich solcher Betrachtungen, ebenso wie auf die Nachweise der Rechengesetze (Assoziativgesetz, Kommutativgesetz, Distributivgesetz), sei auf Lehrwerke der Algebra verwiesen.

Beispiele:

(a) aus der Arithmetik

    i) Das Verknüpfungsgebilde $(\mathbb{Z}, +)$ oder anders $+ : \mathbb{Z} \times \mathbb{Z} \to \mathbb{Z}$ erklärt z. B. die Rechnung: $3 + 4 = 7$. Das bedeutet, dass das Paar $(3, 4)$ unter der Verknüpfung „$+$" 7 erzeugt. Da hierfür das Assoziativgesetz gilt (s. Kap. 6), können wir auch von einer Halbgruppe sprechen. Später sehen wir, dass auch mehr erfüllt ist.

    ii)

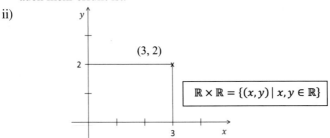

    iii) Ein weiteres Verknüpfungsgebilde ist $(\mathbb{N}, \cdot)$. Auf der Menge $\mathbb{N}$ ist die Verknüpfung „$\cdot$" definiert. Damit sind auch Rechnungen wie $3 \cdot 4 = 12$ oder in anderer Schreibweise $(3, 4) = 12$ definiert. Ebenso wie zuvor können wir auch hier von einer Halbgruppe sprechen.

    iv) $(\mathbb{R} \backslash \{0\}, :)$ mit z. B. $12 : 3 = 4$

    v) $(\mathbb{N}, :)$ ist **kein** Verknüpfungsgebilde, da die Ergebnisse nach der Verknüpfung nicht alle in der Menge $\mathbb{N}$ liegen. Nehmen Sie als Beispiel: $3 : 4 = \frac{3}{4} \notin \mathbb{N}$.

(b) aus der Geometrie

Deckabbildungen eines Quadrates

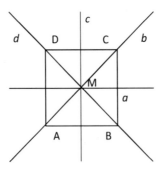

Diese Abbildung legt die Bezeichnung der Spiegelachsen und Drehpunkte fest.

Dass die Verknüpfungen zweier Deckabbildungen wiederum bei den Deck-abbildungen enthalten sind, deuten folgende „Gleichungen" an (D: Drehung, S: Spiegelung):

$S \circ S = D$

$D \circ D = D$

$D \circ S = S$

$S \circ D = S$

Z.B.: Zwei Spiegelungen miteinander verknüpft ergeben eine Drehung. Zwei Drehungen miteinander verknüpft ergeben eine (neue) Drehung. (s. S. 185f.)

iii) aus der Funktionenlehre

M: Menge aller Funktionen von $\mathbb{R}$ nach $\mathbb{R}$
$\circ$: Verkettung der Funktionen

$$f(x) = x^2 \quad g(x) = \sin(x)$$
$$g \circ f(x) = g(x^2) = \sin(x^2)$$

Satz 7.4 sagte aus, dass die Verkettung von Funktionen assoziativ ist. Damit ist diese Menge eine Halbgruppe. ◄

Ein Verknüpfungsgebilde ist lediglich eine nicht leere Menge mit einer Ver-knüpfung, die in dieser Menge definiert ist. Bei einer Halbgruppe wird zusätzlich die Gültigkeit des Assoziativgesetzes gefordert. Im nächsten Schritt fordern wir noch die Existenz sog. neutraler Elemente.

Definition 8.2: Monoid
Ein Verknüpfungsgebilde $(M, \circ)$ ist ein *Monoid*, falls:
i) $\forall a, b, c \in M$ gilt: $a \circ (b \circ c) = (a \circ b) \circ c$. Das Assoziativgesetz gilt [AG].
ii) $\exists e \in M \, \forall a \in M: e \circ a = a = a \circ e$. Es existiert ein neutrales Element [nE].

Beispiele:

$(\mathbb{Z}, \cdot)$ und $(\mathbb{N}, \cdot)$ sind Monoide. Das neutrale Element in beiden Gruppen ist das Einselement „1", denn $1 \in \mathbb{N}$ und $\forall a \in \mathbb{N}: 1 \cdot a = a = a \cdot 1$ bzw. $1 \in \mathbb{Z}$ und $\forall a \in \mathbb{Z}$ $1 \cdot a = a = a \cdot 1$. ◄

Wenn nun neben dem Assoziativgesetz und dem neutralen Element auch die Existenz von Elementen gilt, welche die Verknüpfungsoperation egalisieren (das soll heißen, dass es für jedes Element aus der Menge ein Element aus der Menge gibt, welche zusammen verknüpft das neutrale Element erzeugen), dann spricht man von einer Gruppe.

Definition 8.3: Gruppe

Ein Verknüpfungsgebilde $(G, \circ)$ ist eine *Gruppe*. Falls:

i) $\forall a, b, c \in G$ gilt: $(a \circ b) \circ c = a \circ (b \circ c)$
     (Das Assoziativgesetz [AG] gilt.)

ii) $\exists e \in G$, sodass $\forall a \in G$ gilt: $e \circ a = a = a \circ e$
     (Existenz eines neutralen Elements [nE])

iii) $\forall a \in G \, \exists \, a' \in G$, sodass gilt: $a \circ a' = e = a' \circ a$
     (Existenz inverser Elemente [iE])

Bemerkung (ohne Beweise):

1) In einer Gruppe und in einem Monoid ist das neutrale Element bzgl. einer konkreten Verknüpfung *eindeutig* bestimmt.

2) In einer Gruppe ist für jedes Element $a \in G$ das inverse Element *eindeutig* bestimmt.

3) Ist $\circ$ eine Addition, so bezeichnet man e als *Nullelement* und das zu a inverse Element mit $-a$.

4) Ist $\circ$ eine Multiplikation, so bezeichnet man e als *Einselement* und das zu a inverse Element mit a^{-1}.

Definition 8.4: Abel'sche Gruppe

Eine Gruppe $(G, \circ)$ heißt *abelsch* (oder *kommutativ*), wenn zusätzlich das Kommutativgesetz [KG] gilt: $\forall a, b \in G : a \circ b = b \circ a$.

Beispiele:

1) $(\mathbb{Z}, +)$ ist eine Abel'sche Gruppe.
   - Das Assoziativgesetz und das Kommutativgesetz gelten (s. Voraussetzung in Kap. 6).
   - Das neutrale Element ist: $e = 0$ und $0 \in \mathbb{Z}$.
   - Das inverse Element zu a ist $-a$ und $-a \in \mathbb{Z}$ (s. Zahlbereichserweiterung von $\mathbb{N}$ nach $\mathbb{Z}$).

2) $(\mathbb{R} \backslash \{0\}, \cdot)$ ist eine Abel'sche Gruppe.
   - Das Assoziativgesetz und das Kommutativgesetz gelten (dies setzen wir hier voraus).
   - Das neutrale Element ist: $e = 1$ und $1 \in \mathbb{R} \backslash \{0\}$.
   - Das inverse Element zu: a ist $\frac{1}{a}$ und $\frac{1}{a} \in \mathbb{R} \backslash \{0\}$.

3) Warum wurde soeben die 0 ausgeschlossen? Was ist also mit $(\mathbb{R}, \cdot)$? Handelt es sich hierbei um eine Gruppe?
   - $(\mathbb{R}, \cdot)$ ist keine Gruppe, denn 0 besitzt kein multiplikativ Inverses.

4) $(\mathbb{Q}, -)$ ist keine Gruppe, da das Assoziativgesetz nicht erfüllt ist.

Beispiel: $\underbrace{(3 - 2) - 1}_{=0} \neq \underbrace{3 - (2 - 1)}_{=2}$

5) M bezeichne die Menge aller Funktionen $f \colon \mathbb{R} \to \mathbb{R}$

$\circ$ sei die Verkettung von Funktionen

Handelt es sich hierbei um eine Gruppe, Halbgruppe oder ein Monoid?

– Das Assoziativgesetz gilt (s. Satz 7.4).
– Als neutrales Element kann die Funktion $f(x) = x$ betrachtet werden, insofern sich hierdurch keine Änderungen bei Verknüpfungen ergeben.
– Satz 7.3 zeigte, dass es nicht zu jeder Funktion eine Umkehrfunktion gibt. Es gibt also nicht zu jeder Funktion ein inverses Element.

Entsprechend handelt es sich hierbei um ein Monoid und keine Gruppe. ◀

Beispiel aus der Geometrie:

$(G_Q, \circ)$ bezeichne die Deckabbildungen eines Quadrates mit der Verkettung von Drehungen und/oder Spiegelungen als Verknüpfung.
Es soll gezeigt werden, dass $(G_Q, \circ)$ eine Gruppe ist.

Wir brauchen [AG], [nE] und [iE].
Gegeben ist ein Quadrat. Es gibt folgende Spiegelungen und Drehungen: $S_a, S_b, S_c, S_d, D_{90}, D_{180}, D_{270}, D_0$ (s. Abbildung unten bzw. vorbereitende Übung).
Beispielhaft wenden wir zwei Deckabbildungen an:

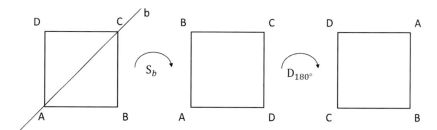

Es gilt sogar:

$$D_{180°} \circ S_b = S_d$$
$$S_b \circ D_{180°} = S_d$$

Das neutrale Element der Gruppe ist D_0, die identische Abbildung durch Drehung um 0 Grad. Durch die Drehung um $0°$ verändert sich die zuerst durchgeführte Deckabbildung nicht (s. Tabelle unten).

Die Verknüpfung von zueinander inversen Elementen muss immer das neutrale Element ergeben. Diese inversen Elemente existieren für alle Drehungen und Spiegelungen: Spiegelachsen sind jeweils zu sich selbst inverses Element (durch eine Spiegelung wird etwas auf die andere Seite gebracht, durch die Rückspiegelung wieder zurück). Bei den Drehungen suchen wir die Differenz zu 360°, denn dadurch wird das Quadrat quasi einmal um sich selbst gedreht und befindet sich damit wieder in der Ausgangslage. An Beispielen: $S_a^{-1} = S_a$; $(D_{270})^{-1} = D_{90}$

Zuletzt muss noch die Gültigkeit des Assoziativgesetzes geprüft werden. Hierzu sei der Einfachheit halber auf die folgende Tabelle verwiesen.

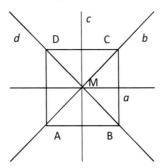

∘	D_0	$D_{90°}$	$D_{180°}$	$D_{270°}$	S_a	S_b	S_c	S_d
D_0	D_0	$D_{90°}$	$D_{180°}$	$D_{270°}$	S_a	S_b	S_c	S_d
$D_{90°}$	$D_{90°}$	$D_{180°}$	$D_{270°}$	$D_{0°}$	S_b	S_c	S_d	S_a
$D_{180°}$	$D_{180°}$	$D_{270°}$	$D_{0°}$	$D_{90°}$	S_c	S_d	S_a	S_b
$D_{270°}$	$D_{270°}$	$D_{0°}$	$D_{90°}$	$D_{180°}$	S_d	S_a	S_b	S_c
S_a	S_a	S_d	S_c	S_b	$D_{0°}$	$D_{270°}$	$D_{180°}$	$D_{90°}$
S_b	S_b	S_a	S_d	S_c	$D_{90°}$	$D_{0°}$	$D_{270°}$	D_{180}°
S_c	S_c	S_b	S_a	S_d	$D_{180°}$	$D_{90°}$	$D_{0°}$	$D_{270°}$
S_d	S_d	S_c	S_b	S_a	$D_{270°}$	$D_{180°}$	$D_{90°}$	$D_{0°}$

◀

Satz 8.1: Lösen von Gleichungen in Gruppen

$(G, \circ)$ sei eine Gruppe. Dann sind die Gleichungen

i) $a \circ x = b$

ii) $y \circ a = b$

für alle $a, b \in G$ eindeutig lösbar.

Bemerkung: Dieser Satz sagt im Grunde nichts anderes aus, als dass eine Umkehroperation (s. Kap. 7) existiert.

Beispiele:

1) $(\mathbb{Z}, +)$: $a + x = b$ mit $x = b - a$ und $y + a = b$ mit $y = b - a$

2) $(\mathbb{R}\backslash\{0\}, \cdot)$: $a \cdot x = b$ mit $x = \frac{b}{a}$ und $y \cdot a = b$ mit $y = \frac{b}{a}$ ◄

Beweis zu Satz 8.1i):

Voraussetzung: $(G, \circ)$ ist eine Gruppe (d. h. Assoziativgesetz kann angewendet werden, es gibt inverse Elemente zu jedem Element und es gibt ein neutrales Element)

Zu zeigen: $\forall\, a, b \in G$ ist $a \circ x = b$ eindeutig lösbar

Sei a' das inverse Element bzgl. $\circ$ zu a.

Wenn wir nun $x = a' \circ b$ setzen, dann gilt:

$$a \circ x = a \circ \overset{[AG]}{\left(a' \circ b\right)} = \underbrace{\overset{[iE]}{\left(a \circ a'\right)}}_{=e} \circ b = \overset{[nE]}{e \circ b} = b$$

Also ist $x = a' \circ b$ eine Lösung der Gleichung $a \circ x = b$.

Woher kommt aber $x = a' \circ b$? Wiederum lässt sich dies durch eine Rückwärtsbetrachtung erkennen: Wir können die Lösung b durch den Term $e \circ b$ (in einer Gruppe gibt es ein neutrales Element) ausdrücken. Dieses neutrale Element e wird dann in $a \circ a'$ (in einer Gruppe gibt es zu jedem Element der Gruppe ein neutrales Element) umgeschrieben. Durch Nutzung des Assoziativgesetzes kann man dann ermitteln, wie das x auszusehen hat. Dies sei nun im Beweis der Eindeutigkeit formal gezeigt.

Nun zum zweiten Teil des Beweises, die Eindeutigkeit der Lösung:

$a' \circ b$ ist die eindeutige Lösung der Gleichung $a \circ x = b$, denn es gilt:

$$a \circ x = b$$

$\Leftrightarrow a' \circ (a \circ x) = a' \circ b$ (beide Seiten werden mit a', dem zu a inversen Element, verknüpft)

$$\overset{AG}{\Leftrightarrow} \underbrace{(a' \circ a)}_{=e} \circ x = a' \circ b$$

$$\overset{iE}{\Leftrightarrow} e \circ x = a' \circ b$$

$$\overset{nE}{\Leftrightarrow} x = a' \circ b$$

Anders formuliert: Durch Äquivalenzumformungen können wir den Ausdruck für x erzeugen. Entsprechend ist dies die eindeutige Lösung.

Beweis zu Satz 8.1ii):

Analog zu i)

Während mit Monoiden und (Abel'schen) Gruppen immer nur Mengen betrachtet wurden, für die eine Verknüpfung definiert ist, werden im Folgenden Mengen mit zwei Verknüpfungen betrachtet:

Definition 8.5: Ring

Ein *Ring* $(R, *, \circ)$ ist eine Menge R mit zwei zweistelligen Verknüpfungen $*$ und $\circ$, sodass:

i) $(R, *)$ ist eine Abel'sche Gruppe.

ii) $(R, \circ)$ ist eine Halbgruppe

iii) $\forall a, b, c \in R$ gilt:

$a \circ (b * c) = (a \circ b) * (a \circ c)$ und

$(b * c) \circ a = (b \circ a) * (c \circ a)$ (d. h., die Distributivgesetze [DG] gelten)

Bemerkung und Beispiel:

$(\mathbb{Q}, +, \cdot)$ ist ein Ring

- $(\mathbb{Q}, +)$ ist eine Abel'sche Gruppe: AG und KG gelten, $0 \in \mathbb{Q}$ (nE $+$), $-a \in \mathbb{Q}$ (iE $+$)
- $(\mathbb{Q}, \cdot)$ ist ein Monoid: Es gilt AG, $1 \in \mathbb{Q}$ (nE $\cdot$)

  $\forall a, b, c \in \mathbb{Q}$ gilt: $a \cdot (b + c) = (a \cdot b) + (a \cdot c)$

  Anders formuliert: Im Ring $(\mathbb{Q}, +, \cdot)$ lassen sich die Distributiv-gesetze entsprechend der Definition eines Ringes anwenden. Jedoch: $1, 2, 3 \in \mathbb{Q}$: $2 + (3 \cdot 1) \neq (2 + 3) \cdot (2 + 1)$

  $(\mathbb{Q}, \cdot, +)$ ist demnach kein Ring.

Weitere Beispiele:

1) $(\mathbb{N}, +, \cdot)$ ist kein Ring, weil es nicht zu jedem Element ein inverses Element gibt.
   - $(\mathbb{N}, +)$ hat kein neutrales Element, und daher ist $(\mathbb{N}, +)$ keine Abel'sche Gruppe.
   - $(\mathbb{N}, \cdot)$ hat kein inverses Element, außer das Einselement, welches zu sich selbst invers ist. $(\mathbb{N}, \cdot)$ ist keine Abel'sche Gruppe.

2) $(\mathbb{Z}, +, \cdot)$ ist ein Ring
   - $(\mathbb{Z}, \cdot)$ besitzt keine inversen Elemente, außer 1 und -1, die zu sich selbst invers sind: $\left(2 \cdot \frac{1}{2} = 1,\ \text{aber } \frac{1}{2} \notin \mathbb{Z}\right)$.
   - $(\mathbb{Z}, \cdot)$ ist ein Monoid (s. oben), neutrales Element bzgl. „$\cdot$" ist 1
   - $(\mathbb{Z}, +)$: inverses Element zu a bzgl. $+$ in $\mathbb{Z}$: $-a$, weil $a + (-a) = 0$, und 0 ist neutrales Element bzgl. „$+$". Die Abgeschlossenheit bezüglich der Ver-knüpfung sowie AG und KG setzen wir voraus. Damit haben wir eine Abel'sche Gruppe.
   - Das Distributivgesetz setzen wir wie bereits in Kap. 6 voraus. ◄

Im Vergleich zu den bisherigen Definitionen kann man für die zweite Verknüpfung auch mehr als nur ein Halbgruppe fordern:

> **Definition 8.6: Körper**
> $(K, *, \circ)$ mit einer Menge K und zwei Verknüpfungen $*$ und $\circ$ auf K heißt *Körper*, wenn gilt:
> i) $(K, *)$ ist eine Abel'sche Gruppe.
> ii) $(K \setminus \{e^*\}, \circ)$ ist eine Abel'sche Gruppe, wobei e^* das neutrale Element in $(K, *)$ ist.
> iii) Die Distributivgesetze gelten.

Beispiel:

Die Restklassen modulo m: $\mathbb{Z}_m$ mit den Verknüpfungen $\odot$ und $\oplus$:
Mit der Bezeichnung $\mathbb{Z}_5 = \{\overline{1}, \overline{2}, \overline{3}, \overline{4}, \overline{0}\}$ fassen wir die Restklassen des Moduls 5 zusammen. Generell wird $\mathbb{Z}_m$ auch als die Menge der *Restklassen modulo m* bezeichnet.
Die Menge der Restklassen $\mathbb{Z}_5$ lässt sich wie folgt tabellarisch darstellen:

$\overline{1}$	$\overline{2}$	$\overline{3}$	$\overline{4}$	$\overline{0}$
...	...	...	...	...
-4	-3	-2	-1	0
1	2	3	4	5
6	7	8	9	10
11	12	13	14	15
16	17	18	19	20
...	...	...	...	...

Wir definieren uns nun eine erste Operation für diese Elemente: Mit „Spalten" und „Zeilen" wird nun wie folgt gerechnet: $\overline{a} \odot \overline{b} := \overline{a \cdot b}$.

Nehmen wir als Beispiel $\overline{3} \odot \overline{3} = \overline{3 \cdot 3} = \overline{9} := \overline{4}$. Der oben stehenden Tabelle ist zu entnehmen, dass 9 zur Restklasse $\overline{4}$ gehört. Unter der Verknüpfung $\odot$ entsteht folgende Tabelle:

$\odot$	$\overline{1}$	$\overline{2}$	$\overline{3}$	$\overline{4}$	$\overline{0}$
$\overline{1}$	$\overline{1}$	$\overline{2}$	$\overline{3}$	$\overline{4}$	$\overline{0}$
$\overline{2}$	$\overline{2}$	$\overline{4}$	$\overline{1}$	$\overline{3}$	$\overline{0}$
$\overline{3}$	$\overline{3}$	$\overline{1}$	$\overline{4}$	$\overline{2}$	$\overline{0}$
$\overline{4}$	$\overline{4}$	$\overline{3}$	$\overline{2}$	$\overline{1}$	$\overline{0}$
$\overline{0}$	$\overline{0}$	$\overline{0}$	$\overline{0}$	$\overline{0}$	$\overline{0}$

Als Nächstes definieren wir eine zweite Verknüpfung $\oplus$: $\overline{a} \oplus \overline{b} := \overline{a + b}$. Hier entsteht folgende Verknüpfungstabelle:

$\oplus$	$\overline{1}$	$\overline{2}$	$\overline{3}$	$\overline{4}$	$\overline{0}$
$\overline{1}$	$\overline{2}$	$\overline{3}$	$\overline{4}$	$\overline{0}$	$\overline{1}$
$\overline{2}$	$\overline{3}$	$\overline{4}$	$\overline{0}$	$\overline{1}$	$\overline{2}$
$\overline{3}$	$\overline{4}$	$\overline{0}$	$\overline{1}$	$\overline{2}$	$\overline{3}$
$\overline{4}$	$\overline{0}$	$\overline{1}$	$\overline{2}$	$\overline{3}$	$\overline{4}$
$\overline{0}$	$\overline{1}$	$\overline{2}$	$\overline{3}$	$\overline{4}$	$\overline{0}$

$\oplus$ und $\odot$ (auch „Kreisaddition" bzw. „Plusverknüpfung" und „Kreismultiplikation" bzw. „Malverknüpfung" genannt) sind Verknüpfungen (Operationen) auf $\mathbb{Z}_5 = \{\overline{1}, \overline{2}, \overline{3}, \overline{4}, \overline{0}\}$. An den Tabellen lässt sich die Abgeschlossenheit (die haben wir bisher nicht betrachtet) gut erkennen: Werden zwei Elemente aus $\mathbb{Z}_5$ unter den obigen Anweisungen für $\oplus$ und $\odot$ verknüpft, so ist das Ergebnis jeweils wieder in $\mathbb{Z}_5$.

Nun stellt sich die Frage, ob es sich um Verknüpfungen handelt (u. a. auch, ob diese eindeutig sind). Dies sei für den allgemeinen Restklassenmodul $\mathbb{Z}_m$ gezeigt. Hierbei definieren wir sogleich unsere Operationen.

> **Definition 8.7 und Satz 8.2: Additive und multiplikative Verknüpfung im Restklassen-modul**
> $\mathbb{Z}_m = \{\overline{0}, \overline{1}, \ldots, \overline{m-1}\}$
> a) $\oplus$: $\mathbb{Z}_m \times \mathbb{Z}_m \to \mathbb{Z}_m$ mit $\overline{a} \oplus \overline{b} = \overline{a+b}$ ist eine Verknüpfung.
> b) $\odot$: $\mathbb{Z}_m \times \mathbb{Z}_m \to \mathbb{Z}_m$ mit $\overline{a} \odot \overline{b} = \overline{a \cdot b}$ ist eine Verknüpfung.

Beweis zu Satz 8.2a):
Voraussetzung: $\mathbb{Z}_m = \{\overline{0}, \overline{1}, \ldots, \overline{m-1}\}$, $\mathbb{Z}_m \times \mathbb{Z}_m \to \mathbb{Z}_m$
Zu zeigen: $\overline{a} \oplus \overline{b} = \overline{a+b}$ ist eine Verknüpfung

Das bedeutet: $\overline{a'} = \overline{a}$ und $\overline{b'} = \overline{b} \Rightarrow \overline{a+b} = \overline{a'+b'}$
(Anders ausgedrückt: Behauptet wird hier, dass eine Verknüpfung bei gegebenen Eingabewerten einen bestimmten Ausgabewert erzeugt. Dieser wiederum darf nur von den Eingabewerten abhängen.)

Gelte: $\overline{a'} = \overline{a}$ und $\overline{b'} = \overline{b}$
$\Rightarrow a \equiv a' (mod\ m)$ und $b \equiv b' (mod\ m) \overset{\text{Verknüpfungsregel(Satz 6.7)}}{\Longrightarrow} a+b \equiv a'+b' (mod\ m)$
$\Rightarrow \overline{a+b} = \overline{a'+b'}$

Beweis zu Satz 8.2b):
Analog zu a)

Im Folgenden wird nun geprüft, welche algebraische Struktur bei $(\mathbb{Z}_m, \oplus, \odot)$ vorliegt.

Hierzu werden die Kombinationen der Menge mit der jeweiligen Verknüpfung einzeln hinsichtlich ihrer Eigenschaften durchgegangen. Ziel ist es, zu prüfen, ob $(\mathbb{Z}_m, \oplus, \odot)$ ein Körper ist. Entsprechend Definition 8.6 müssen hierzu $(\mathbb{Z}_m, \oplus)$ und $(\mathbb{Z}_m, \odot)$ einzeln betrachtet werden.

Satz 8.3: $(\mathbb{Z}_m, \oplus)$ **als Abel'sche Gruppe**
$(\mathbb{Z}_m, \oplus)$ ist eine Abel'sche Gruppe.

Beweis zu Satz 8.3:
Zu zeigen: $(\mathbb{Z}_m, \oplus)$ ist eine Abel'sche Gruppe

Bemerkung: Entsprechend unserer bisherigen Definitionen (Definition 8.4 und darin enthaltene) über die Eigenschaften einer Abel'schen Gruppe ist für $(\mathbb{Z}_m, \oplus)$ zu zeigen:
a) Abgeschlossenheit
b) Assoziativgesetz
c) Existenz eines neutralen Elementes
d) Existenz inverser Elemente
e) Kommutativgesetz

Diese Eigenschaften werden im Folgenden nacheinander betrachtet:

a) Abgeschlossenheit
   vgl. Satz 8.2a (Eine Verknüpfung $Z_m \times Z_m \rightarrow Z_m$ ist immer abgeschlossen).

b) Assoziativgesetz
   Voraussetzung: $\overline{a}, \overline{b}, \overline{c} \in \mathbb{Z}_m$
   Zu zeigen: $(\overline{a} \oplus \overline{b}) \oplus \overline{c} = \overline{a} \oplus (\overline{b} \oplus \overline{c})$

$$(\overline{a} \oplus \overline{b}) \oplus \overline{c} \overset{\text{Def.}\oplus}{=} \overline{a+b} \oplus \overline{c} \overset{\text{Def.}\oplus}{=} \overline{(a+b)+c} \overset{AG \text{ in } \mathbb{Z}}{=} \overline{a+(b+c)}$$

$$\overset{\text{Def.}\oplus}{=} \overline{a} \oplus \overline{(b+c)} \overset{\text{Def.}\oplus}{=} \overline{a} \oplus (\overline{b} \oplus \overline{c})$$

c) Existenz eines neutralen Elementes

Voraussetzung:

$\bar{a} \in \mathbb{Z}_m$

Zu zeigen: $\bar{a} \oplus \bar{0} = \bar{a}$ und $\bar{0} \oplus \bar{a} = \bar{a}$

$$\bar{a} \oplus \bar{0} \overset{\text{Def.} \oplus}{=} \overline{a+0} = \bar{a} \quad \text{und} \quad \bar{0} \oplus \bar{a} \overset{\text{Def.} \oplus}{=} \overline{0+a} = \bar{a}$$

d) Existenz inverser Elemente

Voraussetzung:

$\bar{a} \in \mathbb{Z}_m$

Zu zeigen: $\overline{-a}$ ist invers zu $\bar{a}$

$$\bar{a} \oplus \left(\overline{-a} \right) \overset{\text{Def.} \oplus}{=} \overline{a+(-a)} = \bar{0}$$

e) Kommutativgesetz

Voraussetzung:

$\bar{a}, \bar{b} \in \mathbb{Z}_m$

Zu zeigen: $\bar{a} \oplus \bar{b} = \bar{b} \oplus \bar{a}$

$$\bar{a} \oplus \bar{b} \overset{\text{Def.} \oplus}{=} \overline{a+b} \overset{KG \text{ in } \mathbb{Z}}{=} \overline{b+a} \overset{\text{Def.} \oplus}{=} \bar{b} \oplus \bar{a}$$

Problem:

$\left(\mathbb{Z}_m \backslash \{ \bar{0} \}, \odot \right)$ muss für $m \in \mathbb{N} \backslash \{1\}$ keine Abel'sche Gruppe sein.

Zur Begründung gehen wir die einzelnen Eigenschaften eines Körpers durch:

Die Abgeschlossenheit bzgl. der Restklassenmultiplikation folgt aus Satz 8.2.

Das Assoziativgesetz lässt sich wie oben zeigen:

Voraussetzung: $\bar{a}, \bar{b}, \bar{c} \in \mathbb{Z}_m \backslash \{ \bar{0} \}$

Zu zeigen: $\left(\bar{a} \odot \bar{b} \right) \odot \bar{c} = \bar{a} \odot \left(\bar{b} \odot \bar{c} \right)$

$\left(\bar{a} \odot \bar{b} \right) \odot \bar{c}$

$\overset{\text{Def.} \odot}{=} \overline{a \cdot b} \odot \bar{c}$

$\overset{\text{Def.} \odot}{=} \overline{(a \cdot b) \cdot c}$

$\overset{AG \text{ in } \mathbb{Z}}{=} \overline{a \cdot (b \cdot c)}$

$\overset{\text{Def.} \odot}{=} \bar{a} \odot \overline{(b \cdot c)}$

$\overset{\text{Def.} \odot}{=} \bar{a} \odot \left(\bar{b} \odot \bar{c} \right)$

Also gilt das Assoziativgesetz in $\left(\mathbb{Z}_m \backslash \{\overline{0}\}, \odot\right)$.

Hinsichtlich der Verknüpfung $\odot$ existiert in $\left(\mathbb{Z}_m \backslash \{\overline{0}\}, \odot\right)$ auch das *neutrale Element*, da:
Voraussetzung: $\overline{a} \in \mathbb{Z}_m$
Zu zeigen: $\overline{a} \odot \overline{1} = \overline{a}$ und $\overline{1} \odot \overline{a} = \overline{a}$

$$\overline{a} \odot \overline{1} \overset{\text{Def.}\odot}{=} \overline{a \cdot 1} = \overline{a} \text{ und } \overline{1} \odot \overline{a} \overset{\text{Def.}\odot}{=} \overline{1 \cdot a} = \overline{a}$$

Damit ist $\overline{1}$ das neutrale Element in $\left(\mathbb{Z}_m \backslash \{\overline{0}\}, \odot\right)$.

In $\left(\mathbb{Z}_m \backslash \{\overline{0}\}, \odot\right)$ gilt das Kommutativgesetz:
Voraussetzung: $\overline{a}, \overline{b} \in \mathbb{Z}_m \backslash \{\overline{0}\}$
Zu zeigen: $\overline{a} \odot \overline{b} = \overline{b} \odot \overline{a}$

$$\overline{a} \odot \overline{b} \overset{\text{Def.}\odot}{=} \overline{a \cdot b} \overset{KG \text{ in } \mathbb{Z}}{=} \overline{b \cdot a} \overset{\text{Def.}\odot}{=} \overline{b} \odot \overline{a}$$

Es gelten sogar die Distributivgesetze in $(\mathbb{Z}_m, \oplus, \odot)$. Dies sei beispielhaft an einem durchgeführt (das andere folgt aus der Kommutativität der Multiplikation):

Voraussetzung: $\overline{a}, \overline{b}, \overline{c} \in (\mathbb{Z}_m, \oplus, \odot)$
Zu zeigen: $\overline{a} \odot (\overline{b} \oplus \overline{c}) = (\overline{a} \odot \overline{b}) \oplus (\overline{a} \odot \overline{c})$

$\overline{a} \odot (\overline{b} \oplus \overline{c})$

Def.$\oplus$
$\quad = \quad \overline{a} \odot (\overline{b + c})$

Def.$\odot$
$\quad = \quad \overline{a \cdot (b + c)}$

DG in $\mathbb{Z}$
$\quad = \quad \overline{(a \cdot b) + (a \cdot c)}$

Def.$\oplus$
$\quad = \quad \overline{(a \cdot b)} \oplus \overline{(a \cdot c)}$

Def.$\odot$
$\quad = \quad (\overline{a} \odot \overline{b}) \oplus (\overline{a} \odot \overline{c})$

Das Problem taucht nun bei den inversen Elementen auf:

Betrachten wir hierzu beispielhaft in $\mathbb{Z}_4$ die Restklasse $\overline{2}$. Es gibt kein $\overline{x} \in \mathbb{Z}_4$ mit $\overline{x} \odot \overline{2} = \overline{1}$. Es muss also nicht immer ein multiplikativ Inverses in $\mathbb{Z}_m$ geben.

Wir könnten uns nun überlegen, woran dieses Problem liegen könnte: Ziemlich sicher sind zumindest diejenigen Restklassen problematisch, welche Teiler des Moduls sind. Eine Lösung könnte die Nutzung von Primzahlen $p \in \mathbb{P}$ und damit die Betrachtung von $\mathbb{Z}_p$ sein. Hierzu wissen wir, dass die Restklassen (mit Ausnahme der unproblematischen Restklasse $\overline{1}$) keine Teiler von p sind. Wir werden etwas allgemeiner folgenden Satz beweisen:

Satz 8.4 Restklassenmodul und *ggT*

Sei $\overline{a} \in (\mathbb{Z}_m \backslash \{\overline{0}\}, \odot)$. $\overline{a}$ besitzt genau dann ein multiplikativ Inverses bzgl. $\odot$, wenn a und m teilerfremd sind, also $(ggT(a, m) = 1)$.

Beweis zu Satz 8.4:

Voraussetzung: $\overline{a} \in (\mathbb{Z}_m \backslash \{\overline{0}\}, \odot)$

Zu zeigen: $\overline{a} \in (\mathbb{Z}_m \backslash \{\overline{0}\}, \odot)$ besitzt ein multiplikativ Inverses $\Leftrightarrow ggT(a, m) = 1$

Bemerkung zur Beweisstruktur: Beide Richtungen der Äquivalenz werden getrennt betrachtet und jeweils werden direkte Beweise durchgeführt.

„$\Rightarrow$"

Voraussetzung: $\overline{x}$ sei multiplikativ Inverses zu $\overline{a} \in (\mathbb{Z}_m \backslash \{\overline{0}\}, \odot)$

Zu zeigen: a und m sind teilerfremd

Sei $\overline{a} \in (\mathbb{Z}_m \backslash \{\overline{0}\}, \odot)$ mit

$\overline{a} \cdot \overline{x} = \overline{1}$

$\overset{\text{Satz 6.8}}{\Longleftrightarrow} a \cdot x \equiv 1 (mod\ m)$

$\overset{\text{Def. 6.5}}{\Longleftrightarrow} m | (a \cdot x - 1)$

$\overset{\text{Def.6.4}}{\Longleftrightarrow} \exists\ t \in \mathbb{Z}: m \cdot t = a \cdot x - 1$

$\Leftrightarrow a \cdot x - m \cdot t = 1$

$\overset{t \in \mathbb{Z}}{\Longleftrightarrow} a \cdot x + m \cdot (-t) = 1$

Hierbei handelt es sich um eine diophantische Gleichung mit der allgemeinen Darstellung $ax + by = c$ $(a, b, c \in \mathbb{Z})$. Diese ist bekanntlich lösbar genau dann, wenn $ggT(a, b) | c$ (s. Kap. 6). Bezogen auf unsere Situation bedeutet dies: $ggT(a, m)$ muss ein Teiler von 1 sein. Also muss gelten: $ggT(a, m) = 1$. Das bedeutet nichts anderes, als dass a und m teilerfremd sind.

„$\Leftarrow$"

Voraussetzung: a und m sind teilerfremd

Zu zeigen: $\overline{a} \in (\mathbb{Z}_m \backslash \{\overline{0}\}, \odot)$ besitzt ein multiplikativ Inverses

Diesen Beweis müssen wir nicht mehr durchführen, denn in dem Beweis der „⇒"-Richtung wurden nur Äquivalenzumformungen durchgeführt. Der erste Schritt der Rückrichtung erfordert dabei, dass der *ggT* als Linearkombination darstellbar ist. Dies wurde bereits in Kap. 4 bewiesen.

Der Beweises des folgenden Satzes sei Ihnen zur Übung überlassen:

Satz 8.5: Der prime Restklassenmodul als Körper
$(\mathbb{Z}_m, \oplus, \odot)$ ist ein Körper genau dann, wenn m eine Primzahl ist.

Nachbereitende Übung 8.1:

Aufgabe 1:
Beweisen Sie Satz 8.5.
Zeigen Sie: $(\mathbb{Z}_m, \oplus, \odot)$ ist ein Körper genau dann, wenn m eine Primzahl ist.

Aufgabe 2:
Welche algebraische Struktur hat
a) $(\mathbb{Q}, +, \cdot)$?
b) $(\mathbb{R}, +, \cdot)$?
Aufgrund von Aufgabe 3 können Sie das Assoziativgesetz der Addition als gültig betrachten.

Aufgabe 3:
Zeigen Sie mittels vollständiger Induktion, dass das Assoziativgesetz der Addition für die natürlichen Zahlen N_0 gilt. Nutzen Sie hierfür die Definition der Addition mittels der Peano-Axiome.

$$\forall n, m, k \in \mathbb{N}_0: k + (m + n) = (k + m) + n$$

Lösungen und Lösungshinweise

9

In diesem Kapitel finden sich Lösungen und Lösungsansätze zu den einzelnen vor- bzw. nachbereitenden Aufgaben in diesem Buch. Wie schon zuvor thematisiert, sollte hier nicht zu schnell nachgeschlagen werden, denn das eigene Durchdringen der Aufgaben ist dem eigenen Verständnis sehr zuträglich. Dies gilt insbesondere für die vorbereitenden Übungen, durch welche Sie zunächst in das Thema einsteigen.

Lösungen und Lösungshinweise zu Kap. 1: Mengenlehre

Nachbereitende Übung 1.1:

Aufgabe 1:
Stellen Sie folgende Mengen bildlich dar:
a) $M_1 = A \cup B$
b) $M_2 = A \cap B$
c) $M_3 = A \subset B$
d) $M_4 = (A \cup B) \backslash (A \cap B)$

© Springer-Verlag GmbH Deutschland, ein Teil von Springer Nature 2023
M. Meyer, *Einführung in die Mathematik für Lehramtskandidat*innen*,
https://doi.org/10.1007/978-3-662-64027-2_9

Lösung:

a) $A \cup B$ (die gesamte graue Fläche)

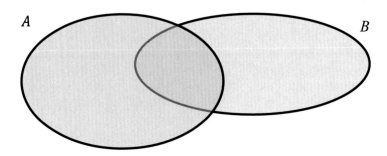

b) $A \cap B$ (die schraffierte Fläche)

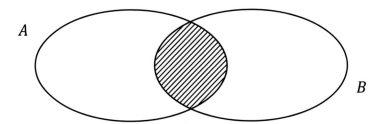

c) $A \subset B$

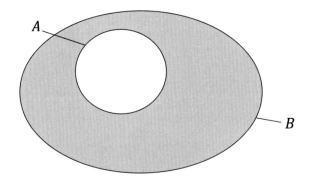

d) $(A \cup B) \backslash (A \cap B)$ (die gesamte graue Fläche ohne den schraffierten Bereich)

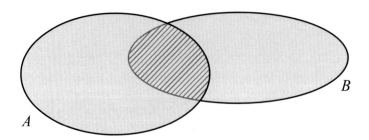

Aufgabe 2:

Betrachten Sie die Teilmengen der natürlichen Zahlen kleiner oder gleich 10:

$A = \{1, 3, 5, 7, 9\}$, $B = \{0, 2, 4, 6, 8\}$, $C = \{1, 4, 7\}$, $D = \{2, 5, 8\}$ und $E = \{0, 3, 6, 9\}$.

Hinweis: Achten Sie bei den folgenden Aufgabenteilen c) und d) darauf, dass nur die natürlichen Zahlen kleiner oder gleich 10 zu betrachten sind.

Bestimmen Sie:

a) $A \cup C$

b) $B \cap D$

c) $A \cap B, \overline{A} \cap \overline{B}$

d) $A \backslash E, A \backslash \overline{E}$

e) $A \cup (B \cap C)$

f) $(A \cup B) \cap C$

Lösung:

a) $A \cup C = \{1, 3, 4, 5, 7, 9\}$

b) $B \cap D = \{2, 8\}$

c) $A \cap B = \emptyset$, $\overline{A} \cap \overline{B} = \{10\}$

d) $A \backslash E = \{1, 5, 7\}$, $A \backslash \overline{E} = \{3, 9\}$

e) $A \cup (B \cap C) = \{1, 3, 4, 5, 7, 9\}$

f) $(A \cup B) \cap C = \{1, 4, 7\}$

Aufgabe 3:

Beschreiben Sie folgende Mengen symbolisch (u. a. mit Mengenklammern):

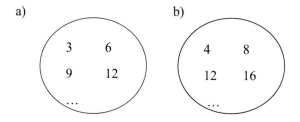

c) Geben Sie die Schnittmenge der Mengen in a) und b) an.

Lösung:

a) $M_1 = \{x | x = 3k, k \in \mathbb{N}\}$

b) $M_2 = \{y | y = 4k, k \in \mathbb{N}\}$

c) *Mögliche Lösung:*

$M_1 \cap M_2 = \{z | z = 12 (= 3 \cdot 4)k, k \in \mathbb{N}\}$

Alternativ (so auch negative Zahlen betrachtet würden):

a) $M_1 = \{x|x = 3k, k \in \mathbb{Z}\}$
b) $M_2 = \{y|y = 4k, k \in \mathbb{Z}\}$
c) *Mögliche Lösung:*
   $M_1 \cap M_2 = \{z|z = 12(= 3 \cdot 4)k, k \in \mathbb{Z}\}$

Aufgabe 4:
Gegeben seien: $\emptyset$, $\{\}$, $\{0\}$, $\{\emptyset\}$, 0. Erläutern Sie die Unterschiede.

Lösung:
$\emptyset$ und $\{\}$ stehen für leere Mengen.
$\{0\}$ steht für eine Menge, die 0 als Element enthält.
$\{\emptyset\}$ steht für eine Menge, die die leere Menge als Element enthält.
0 steht für die Zahl 0.

Aufgabe 5:
Gegeben seien die Mengen M_1, M_2 und M_3.
1. Folgt aus der Eigenschaft $M_1 \cap M_2 \cap M_3 = \emptyset$ i. Allg. die paarweise Disjunktheit der Mengen M_1, M_2, M_3?
2. Gilt die Umkehrung der obigen Aussage? Folgt also aus der paarweisen Disjunktheit der Mengen M_1, M_2, M_3 die Eigenschaft $M_1 \cap M_2 \cap M_3 = \emptyset$?

Begründen oder widerlegen Sie jeweils.
Lösung:
1. Nein, aus der allgemeinen Eigenschaft $M_1 \cap M_2 \cap M_3 = \emptyset$ folgt i. Allg. nicht die paarweise Disjunktheit der Mengen M_1, M_2, M_3. Hierzu ein Beispiel: $M_1 = \{2\}, M_2 = \{2\}, M_3 = \{1\}$.
2. Ja, aus der paarweisen Disjunktheit der Mengen M_1, M_2, M_3 folgt i. Allg. die Eigenschaft $M_1 \cap M_2 \cap M_3 = \emptyset$. Gilt z. B. $M_1 \cap M_2 = \emptyset$, dann folgt per Definition der Schnittmenge $(M_1 \cap M_2) \cap M_3 \subseteq M_1 \cap M_2 = \emptyset$.

Aufgabe 6:
a) Welcher Zusammenhang besteht zwischen den Mengen $M_1 \backslash \overline{M_2}$ und $M_1 \cap M_2$? Beweisen Sie den Zusammenhang.

   ▶ **Tipp:** Nutzen Sie hierfür die Definition von Differenzmenge und Schnittmenge.

b) Gilt $|A \backslash B| = |A| - |B| + |A \cap B|$ oder $|A \backslash B| = |A| - |B|$ oder $|A \backslash B| = |A| - |A \cap B|$? Begründen Sie Ihre Antwort auch, indem Sie Unzutreffendes widerlegen.

Lösung:

a) $x \in M_1 \wedge x \notin \overline{M_2} \Rightarrow x \in M_1 \wedge x \in M_2 \overset{\text{Def} \cap}{\Rightarrow} x \in M_1 \cap M_2$

b) Die dritte Antwort ist richtig.

Antwort *eins* ist nicht wahr, denn wenn ich von der Mächtigkeit von A die Mächtigkeit von B abziehe, so ziehe ich auch die Anzahl der Elemente ab, die nur in B liegen. Das aber können ja schon viel mehr sein als diejenigen, die in A liegen.

Antwort *zwei* ist nicht wahr aus demselben Grund. Ein einfaches Gegenbeispiel dazu: $A = \{-1, 1\}$, $B = \mathbb{N}$, aber die Mächtigkeit der Differenzmenge kann nicht negativ unendlich sein.

Antwort *drei* ist richtig, weil eben nur die Mächtigkeit der Schnittmenge von A und B abgezogen werden muss. Schließlich wollen wir die Elemente zählen, die in A sind und nicht in B.

Aufgabe 7:

Seien A, B, C Mengen. Zeigen Sie:

a) $A \cup (B \cap C) = (A \cup B) \cap (A \cup C)$

b) $(A \backslash B) \cap (B \backslash A) = \emptyset$

Erläutern Sie jeden Umformungsschritt.

Lösung:

a) Zu zeigen:

$A \cup (B \cap C) = (A \cup B) \cap (A \cup C)$ d.h. $\{x | x \in A \cup (B \cap C)\} = \{x | x \in (A \cup B) \cap (A \cup C)\}$

Sei $x \in A \cup (B \cap C) \overset{Def. \cup}{\Longleftrightarrow} x \in A \vee x \in B \cap C$

$\overset{\text{Def.} \cap}{\Longleftrightarrow} x \in A \vee (x \in B \wedge x \in C)$

$\overset{\text{Distributivgesetz(s. Kap. 2)}}{\Longleftrightarrow} (x \in A \vee x \in B) \wedge (x \in A \vee x \in C)$

$\overset{\text{Def.} \cup}{\Longleftrightarrow} x \in A \cup B \wedge x \in A \cup C$

$\overset{\text{Def.} \cap}{\Longleftrightarrow} x \in (A \cup B) \cap (A \cup C)$

b) Zu zeigen: $(A \backslash B) \cap (B \backslash A) = \emptyset$

Annahme: $(A \backslash B) \cap (B \backslash A) \neq \emptyset$

Sei $x \in (A \backslash B) \cap (B \backslash A)$

$\overset{\text{Def.} \cap}{\Longleftrightarrow} x \in A \backslash B \wedge x \in B \backslash A$

$\overset{\text{Def.} \backslash}{\Longleftrightarrow} (x \in A \wedge x \notin B) \wedge (x \notin A \wedge x \in B)$

Also muss es gleichzeitig in A und nicht in A sein (ebenso bei B). Dies ist unmöglich, und damit gilt:

$(A \backslash B) \cap (B \backslash A) = \emptyset$.

Anmerkung: Hier wurde ein Widerspruchsbeweis genutzt. Im den folgenden beiden Kapiteln wird dieser Beweistyp ausführlich thematisiert.

Aufgabe 8:

Gegeben seien die Mengen A, B, C. Beweisen Sie, dass gilt:

$$A\backslash(B \cup C) = (A\backslash B) \cap (A\backslash C)$$

Also sei:

$\{x | x \in A\backslash(B \cup C)\}$	Trick: Wir betrachten die einzelnen Mengen und beginnen mit der Menge $A\backslash(B \cup C)$
$= \{x | x \in A \wedge x \notin (B \cup C)\}$	Anwendung der Definition von „\"
$= \{x | x \in A \wedge x \notin B \wedge x \notin C\}$	Einsetzen der Bedeutung von „vereinigt" (weder in B oder in C bedeutet, dass es nicht in B und (!) nicht in C sein kann)
$= \{x | x \in A \wedge x \in A \wedge x \notin B \wedge x \notin C\}$	Ohne die Aussage zu verändern, schreibt man zweimal auf, dass x aus der Menge A kommt
$= \{x | x \in A \wedge x \notin B \wedge x \in A \wedge x \notin C\}$	Anwendung des Kommutativgesetzes, damit die nachfolgende Definition angewendet werden kann
$= \{x | x \in A\backslash B \wedge x \in A\backslash C\}$	Der Ausdruck $x \in A \wedge x \notin B$ und der Ausdruck $x \in A \wedge x \notin C$ entsprechen der Definition von „ohne"
$= \{x | x \in (A\backslash B) \cap (A\backslash C)\}$	Zusammenfassung: „und" als Ausdruck der Schnittmenge

◄

Beweisen Sie ebenso: $(A\backslash B) \cup (A\backslash C) = A\backslash(B \cap C)$

Lösung:
Also sei:

Sei $\{x | x \in (A\backslash B) \cup (A\backslash C)\}$	Trick: Wir betrachten die einzelnen Mengen und beginnen mit der Menge $(A\backslash B) \cup (A\backslash C)$
$= \{x | x \in A\backslash B \vee x \in A\backslash C\}$	Anwendung der Definition der Vereinigung
$= \{x | (x \in A \wedge x \notin B) \vee (x \in A \wedge x \notin C)\}$	Anwendung der Definition von „\"
$= \{x | x \in A \wedge (x \notin B \vee x \notin C)\}$	Distributivgesetz
$= \{x | x \in A \wedge x \notin (B \cap C)\}$	Wenn ein Element nicht in B oder nicht in C sein darf, dann darf es nicht in beiden gleichzeitig sein. Demnach nutzen wir hier Definition der Schnittmenge
$= \{x | x \in A\backslash(B \cap C)\}$	Anwendung der Definition von „\"

Da jedes Element x in $(A\backslash B) \cup (A\backslash C)$ auch in $A\backslash(B \cap C)$ liegt, dann beinhalten die Mengen die gleichen Elemente. ◄

Aufgabe 9:

Vereinfachen Sie: $\overline{A} \cap \overline{B} \cap \overline{\overline{A} \cap \overline{B}}$

▶ **Tipp:** Überlegen Sie, wie $\overline{\overline{A}}$ anders ausgedrückt werden kann, und nutzen Sie die oben eingeführten Gesetze.

Lösung:

Setze $\overline{A} \cap \overline{B} = C$, dann gilt $\overline{C} = \overline{\overline{A} \cap \overline{B}}$.

Somit: $\overline{A} \cap \overline{B} \cap \overline{\overline{A} \cap \overline{B}} = C \cap \overline{C} = \emptyset$

Lösungen und Lösungshinweise zum Exkurs: Das Beweisen als typisches mathematisches Handeln

Nachbereitende Übung E.1:

Aufgabe 1:

Beispielsatz: Die Summe zweier gerader ganzer Zahlen ist gerade.

a) Formulieren Sie den Satz als eine Implikationsverknüpfung. Was sind die Voraussetzungen? Was ist zu zeigen?
b) Beweisen Sie den Satz einmal direkt und einmal indirekt.
c) Wie würden Sie den Satz formulieren, wenn Sie die Kontraposition zum Beweisen anwenden würden? Stellen Sie Überlegungen an, wie der Beweis durch die Kontraposition stattfinden könnte.
d) Wie könnte hier eine Fallunterscheidung aussehen?

Lösung:

a) Zunächst eine alternative Formulierung des Satzes, indem wir die Voraussetzungen des Satzes in den „Wenn"-Teil stecken.
„Wenn x und y gerade ganze Zahlen sind, dann ist ihre Summe gerade."
Idee: Zunächst schauen Sie, was vorausgesetzt wird. Dann sollte Ihnen klar sein, wo Sie hin wollen bzw. was Ihr Ziel sein soll (hier: Summe ist gerade).
Dann nehmen wir die Voraussetzung und setzen etwas ein, was uns über die verwendeten Objekte bereits bekannt ist. Der Zielausdruck „gerade Summe" bedeutet, dass eine durch zwei teilbare Zahl herzustellen ist. Hierzu können wir an die Teilbarkeitssätze und -definitionen denken.

b) *Direkter Beweis:*

Voraussetzung: x, y sind zwei gerade ganze Zahlen

Zu zeigen: Die Summe zweier gerader ganzer Zahlen ist gerade

x, y sind zwei gerade ganze Zahlen. Dann gilt (wegen der als bekannt vorausgesetzten Definition von „x ist gerade"): x ist durch 2 teilbar und y ist durch 2 teilbar. Dann gibt es Zahlen $a, b \in \mathbb{Z}$ mit $x = 2 \cdot a$ und $y = 2 \cdot b$.

Es folgt:

$x + y = 2a + 2b = 2(a + b) = 2c$ mit $c = (a + b), c \in \mathbb{Z}$.

Aufgrund der als bekannt vorausgesetzten Definition einer geraden Zahl ist also auch c gerade. Also ist die Summe zweier gerader Zahlen gerade.

Indirekter Beweis:

Voraussetzung: x, y sind zwei gerade Zahlen

Zu zeigen: Die Summe zweier gerader ganzer Zahlen ist gerade

Annahme: Die Summe $x + y$ ist ungerade (wobei x und y gerade sind)

x, y sind zwei ganze gerade Zahlen. Dann sind x und y durch 2 teilbar und es gibt Zahlen $a, b \in \mathbb{Z}$ mit $x = 2 \cdot a$ und $y = 2 \cdot b$. Also müsste gelten:

$\quad 2a + 2b = 2x + 1$

$\Leftrightarrow 2(a + b) = 2\left(x + \dfrac{1}{2}\right) \qquad$ (Distributivgesetz angewendet)

$\Leftrightarrow a + b = x + \dfrac{1}{2} \qquad$ (Division mit 2)

Hier ist der Widerspruch entstanden, da $x + \frac{1}{2} \notin \mathbb{Z}$. Wir können ein solches Ergebnis nicht finden. Daraus folgt, dass die Annahme falsch ist und somit, dass die Summe zweier gerader Zahlen gerade sein muss.

c) Versuch über *Kontraposition:*

„Wenn die Summe $x + y$ ungerade ist, dann gilt nicht, dass x und y gerade ganze Zahlen sind (d. h.: mindestens eine der beiden Zahlen ist nicht gerade)."

Wir gehen indirekt vor (also über einen Widerspruchsbeweis).

Annahme: x und y seien gerade.

Dann lassen x und y bei Division durch 2 den Rest 0.

Es gibt also Zahlen $a, b \in \mathbb{Z}$ mit $x = 2a$ und $y = 2b$.

Nun betrachten wir die folgende Kette von Äquivalenzen, die unter der oben beschriebenen Annahme gelten muss:

$(x + y) = 2c + 1$ (Der Ausdruck $2c + 1$ steht für die ungerade Summe, $c \in \mathbb{Z}$.)

$\Leftrightarrow (x + y) - 1 = 2c$

$\Leftrightarrow (2a + 2b) - 1 = 2c$

$\overset{\text{DG}}{\Longleftrightarrow} 2(a + b) - 1 = 2c$

Links steht nun eine ungerade Zahl, rechts eine gerade. Dies kann niemals gleich sein. Damit haben wir den Widerspruch erzeugt. Es kann nicht gelten, dass x und y gerade sind.

d) In diesem Beispiel ist diese Beweisart wenig sinnvoll, da in Form eines direkten Beweises die Gültigkeit des Satzes sofort für alle ganzen Zahlen gezeigt werden kann. Wie könnte eine Fallunterscheidung jedoch aussehen?

Die zu beweisende Aussage lautet: Wenn x und y gerade ganze Zahlen sind, dann ist ihre Summe gerade. Der „Wenn"-Teil (auch „Antezedens" genannt) enthält eine Aussage über gerade ganze Zahlen. Mit der Fallunterscheidung müssen wir auch nur diese abdecken. Die ungeraden ganzen Zahlen interessieren uns hier nicht weiter. Eine Fallunterscheidung hinsichtlich gerade und ungerade benötigen wir also nicht.

Gleichwohl gibt es natürlich noch viele weitere Möglichkeiten, die geraden ganzen Zahlen zu unterteilen. Eine dieser Möglichkeiten wäre, die Eigenschaften der beiden Zahlen, eine ganze Zahl zu sein, weitergehend zu unterteilen, um sich beispielsweise positive und negative Zahlen anzusehen. Dann könnte beispielsweise die folgende Unterscheidung der geraden ganzen Zahlen vorgenommen werden:

Fall 1: x und y sind positiv	Fall 3: x ist negativ und y ist positiv
Fall 2: x und y sind negativ	Fall 4: x ist positiv und y ist negative

Lösungen und Lösungshinweise zu Kap. 2: Aussagenlogik

Vorbereitende Übung 2.1:

Aufgabe 1:
Gegeben sind die folgenden Formulierungen:

- Es regnet gerade.
- Die Straße ist nass.
- Ein Fahrrad ist ein Auto.
- 2 ist ein Element der geraden Zahlen.
- 3 ist keine ungerade Zahl.
- Die Menge $\{x | x = 2^n, n \in \mathbb{N}\}$ ist Teilmenge der natürlichen Zahlen.
- Es gibt einen Planeten, der aus grünem Käse besteht.

a) Welche Merkmale sind den meisten Formulierungen gemeinsam?
b) Erstellen Sie fünf Abhängigkeiten bzw. Verknüpfungen der obigen Formulierungen und nutzen Sie für die Verbindung Worte wie „und", „oder", „daraus folgt, dass" usw. Beispielsweise kann eine Verknüpfung lauten: Es regnet gerade, woraus folgt, dass die Straße nass wird. Ein Fahrrad ist ein Auto, oder 3 ist keine ungerade Zahl.
c) Sind die von Ihnen erstellten Verknüpfungen wahr oder falsch? Begründen Sie Ihre Antwort.

d) Abstrahieren Sie vom konkreten Inhalt: Wann ist ...
    i)   ... eine „und"-Verknüpfung wahr / falsch?
    ii)   ... eine „oder"-Verknüpfung wahr / falsch?
    iii) ... eine „daraus folgt, dass"-Verknüpfung wahr / falsch?

Lösungshinweis:

a) In allen Formulierungen sind *ein Subjekt* und *ein Prädikat* vorhanden. Jede Formulierung verhält sich zu einem Wahrheitswert. Es kann demnach die Frage gestellt werden: Ist die Formulierung wahr, falsch oder ist der Wahrheitswert nicht festlegbar?
Es sind noch weitere Lösungen als die vorgegebene möglich.

b) Als Antwort können hier jegliche Verknüpfungen genannt werden.
Beispielsweise kann eine Verknüpfung lauten:
Es regnet gerade, woraus folgt, dass die Straße nass ist.
Ein Fahrrad ist ein Auto und 3 ist keine ungerade Zahl.

c) Hierfür gibt es keine pauschale Lösung, da sie von Ihren individuell gewählten Sätzen abhängt.
Lösung der Beispiele aus b):
Das erste Beispiel ist immer wahr, denn entweder regnet es gerade (w), wodurch die Straße nass wird (w) und die Implikation w $\Rightarrow$ w ist wahr oder es regnet gerade nicht (f), wobei aus Falschem alles gefolgert werden kann und die Verknüpfung wahr ist. Beispiel 2 ist falsch, da beide Aussagen der Konjunktion falsch sind.

d) S. Definitionen der jeweiligen Verknüpfungen in Kap. 2.

Aufgabe 2: Definition
Hier wird jeweils ein Beispiel für eine Definition und eine Aussage gegeben.

Definition:
x heißt „gerade Zahl", genau dann, wenn x von 2 geteilt wird.

Formulierung (wie in Aufgabe 1):
6 ist eine gerade Zahl.

a) Wie hängen Definitionen und diese „Formulierungen" zusammen?
b) Bilden Sie zu den Formulierungen von Aufgabe 1 drei Definitionen.

Lösung:

a) *Definitionen* benennen etwas (hier wird es besonders deutlich an dem Wort „heißt"). Definitionen enthalten ein allgemeines Urteil, dem kein Wahrheitswert zuzuordnen ist wie z. B. „[...], genau dann, wenn x von 2 geteilt wird". Es kann hier nicht entschieden werden, ob x von 2 geteilt wird.

Die hier stehenden Formulierungen verhalten sich zu einem Wahrheitswert unabhängig von Beweisen oder Konventionen.

b) Mögliche Definitionen:

1. Fortbewegungsmittel haben eine bestimmte Anzahl an Rädern. Ein Fortbewegungsmittel mit mindestens vier Rädern heißt „Auto". Ein Fortbewegungsmittel mit zwei Rädern heißt Fahrrad.
2. Eine Straße heißt „nass", definitionsgemäß genau dann, wenn sich Wasser auf ihr befindet.
3. Wenn Wassertropfen auf den Boden fallen, sagt man „es regnet gerade".

Wichtig ist, dass nicht nur Beispiele genannt werden, sondern dass der zu definierende Begriff näher und allgemein bestimmt wird. Die hier angeführten Definitionen sind natürlich nicht sehr exakt (es gibt z. B. auch Autos mit drei Rädern). Eine exakte Definition dieser Begriffe wäre jedoch zu komplex für die hier vorliegenden Zwecke.

Nachbereitende Übung 2.1:

Aufgabe 1:

Seien p, q und r Aussagen. Beweisen oder widerlegen Sie folgende Verknüpfungen von Aussagen:

a) $\neg(p \vee q) \Leftrightarrow \neg p \wedge \neg q$
b) $\neg(p \wedge q) \Leftrightarrow \neg p \vee \neg q$
c) $(p \Rightarrow q) \Leftrightarrow \neg p \vee q$
d) $\neg(p \Rightarrow q) \Leftrightarrow p \wedge \neg q$
e) $(p \Rightarrow q) \Leftrightarrow \neg p \wedge \neg q$

Lösung:

a) $\neg(p \vee q) \Leftrightarrow \neg p \wedge \neg q$

p	q	$\neg p$	$\neg q$	$\neg p \wedge \neg q$	$p \vee q$	$\neg(p \vee q)$	$\neg(p \vee q) \Leftrightarrow \neg p \wedge \neg q$
w	w	f	f	f	w	f	w
w	f	f	w	f	w	f	w
f	w	w	f	f	w	f	w
f	f	w	w	w	f	w	w

b) $\neg(p \wedge q) \Leftrightarrow \neg p \vee \neg q$

p	q	$\neg p$	$\neg q$	$p \wedge q$	$\neg(p \wedge q)$	$\neg p \vee \neg q$	$\neg(p \wedge q) \Leftrightarrow \neg p \vee \neg q$
w	w	f	f	w	f	f	w
w	f	f	w	f	w	w	w
f	w	w	f	f	w	w	w
f	f	w	w	f	w	w	w

c) $(p \Rightarrow q) \Leftrightarrow \neg p \vee q$

p	q	$p \Rightarrow q$	$\neg p$	$\neg p \vee q$	$(p \Rightarrow q) \Leftrightarrow \neg p \vee q$
w	w	w	f	w	w
w	f	f	f	f	w
f	w	w	w	w	w
f	f	w	w	w	w

d) $\neg(p \Rightarrow q) \Leftrightarrow p \wedge \neg q$

p	q	$\neg p$	$\neg q$	$p \Rightarrow q$	$p \wedge \neg q$	$\neg(p \Rightarrow q)$	$\neg(p \Rightarrow q) \Leftrightarrow p \wedge \neg q$
w	w	f	f	w	f	f	w
w	f	f	w	f	w	w	w
f	w	w	f	w	f	f	w
f	f	w	w	w	f	f	w

e) $(p \Rightarrow q) \Leftrightarrow \neg p \wedge \neg q$

Es gilt nicht: $(p \Rightarrow q) \Leftrightarrow \neg p \wedge \neg q$, da:

p	$\neg p$	q	$\neg q$	$p \Rightarrow q$	$\neg p \wedge \neg q$	$(p \Rightarrow q) \Leftrightarrow \neg p \wedge \neg q$
w	f	w	f	w	f	f
w	f	f	w	f	f	w
f	w	w	f	w	f	f
f	w	f	w	w	w	w

Aufgabe 2:

Formulieren Sie die folgenden Sätze als aussagenlogische Formeln. Definieren Sie hierzu die Aussagen.

a) Der Patient hat weder Masern noch Scharlach.

b) Franz ist faul, aber nicht dumm.

c) Matthias wird kein Stammspieler sein, es sei denn, er trainiert täglich drei Stunden und hört mit dem Rauchen auf.

Lösung:

a) $p =$ Der Patient hat Masern.

   $q =$ Der Patient hat Scharlach.

   $\neg p \wedge \neg q \Leftrightarrow \neg(p \vee q)$ oder andere logisch äquivalente Aussagenverknüpfungen

b) $p =$ Franz ist faul.

   $q =$ Franz ist dumm.

   $p \wedge \neg q$ oder andere logisch äquivalente Aussagenverknüpfungen

c) $p =$ Matthias wird Stammspieler sein.

   $q =$ Matthias trainiert täglich drei Stunden.

   $r =$ Matthias hört mit dem Rauchen auf.

   $\neg(q \wedge r) \Rightarrow \neg p$ oder andere logisch äquivalente Aussagenverknüpfungen

Aufgabe 3:

Sei nun:

p = Es regnet.

q = Die Straße ist nass.

Nutzen Sie die fünf Verknüpfungen aus Aufgabe 1 und geben Sie diesen an den Beispielaussagen eine inhaltliche Bedeutung. Beschreiben Sie die konkreten Ergebnisse mit eigenen Worten.

Lösung:

a) $\neg(p \lor q) \Leftrightarrow \neg p \land \neg q$

Es ist weder der Fall, dass es regnet, noch ist die Straße nass ($\neg(p \lor q)$). Dieser Satz ist gleichbedeutend mit: Es regnet nicht und die Straße ist nicht nass ($\neg p \land \neg q$).

b) $\neg(p \land q) \Leftrightarrow \neg p \lor \neg q$

Es liegt nicht vor, dass es regnet und die Straße nass ist. Gleichbedeutend kann gesagt werden, dass es nicht regnet oder die Straße nicht nass ist.

c) $(p \Rightarrow q) \Leftrightarrow \neg p \lor q$

Es regnet und daraus folgt, dass die Straße nass ist. Dies ist gleichbedeutend dazu, dass es nicht regnet oder die Straße nass ist (und für Letzteres wäre existierender Regen eine Möglichkeit).

d) $\neg(p \Rightarrow q) \Leftrightarrow p \land \neg q$

Wenn die erste Folgerung aus c) nicht gilt, kann es nur sein, dass es regnet und die Straße nicht nass ist.

e) $(p \Rightarrow q) \Leftrightarrow \neg p \land \neg q$

Wenn die erste Folgerung aus c) gilt, kann es nur sein, dass es nicht regnet und die Straße nicht nass ist. „Es regnet nicht und Straßen werden nicht nass" klingt allerdings komisch, insbesondere als gleichbedeutende Aussage zu „Wenn es regnet, dann wird die Straße nass". Ein kurzer Blick auf die Wahrheitswerttafel aus Aufgabe 1 zeigt, dass es hier auch logische Probleme gibt.

Aufgabe 4:

Beweisen Sie Satz 2.3c) (Fallunterscheidung) und 2.3d) (Kontraposition) anhand von Wahrheitstafeln.

Lösung:

Satz 2.3c):

Zu zeigen: $(p \lor \neg p \Rightarrow q) \Rightarrow q$ (Fallunterscheidung)

p	q	$\neg p$	$p \vee \neg p$	$(p \vee \neg p) \Rightarrow q$	$(p \vee \neg p \Rightarrow q) \Rightarrow q$
w	w	f	w	w	w
w	f	f	w	f	w
f	w	w	w	w	w
f	f	w	w	f	w

Satz 2.3d):

Zu zeigen: $(p \Rightarrow q) \Leftrightarrow (\neg q \Rightarrow \neg p)$ (Kontraposition)

p	q	$\neg p$	$\neg q$	$p \Rightarrow q$	$\neg q \Rightarrow \neg p$	$(p \Rightarrow q) \Leftrightarrow (\neg q \Rightarrow \neg p)$
w	w	f	f	w	w	w
w	f	f	w	f	f	w
f	w	w	f	w	w	w
f	f	w	w	w	w	w

Aufgabe 5:

Behauptung: $\sqrt{3}$ ist irrational

Annahme: $\sqrt{3} \in \mathbb{Q}$

$\sqrt{3} \in \mathbb{Q} \Rightarrow \sqrt{3} = \dfrac{a}{b}$,   wobei a und b maximal gekürzt sind

$\Leftrightarrow 3b^2 = a^2$

$\Leftrightarrow a$ ist durch 3 teilbar

$\Leftrightarrow \exists\, k \in \mathbb{N}: a = 3k$

$\Rightarrow 3b^2 \Rightarrow 9k^2$

$\Leftarrow b^2 = 9k^2$

$= b$ ist durch 3 teilbar

$\Rightarrow \dfrac{a}{b}$ ist nicht ein maximal gekürzter Bruch

a) Verbessern Sie den Beweis und begründen Sie Ihr Vorgehen.

b) Um welchen Beweistyp (Satz 2.3) handelt es sich hier? Warum?

c) Ganz links im Beweis sehen Sie „$\Rightarrow$" und „$\Leftrightarrow$". Warum sind diese wichtig für den Beweis?

Lösung:

a) *Fehlerhafter Beweis mit Markierung der Fehler:*

Behauptung: $\sqrt{3}$ ist irrational

Annahme: $\sqrt{3} \in \mathbb{Q}$

$\sqrt{3} \in \mathbb{Q} \Rightarrow \sqrt{3} = \dfrac{a}{b}$, wobei a und b maximal gekürzt sind

$\Leftrightarrow 3b^2 = a^2$

$\Leftrightarrow a$ ist durch 3 teilbar

$\Leftrightarrow \exists\, k \in \mathbb{N}: a = 3k$

$\Rightarrow 3b^2 \Rightarrow 9k^2$

$\Leftarrow b^2 = 9k^2$

$= b$ ist durch 3 teilbar

$\Rightarrow \dfrac{a}{b}$ ist nicht ein maximal gekürzter Bruch

Richtiger Beweis:
Behauptung: $\sqrt{3}$ ist irrational
Annahme: $\sqrt{3} \in \mathbb{Q}$

$\sqrt{3} \in \mathbb{Q} \Rightarrow \sqrt{3} = \dfrac{a}{b}$, wobei a und b maximal gekürzt sind, $a, b \in \mathbb{Z}$

$\Leftrightarrow 3b^2 = a^2$

$\Rightarrow a$ ist durch 3 teilbar

$\Leftrightarrow \exists\, k \in \mathbb{N} : a = 3k$

$\Rightarrow 3b^2 = 9k^2$

$\Leftrightarrow b^2 = 3k^2$

$\Rightarrow b$ ist durch 3 teilbar

$\Rightarrow \dfrac{a}{b}$ ist nicht ein maximal gekürzter Bruch

Damit ist das ein Widerspruch zur Annahme, und somit gilt die Behauptung.

b) Es ist ein indirekter Beweis. Es wird angenommen, dass $q = \sqrt{3} \in \mathbb{Q}$. Es folgt, dass $q \in \mathbb{Q}$ dargestellt werden kann als maximal gekürzter Bruch $q = \frac{a}{b}$. Gezeigt wird, dass $q = \frac{a}{b}$ nicht maximal gekürzt sein kann.

c) Die Wahrheit einer Aussage wird durch „$\Rightarrow$" und „$\Leftrightarrow$" auf den nächsten Schritt übertragen. Bei „$\Leftrightarrow$" ist dieser Prozess auch umkehrbar.

Lösungen und Lösungshinweise zu Kap. 3: Zahlentheorie – Teil I: Grundlagen der natürlichen Zahlen

Vorbereitende Übung 3.1:

Aufgabe 1:

a) Sie sehen sowohl in Abb. 9.1 als auch in den drei Grafiken verschiedene Darstellungen einer Perlenkette. Überlegen Sie sich einmal, ob eine dieser Perlenketten ein Modell für die natürlichen Zahlen sein könnte. Begründen Sie Ihre Antwort.

b) Welche Bedingungen müssen Modelle erfüllen, um gute Modelle für natürliche Zahlen zu sein?

c) Definieren Sie die Addition $m + n$ in den natürlichen Zahlen.

Lösung und Lösungshinweis:

a) Ein passendes Modell zeigt die rechte Grafik (bei der nur der obere Verlauf zu betrachten ist):

Abb. 9.1 Perlenkette

Zur Begründung s. Aufgabenteil b)

b) Für ein gutes Perlenmodell der natürlichen Zahlen sollten folgende Punkte erfüllt sein:

1. Von jeder Perle geht genau ein Pfeil aus.
2. Die Schnur verzweigt nicht.
3. Auf das erste Element darf kein Pfeil zeigen.
4. Es gibt genau eine Anfangsperle.
5. Auf keine Perle dürfen zwei Pfeile zeigen.
6. Auf jede Perle, die von der ersten Perle verschieden ist, zeigt genau ein Pfeil.
7. Wenn man bei der ersten Perle anfängt und von ihr aus weiterzählt, erfasst man alle Zahlen. Dafür aber müsste die Perlenkette unendlich lang sein.

c) Sammeln Sie hier einmal Ideen:
   - Wird zu einer natürlichen Zahl m eine 1 dazu addiert, erhält man ihren Nachfolger
   - Bei der Rechnung $m + 2$ ist das Ergebnis der Nachfolger vom Nachfolger von m
   - …
   - $m + n$ ist damit der n-te Nachfolger von m

Aufgabe 2:
a) Wählen Sie zwei Ziffern a, b aus $0 - 9$. Bilden Sie hieraus die kleinste und größte zweistellige Zahl. Subtrahieren Sie die kleinere von der größeren Zahl. Führen Sie diesen Vorgang mit mehreren Zahlen durch.
b) Welchen mathematischen Zusammenhang können Sie beobachten?
c) Begründen Sie den mathematischen Zusammenhang an der Stellenwerttafel.

Lösungshinweis:
Lösungshinweise zu dieser Aufgabe finden Sie im weiteren Verlauf des Kapitels.

Nachbereitende Übung 3.1:

Aufgabe 1:
Homer Jay Simpson wäre dafür prädestiniert, im Achter- und nicht im Zehnersystem zu rechnen (Warum eigentlich?). Probieren Sie dies einmal aus.
a) Stellen Sie die Bündelung von $(584)_{10}$ im Achtersystem an der Stellenwerttafel dar.
b) Stellen Sie folgende Zahlen zur Basis 8 dar: $(30)_4$, $(101010110110101)_2$
c) Addieren Sie:

$(15)_8 + (23)_8$

$(33)_8 + (75)_8$

d) Multiplizieren Sie:

$(15)_8 \cdot (23)_8$

$(33)_8 \cdot (75)_8$

Sie könnten auch versuchen, die Aufgabenteile c) und d) zu lösen, indem Sie vor der Multiplikation nicht zuerst die Zahlen in das dezimale Stellenwertsystem umwandeln.

Lösung:

Die Lösung zur Frage im Text liegt an der Anzahl der Finger. Wir selbst rechnen im dezimalen Stellenwertsystem (Zehnersystem), weil wir 10 Finger besitzen. Homer hat 8.

a) $(584)_{10} = (1110)_8$

8^3	8^2	8^1	8^0
			584
		73	0
	9	1	0
1	1	1	0

b) $(30)_4 = 3 \cdot 4 + 0 = (12)_{10} = 1 \cdot 10 + 2 = 1 \cdot 8 + 4 = (14)_8$ bzw.

$(101010110110101)_2 = 16384 + 4096 + 1024 + 256 + 128 + 32 + 16 + 4 + 1$

$$= (21941)_{10}$$

$21941 = 2742 \cdot 8 + 5$

$2742 = 342 \cdot 8 + 6$

$342 = 42 \cdot 8 + 6$

$42 = 5 \cdot 8 + 2$

$5 = 0 \cdot 8 + 5$

$(101010110110101)_2 = (21941)_{10} = (52665)_8$

c) $(15)_8 + (23)_8 = (40)_8$

$(33)_8 + (75)_8 = (130)_8$

d) $(15)_8 \cdot (23)_8 = (367)_8$

$(33)_8 \cdot (75)_8 = (3157)_8$

Aufgabe 2:

Erklären Sie den Satz 3.1 mit eigenen Worten. Gehen Sie dabei auf alle Bedingungen ein, die für die Existenz der eindeutigen Zahldarstellung erfüllt sein müssen.

Satz 3.1:
Jede natürliche Zahl n lässt sich bei gegebener Basis $g \geq 2$ eindeutig darstellen als:
$n = a_0 g^0 + a_1 g^1 + a_2 g^2 + \ldots + a_k g^k$ mit $0 \leq a_i \leq g - 1$ für $i \in \{0, 1, 2, \ldots k\}$ und $a_k \neq 0$, $a_i \in \mathbb{N}$.

Lösung:
Eine Erklärung mit eigenen Worten könnte folgende Elemente beinhalten:

- $g \geq 2$, da $g = 1$ nicht funktioniert (Einerbündelung ist wenig sinnvoll)
- $a_i \leq g - 1$
  Sei $a_i > g - 1$, dann existiert $b \geq 0$, sodass $a_i = g + b$
  Dann ist:
  $$n = a_0 g^0 + \ldots + a_i g^i + a_{i+1} g^{i+1} + \ldots + a_k g^k$$
  $$\Leftrightarrow n = a_0 g^0 + \ldots + (g + b) g^i + a_{i+1} g^{i+1} + \ldots + a_k g^k$$
  $$\Leftrightarrow n = a_0 g^0 + \ldots + g^{i+1} + b g^i + a_{i+1} g^{i+1} + \ldots + a_k g^k$$
  $$\Leftrightarrow n = a_0 g^0 + \ldots + b g^i + (a_{i+1} + 1) g^{i+1} + \ldots + a_k g^k$$
  Also ist die Darstellung nicht mehr eindeutig. Die Bedingung ist also notwendig!
- $a_k \neq 0$, da sonst $00035 = 35 = 035$ und somit wäre die Darstellung wiederum nicht eindeutig
- $a_i \geq 0$
  Sonst werden auch negative Werte berücksichtigt. Betrachten Sie hierzu:
  $$n = a_k g^k + \ldots + a_{i+1} g^{i+1} + a_i g^i + \ldots + a_1 g^1 + a_0 g^0$$
  $$\Leftrightarrow n = a_k g^k + \ldots + (a_{i+1} + b) g^{i+1} + (-b) g^{i+1} + \ldots + a_1 g^1 + a_0 g^0$$
  $$\Leftrightarrow n = a_k g^k + \ldots + (a_{i+1} + b) g^{i+1} + \left((a_i g^i) + \ldots + a_0 g^0 \right) - b g^{i+1}$$
  Konkret: $500 - 30 - 4 = 400 + 60 + 6$
  Es können also zwei unterschiedliche Darstellungen zu einer Zahl entstehen. Die Eindeutigkeit wäre nicht mehr gegeben.

Nach- und vorbereitende Übung 3.2:

Aufgabe 1:
Stellen Sie sich einmal vor, Dominosteine würden so aufgestellt werden, wie es in Abb. 9.2 zu sehen ist. Nun soll für jeden Stein die Bedingung gegeben sein, dass wenn er fällt, dann auch der nächste Stein umfällt.
a) Unter welchen Umständen fallen alle Steine um?
b) Beziehen Sie die Lösung aus a) auf die Peano-Axiome.
c) Lassen sich auf diese Weise noch andere Aussagen treffen als für alle natürlichen Zahlen?
d) Beschreiben Sie nun dieses Modell für die ganzen Zahlen.

Abb. 9.2 Dominosteine

Lösung und Lösungshinweis:

a) 1. Nehmen wir an, man hätte viele Dominosteine hintereinander aufgestellt. Wenn alle umkippen sollen, muss zuerst der Startstein umfallen.

2. Wann fällt irgendein Stein der Dominokette um? Ein beliebiger Stein fällt, wenn der vorangegangene Stein umkippt (und seinen Nachfolger mitnimmt). Dies setzt voraus, dass ein Nachfolger existiert.

Das funktioniert wie eine Kettenreaktion:

– Kippt der erste Stein (Startstein) um, dann kippt auch der zweite Stein um, da der zweite der Nachfolger von dem ersten Stein ist.

– Kippt der zweite Stein um, dann auch der dritte.

– Kippt der dritte Stein um, dann auch der vierte.

– ...

– Kippt der x-te Stein um, dann auch der $(x + 1)$-te Stein.

b) Hier einige Lösungshinweise, insofern sich Ihre Lösung aus a) von der obigen unterscheiden kann:

P1: Der Startstein kippt um. Ein Startelement wird definiert.

P2: Wenn ein Stein in der Dominokette enthalten ist, dann auch der nachfolgende Stein (bei der Dominokette bildet der letzte Stein eine Ausnahme).

P3: Wenn die Nachfolger von zwei Elementen gleich sind, dann auch die Elemente selbst. Dies ist bei Dominosteinen problematisch, denn es kann durchaus sein, dass zwei Reihen zu einer zusammengeführt werden. Ist dies nicht der Fall, also ist die Dominokette nicht geteilt, dann würde dies auch P3 erfüllen.

P4: Wäre die Dominokette unendlich lang, so lassen sich die Aussagen übertragen auf das 4. Peano-Axiom:

Für eine Teilmenge $M \subseteq \mathbb{N}$ mit den Eigenschaften:

a) 1(Startstein) $\in M$ und

b) $\forall\, n \in M\colon s(n) \in M$ (nur bei einer unendlich langen Dominokette)

   gilt: $M = \mathbb{N}$.

c) Achtung: Man muss nicht bei 1 beginnen, sondern kann dies auch erst bei einem späteren Element. Dann trifft P4 nicht mehr zu. Analogie: Es wird dann ein späterer Stein als der Startstein umgeschubst. Die Kettenreaktion bleibt allerdings erhalten. Nur fallen dann nicht mehr alle Steine um (bzw. werden Aussagen für alle natürlichen Zahlen beschrieben).

d) Um eine Aussage für die ganzen Zahlen zu treffen, müsste man das Modell in beide Richtungen denken. Während die erste Richtung mit dem Nachfolger bestehen bleiben kann, müsste die zweite Richtung einen Vorgänger beinhalten.

Aufgabe 2:

> **Definition 3.4: Addition in $\mathbb{N}$**
>
> Seien $m, n \in \mathbb{N}$, dann definiert man die *Addition* folgendermaßen:
>
> i) $n + 1 := s(n)$
>
> ii) $n + s(m) := s(n + m)$

Wie würde auf der Basis dieser Definition die Aufgabe $3 + 5$ berechnet werden?

Lösung:

$3 + 5 = 3 + s(4)$	$5 = s(4)$
$\quad = s(3 + 4)$	$4 = s(3)$
$\quad = s(3 + s(3))$	
$\quad = s(s(3 + 3))$	$3 = s(2)$
$\quad = s(s(3 + s(2)))$	
$\quad = s(s(s(3 + 2)))$	$2 = s(1)$
$\quad = s(s(s(3 + s(1))))$	Def. 3.4 ii)
$\quad = s(s(s(s(3 + 1))))$	Def. 3.4 i)
$\quad = s(s(s(s(s(3)))))$	$= 8$
(Vorgehen nach Peano-Axiomen)	(Die Position bzw. Abfolge der Zahlen muss bekannt sein.)

Aufgabe 3:

Die Multiplikation lässt sich als wiederholte Addition betrachten. Wie könnte man, auf der Basis der Definition der Addition, die Multiplikation definieren?

Lösung:

$$\text{Def. 3.5}$$

$$n \cdot m = \underbrace{n + n + n + \ldots + n}_{m-mal} = \underbrace{(n + n + \ldots + n)}_{(m-1)-mal} + n \quad = \quad \underbrace{(m-1)}_{\text{Vorgänger}} \cdot n + n$$

Also ist $n \cdot m = \underbrace{(m-1)}_{\text{Vorgänger}} \cdot n + n$ und da wir (noch) keinen Vorgänger kennen, können wir

dies wie folgt mit dem Nachfolger ausdrücken: $n \cdot s(k) = n \cdot k + n$

Im weiteren Verlauf des Kapitels erfolgt dann die Definition:

Definition 3.5: Multiplikation in $\mathbb{N}$

Seien $m, n \in \mathbb{N}$. Dann definiert man die Multiplikation wie folgt:

i) $n \cdot 1 := n$

ii) $n \cdot s(m) := n \cdot m + n$

Nachbereitende Übung 3.2:

Aufgabe 1:

Überprüfen Sie an den drei folgenden Grafiken, ob jedes einzelne **Peano-Axiom** erfüllt ist. Begründen Sie Ihre Aussagen.

a)

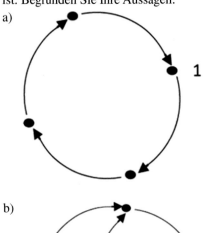

b)

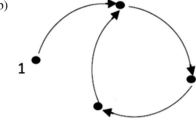

c)

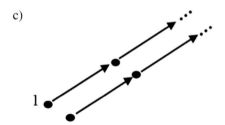

Lösung:

a) 1. Axiom 1 ist erfüllt, da 1 enthalten ist.

   2. Axiom 2 ist nicht erfüllt, da 1 ein Nachfolger ist.

   3. Axiom 3 ist erfüllt, da kein Punkt Nachfolger zweier verschiedener natürlicher Zahlen ist.

   4. Axiom 4 ist nicht erfüllt, da die Nachfolgerabbildung Axiom 2 nicht erfüllt ist.

b) 1. Axiom 1 ist erfüllt, da 1 enthalten ist.

   2. Wenn man die Punkte als Repräsentanten natürlicher Zahlen nimmt, dann ist das Axiom 2 erfüllt.

   3. Axiom 3 ist nicht erfüllt, da der zweite Punkt Nachfolger zweier verschiedener natürlicher Zahlen ist.

   4. Axiom 4 ist nicht erfüllt, da die Nachfolgerabbildung Axiom 3 nicht erfüllt ist.

c) 1. Axiom 1 ist erfüllt, da 1 enthalten ist.

   2. Wenn man die Punkte als Repräsentanten natürlicher Zahlen nimmt, dann ist das Axiom 2 erfüllt.

   3. Axiom 3 ist erfüllt, da keine Zahl Nachfolger zweier verschiedener natürlicher Zahlen ist.

   4. Axiom 4 ist nicht erfüllt, da zwei Teile existieren. Enthält die Menge M die 1 und jeden Nachfolger, so ist die untere Pfeilfolge nicht enthalten. Daher kann M als $\mathbb{N}$ nicht beide Pfeilfolgen enthalten.

Hinweis: Falls Sie die beiden Pfeilfolgen in c) getrennt betrachten, dann müssen Sie auch für beide Pfeilfolgen die Axiome getrennt überprüfen.

Aufgabe 2:
Erstellen Sie ein Axiomensystem für die negativen natürlichen Zahlen ($\mathbb{Z}\backslash\mathbb{N}$).

Lösung:

1. Möglichkeit

Die negativen natürlichen Zahlen $\mathbb{Z}\backslash\mathbb{N}$ bilden eine Menge M mit einem ausgezeichneten Element $0 \in \mathbb{Z}\backslash\mathbb{N}$ und einer Abbildung $v: \mathbb{Z}\backslash\mathbb{N} \rightarrow \mathbb{Z}\backslash\mathbb{N}$ (v steht hier für Vorgänger), für welche die folgenden Axiome erfüllt sind.

P1 $0 \in \mathbb{Z}\backslash\mathbb{N}$
P2 $n \in \mathbb{Z}\backslash\mathbb{N} \Rightarrow v(n) \in \mathbb{Z}\backslash\mathbb{N}_0$
P3 $\forall\, m, n \in \mathbb{Z}\backslash\mathbb{N}: v(m) = v(n) \Rightarrow m = n$
P4   Für eine Teilmenge $M \subseteq \mathbb{Z}\backslash\mathbb{N}$ mit den Eigenschaften:
      a) $0 \in M$
      b) $\forall\, n \in$ M, $v(n) \in M$ gilt: $M = \mathbb{Z}\backslash\mathbb{N}$

2. Möglichkeit (ohne 0)
Die negativen natürlichen Zahlen $\mathbb{Z}\backslash\mathbb{N}_0$ bilden eine Menge M mit einem ausgezeichneten
Element $-1 \in \mathbb{Z}\backslash\mathbb{N}_0$ und einer Abbildung $v: \mathbb{Z}\backslash\mathbb{N}_0 \to \mathbb{Z}\backslash\mathbb{N}_0$ ($v = $ *Vorgänger*), für welche
die folgenden Axiome erfüllt sind.

P1 $-1 \in \mathbb{Z}\backslash\mathbb{N}_0$
P2 $n \in \mathbb{Z}\backslash\mathbb{N}_0 \Rightarrow v(n) \in \mathbb{Z}\backslash\mathbb{N}_0\backslash\{-1\}$
P3 $\forall\, m, n \in \mathbb{Z}\backslash\mathbb{N}_0\ v(m) = v(n) \Rightarrow m = n$
P4   Für eine Teilmenge $M \subseteq \mathbb{Z}\backslash\mathbb{N}_0$ mit den Eigenschaften:
      a) $-1 \in M$
      b) $\forall\, n \in M\ v(n) \in M$ gilt: $M = \mathbb{Z}\backslash\mathbb{N}_0$

Aufgabe 3:
Benennen Sie die Unterschiede und Gemeinsamkeiten von Aussagen, Axiomen,
Beweisen, Definitionen und Sätzen mit eigenen Worten.

Mögliche Lösungsinhalte (verkürzte Lösungen):
Eine *Aussage* ist eine Verbindung von Subjekt und Prädikat mit Wahrheitswert.

Axiome sind die letztendlichen Grundlagen einer Theorie (und somit Konventionen), die
diesen ebenso einen Namen geben (z. B. Peano-Axiome sagen etwas darüber aus, was
natürliche Zahlen sind). Axiome müssen drei Bedingungen erfüllen: Widerspruchsfreiheit, Vollständigkeit und Unabhängigkeit. Zudem werden sie beweislos vorausgesetzt.

Beim *Beweisen* wird durch „$\Rightarrow$" und „$\Leftrightarrow$" schrittweise die Wahrheit von einer Aussage zur nächsten übertragen. Dies erfolgt in der Regel durch Nutzung vorheriger
Definitionen und Sätze. Beweise dienen also der Überprüfung von Behauptungen, damit
wir diese als Sätze notieren können.

Definitionen sind Konventionen. Sie bestehen aus allgemeinen Formulierungen der Art:
x heißt „gerade Zahl" $:\Leftrightarrow$ *x wird von 2 geteilt*
Verbunden können die Formulierungen immer durch „$:\Leftrightarrow$" (definitionsgemäß äquivalent) oder „$:=$" (definitionsgemäß gleich) werden. Eine Seite der Zeichen gibt dabei
immer den Namen des Subjektes x vor.

In **Sätzen** werden allgemeine Formulierungen mit „$\Rightarrow$" oder „$\Leftrightarrow$" verbunden. Sätze sind somit nichts anderes als Verknüpfungen, die selbst immer wahr sein müssen (wichtig!). D. h., dass sich die Verknüpfung als wahr beweisen lassen muss, damit es ein „Satz" ist.

Aufgabe 4:
Worin besteht der Fehler bei $n \cdot m = n \cdot s(m) + n$?

Lösung:
Diese Betrachtung einer Multiplikation bewirkt, dass bei einer Multiplikation n zwar schrittweise addiert wird, gleichzeitig würde aber auch ein Faktor um 1 erhöht werden ($s(m) = m + 1$).
Statt der Nachfolgeroperation müsste hier die Vorgängeroperation betrachtet werden, oder die Nachfolgeroperation würde nur bei dem m auf der anderen Seite der Gleichung verwendet werden.

Vorbereitende Übung 3.3:

Aufgabe 1:
Begründen/Beweisen Sie die Gauß'sche Summenformel, die besagt, dass für $n \in \mathbb{N}$ gilt:

$$\sum_{i=1}^{n} i = \frac{n(n+1)}{2}$$

Lösungshinweis:
Lösungshinweise finden Sie im weiteren Verlauf des Kapitels.

Nachbereitende Übung 3.3:

Aufgabe 1:
a) Zeigen Sie durch vollständige Induktion, dass für alle $n \in \mathbb{N}$ gilt:

$$1 + 3 + 5 + \ldots + (2n - 1) = n^2$$

b) In der Grundschule könnte man die Gleichung mit figurierten Zahlen nachweisen:

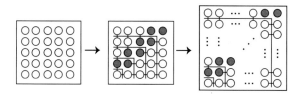

Das allgemeine Argument könnte wie folgt lauten: „Jedes Mal, wenn das Quadrat um 1 größer wird, kommt ein neuer Winkelhaken hinzu. Der neue Winkelhaken besitzt die gleiche Anzahl an Punkten wie der vorherige und 2 mehr, wie die Zuordnungen im Bild zeigen. Wenn immer zwei hinzukommen und die allererste Zahl die 1 war, dann kommt immer eine ungerade Anzahl an Punkten hinzu."

Finden Sie die Elemente Ihrer vorherigen vollständigen Induktion in diesem Argument wieder.

Lösung:

a) Voraussetzung: $n \in \mathbb{N}$

Zu zeigen: $1 + 3 + 5 + \ldots + (2n - 1) = n^2$

1. Schritt: Induktionsanfang (IA)

Zu zeigen: $p(1)$ gilt

$p(1) = ((2 \cdot 1) - 1) = 1$ und $1^2 = 1$

2. Schritt: Induktionsvoraussetzung (IV)

Setzung: $p(n)$ ist wahr für ein beliebiges, aber festes $n \in \mathbb{N}$

$p(n)$: $1 + 3 + 5 + \ldots + (2n - 1) = n^2$

$$= \sum_{k=1}^{n} (2k - 1) = n^2$$

Hinweis: Das Zeichen $\sum_{k=1}^{n} (2k - 1)$ bedeutet, dass über die Variable k addiert werden soll. Für k sind also nacheinander die Zahlen von 1 bis n einzusetzen. Die hierdurch entstandenen Ausdrücke $(2 \cdot 1 - 1)$, $(2 \cdot 2 - 1)$, $(2 \cdot 3 - 1)$, …, $(2 \cdot n - 1)$ sind dann zu addieren.

3. Schritt: Induktionsschritt (IS)

Folgerung: $\forall\, n \in \mathbb{N}$: $p(n) \Rightarrow p(n + 1)$

Zu zeigen:

$$p(n + 1) = \sum_{k=1}^{n+1} (2k - 1) = (n + 1)^2$$

$$\overset{}{\underset{k=1}{\sum^{n+1}}} (2k - 1) \overset{*}{=} (2(n + 1) - 1) + \overset{}{\underset{k=1}{\sum^{n}}} (2k - 1) \overset{IV}{=} n^2 + 2n + 1 = (n + 1)^2$$

* Summe trennen, damit IV einsetzbar ist

b) „Jedes Mal, wenn das Quadrat um 1 größer (=IS) wird, kommt ein neuer Winkelhaken hinzu. Der neue Winkelhaken besitzt die gleiche Anzahl an Punkten wie der vorherige und 2 mehr, wie die Zuordnungen im Bild zeigen. Wenn immer zwei hinzukommen und die allererste Zahl die 1 (=IA) gewesen ist, dann kommt immer eine ungerade Anzahl an Punkten hinzu (=Begründung für IS)."

Aufgabe 2:

Zeigen Sie, dass eine natürliche Zahl ab einer bestimmten Grenze als Exponent von 2 höhere Werte erzeugt als das Quadrat einer Zahl.

Lösung:

Formal aufgeschrieben lautet die zu beweisende Behauptung:

$$2^n > n^2$$

Zunächst sei nach einem Induktionsstart gesucht:

n	2^n	n^2
1	2	1
2	4	4
3	8	9
4	16	16
5	32	25

Also vermutlich: $2^n > n^2$ für $n \geq 5$

1. Schritt: Induktionsanfang (IA)
Zu zeigen: $p(5)$ gilt
$p(5)$: $2^5 = 32 > 25 = 5^2$

2. Schritt: Induktionsschritt (IV)
Setzung: $p(n)$ sei wahr für ein beliebiges, aber festes $n \in \mathbb{N}$ mit $n \geq 5$
$p(n)$ hier: $2^n > n^2$

3. Schritt: Induktionsschritt (IS)
Folgerung: $\forall\, n \in \mathbb{N}: p(n) \Rightarrow p(n+1)$
$p(n+1)$ lässt sich so formulieren: $2^{n+1} > (n+1)^2$

$$2^{n+1} = 2^n \cdot 2 \overset{IV}{>} n^2 \cdot 2 = n^2 + n^2 \overset{*}{>} (n+1)^2$$
$* \; n^2 + n^2 \geq (n+1)^2 \Leftrightarrow n^2 + n^2 \geq n^2 + 2n + 1 \Leftrightarrow n^2 \geq 2n + 1$

Dies gilt für alle $n \in \mathbb{N}$ mit $n \geq 5$, da eine Zahl größer als 2 mit sich selbst multipliziert größer wird, als die Zahl mit 2 multipliziert (auch wenn 1 addiert wird).

Alternativ wäre im letzten Schritt folgende Zwischenabschätzung denkbar:
$n^2 > 3n > 2n + 1$ (für $n \geq 5$)

Lösungen und Lösungshinweise zu Kap. 4: Teilbarkeitslehre in $\mathbb{N}$

Vorbereitende Übung 4.1:

Aufgabe 1:

$$9 : 3 = 3$$
$$12 : 2 = 6$$
$$20 : 5 = 4$$

a) Sie sehen einige Divisionsaufgaben. Was setzt es voraus, dass eine Zahl eine andere teilt?

b) Welche speziellen Voraussetzungen gelten für die Division mit den Zahlen 2, 3 und 5? Begründen Sie Ihre Antworten mit eigenen Worten.

Lösung und Lösungshinweis:

a) $a : x = b \Leftrightarrow a = b \cdot x$ (für $a, b, x \in \mathbb{N}$)

x und b sind Teiler von a bzw. a ist ein Vielfaches von b und x.

Erweiterungen zu dieser Aussage (z. B.: Wann darf welche Variable auch 0 sein?) findet sich im Verlauf des Kapitels.

b) Für 2: Eine Zahl ist genau dann durch 2 teilbar, wenn ihre letzte Ziffer gerade ist $(0, 2, 4, 6, 8)$.

Begründungsansatz: Wenn die letzte Ziffer gerade ist, dann ist die Zahl als $2 \cdot x$, $x \in \mathbb{N}$ darstellbar. Dann kann sie auch durch 2 dividiert werden. Alternativ kann diese Behauptung auch mit Hilfe des Begründungsansatzes zur Division mit der Zahl 5 erfolgen, denn 10^x ist nicht nur durch 5, sondern auch durch 2 teilbar, so dass nur noch die Einerstelle relevant wird.

Für 3: Eine Zahl ist genau dann durch 3 teilbar, wenn ihre Quersumme durch 3 teilbar ist. Begründungsansatz: s. Aufgabe 2

Für 5: Eine Zahl ist genau dann durch 5 teilbar, wenn ihre letzte Ziffer eine 5 oder 0 ist.

Begründungsansatz: Eine Zahl x ist darstellbar als $x = 10 \cdot b + a_0$. Da 5 ein Teiler der 10 ist (da $5 \cdot 2 = 10$), folgt: 5 muss a_0 teilen, um ein Teiler von x zu sein.

Aufgabe 2:

$$4752 = 4 \cdot 1000 + 7 \cdot 100 + 5 \cdot 10 + 2 \cdot 1$$
$$= 4 \cdot (999 + 1) + 7 \cdot (99 + 1) + 5 \cdot (9 + 1) + 2 \cdot 1$$
$$= 4 \cdot 999 + 4 + 7 \cdot 99 + 7 + 5 \cdot 9 + 5 + 2$$
$$= 4 \cdot 999 + 7 \cdot 99 + 5 \cdot 9 + (4 + 7 + 5 + 2)$$

a) Fügen Sie zu der oben stehenden Rechnung zwei weitere Beispiele an (gerne vierstellige Zahlen, aber auch andere).

b) Welchen allgemeinen mathematischen Zusammenhang zur Teilbarkeit können Sie hierbei erkennen?

c) Begründen Sie Ihre Lösung aus b) für beliebige vierstellige Zahlen.

Lösung und Lösungshinweis:

a) Hier können irgendwelche Zahlen gewählt werden. Nehmen wir die Zahlen 2635 und 7832.

$$2635 = 2 \cdot 1000 + 6 \cdot 100 + 3 \cdot 10 + 5 \cdot 1$$
$$= 2 \cdot (999 + 1) + 6 \cdot (99 + 1) + 3 \cdot (9 + 1) + 5 \cdot 1$$
$$= 2 \cdot 999 + 2 + 6 \cdot 99 + 6 + 3 \cdot 9 + 3 + 5$$
$$= 2 \cdot 999 + 6 \cdot 99 + 3 \cdot 9 + (2 + 6 + 3 + 5)$$

$$7832 = 7 \cdot 1000 + 8 \cdot 100 + 3 \cdot 10 + 2 \cdot 1$$
$$= 7 \cdot (999 + 1) + 8 \cdot (99 + 1) + 3 \cdot (9 + 1) + 2 \cdot 1$$
$$= 7 \cdot 999 + 7 + 8 \cdot 99 + 8 + 3 \cdot 9 + 3 + 2$$
$$= 7 \cdot 999 + 8 \cdot 99 + 3 \cdot 9 + (7 + 8 + 3 + 2)$$

b) Die zwei Teile des Zusammenhanges sollten durch eine Implikation oder eine Äquivalenz (besser) miteinander verbunden sein, und wichtig wäre hier auch die Erwähnung der Quersumme. Also z. B.:

– Eine Zahl ist genau dann durch 3 (bzw. 9) teilbar, wenn ihre Quersumme durch 3 (bzw. 9) teilbar ist.

– Eine Zahl ist genau dann nicht (!) durch 3 (bzw. 9) teilbar, wenn ihre Quersumme auch nicht (!) durch 3 (bzw. 9) teilbar ist.

Mit den Beispielen, die als „beispielgebundene Beweise" betrachtet werden können, lassen sich also die Quersummenregeln zu 3 und zu 9 formulieren.

Begründungen: Eine Zahl lässt sich durch eine andere teilen, wenn alle Summanden, aus denen sie besteht, durch diese andere Zahl geteilt werden können (Summenregel zur Teilbarkeit). Betrachtet man die letzten Zeilen der obigen Rechnungen, lässt sich erkennen, dass die Quersumme immer ausgeklammert werden kann. Die Produkte vor der Quersumme sind jeweils Vielfache von 3 (bzw. 9). Demnach muss nur noch getestet werden, ob auch die Quersumme ein Vielfaches von 3 (bzw. 9) ist.

c) Hier ist gefordert, dass Sie jeden einzelnen Schritt der algebraischen Termumformung begründen. Gegeben sei eine Zahl aus dem Zehnersystem mit den Ziffern $a, b, c, d \in \mathbb{N}$. Die Ziffer a steht an der Tausenderstelle, b an der Hunderterstelle, c an der Zehnerstelle und d an der Einerstelle. Diese vierstellige Zahl ist dann folgendermaßen darstellbar:

$a \cdot 1000 + b \cdot 100 + c \cdot 10 + d \cdot 1.$

Dies entspricht auch der ersten Zeile unserer Beispielrechnungen.

$$a \cdot 1000 + b \cdot 100 + c \cdot 10 + d \cdot 1$$

Die Zehnerpotenzen werden nun um 1 verringert als Addition geschrieben, z. B.:
$10 = 9 + 1$
$= a \cdot (999 + 1) + b \cdot (99 + 1) + c \cdot (9 + 1) + d \cdot 1$
Wir wenden das Distributivgesetz (DG) an:
$\overset{DG}{=} a \cdot 999 + a + b \cdot 99 + b + c \cdot 9 + c + d \cdot 1$
Jetzt werden das Kommutativgesetz (KG) und das Assoziativgesetz (AG) angewendet:
$\overset{KG}{\underset{AG}{=}} a \cdot 999 + b \cdot 99 + c \cdot 9 + (a + b + c + d)$

999, 99 und 9 sind durch 3 (bzw. 9) teilbar, somit sind auch die einzelnen Summanden durch 3 (bzw. 9) teilbar. Entsprechend der Quersummenregel bleibt fraglich, ob auch $a + b + c + d$ auch durch 3 (bzw. 9) teilbar ist. Letzteres ist die Aussage der Quersummenregel.

Aufgabe 3:
a) Welche Zahlen werden von 1 (bzw. 0) geteilt? Welche Zahlen teilen die 1 (bzw. 0)?
b) Gibt es Zahlen, die genau zwei Teiler haben? Kann es Zahlen mit genau drei Teilern geben?

Lösung:
a) Alle natürlichen Zahlen werden von 1 geteilt. Formal: $\forall\, n \in \mathbb{N}: 1|n$.
   Es gibt nur die 1 selbst, die die 1 teilt, bzw. keine andere Zahl außer der 1 teilt die 1.
   $0|n$ würde nach Definition der Teilbarkeit bedeuten, dass ein $t \in \mathbb{N}_0$ existiert, sodass $0 \cdot t = n$. Dies ist jedoch nur bei $n = 0$ der Fall (s. Satz 4.1).
   Dagegen kann 0 von allen natürlichen Zahlen geteilt werden, da immer gilt: $n \cdot 0 = 0$, also $\forall\, n \in \mathbb{N}: n|0$.

b) Genau zwei Teiler besitzen Primzahlen (sei p eine Primzahl, dann ist $T_p = \{1, p\}$).
   Die Zahlen, die genau drei Teiler besitzen, sind alle Zahlen der Form p^2, wobei p eine Primzahl ist. Die Teilermenge ist dann $T_{p^2} = \{1, p, p^2\}$.
   Ansonsten existieren immer Komplementärteiler (wie oben 1 zu p^2). Entsprechend muss die letzte verbleibende Zahl p ihr eigener Komplementärteiler sein, und das ist dann möglich, wenn wir ein Primzahlquadrat betrachten. Wäre es keine Primzahl, so würde es wiederum weitere Teiler dieser Zahl und somit weitere Elemente der Teilermenge geben.

Nachbereitende Übung 4.1:

Aufgabe 1:
Beweisen Sie von Satz 4.2 (mit a, b, c, d, m, $n \in \mathbb{N}_0$):
a) (ii) $a|m \cdot b - n \cdot c$, falls $m \cdot b - n \cdot c \geq 0$
b) Aus $a|b$ und $c|d$ folgt $a \cdot c|b \cdot d$

Lösung:

a) Voraussetzung: $a, b, c, m, n \in \mathbb{N}_0$: $a|b$ und $a|c$

Zu zeigen: $a|m \cdot b - n \cdot c$ für $(m \cdot b - n \cdot c) > 0$

Aus $a|b$ folgt nach Definition 4.1: $\exists\, t_1 \in \mathbb{N}_0$: $a \cdot t_1 = b$

Aus $a|c$ folgt nach Definition 4.1: $\exists\, t_2 \in \mathbb{N}_0$: $a \cdot t_2 = c$

Betrachtet man folgendes Vielfache von a: $\underbrace{(m \cdot t_1 - n \cdot t_2)}_{\geq 0} \cdot a$

$a|(m \cdot t_1 - n \cdot t_2) \cdot a$ (laut Def. 4.1)

$\overset{DG}{\Longrightarrow} a|(m \cdot t_1) \cdot a - (n \cdot t_2) \cdot a$

$\overset{AG.}{\Longrightarrow} a|m \cdot (t_1 \cdot a) - n \cdot (t_2 \cdot a)$

$\overset{Vor.}{\Longrightarrow} a|m \cdot b - n \cdot c$

b) Voraussetzung: $a,\ b,\ c,\ d \in \mathbb{N}_0$: $a|b$ und $c|d$

Zu zeigen: $a \cdot c|b \cdot d$

$a|b$ und $c|d$

$\overset{Def.\ 4.1}{\Longrightarrow} \exists\, t_1 \in \mathbb{N}_0$: $a \cdot t_1 = b$

$\qquad \exists\, t_2 \in \mathbb{N}_0$: $c \cdot t_2 = d$

$\Rightarrow (a \cdot t_1) \cdot (c \cdot t_2) = b \cdot d$

$\overset{KG\ \cdot,\ AG\ \cdot}{\Longrightarrow} (a \cdot c) \cdot (t_1 \cdot t_2) = b \cdot d$

$\overset{Def.\ 4.1\ (t_1, t_2 \in \mathbb{N}_0)}{\Longrightarrow} a \cdot c|b \cdot d$

Aufgabe 2:

Der Beweis von Satz 4.1 Teil 2) war eine Fallunterscheidung gemäß Satz 2.3c). Der Satz 2.3c) war für Aussagen p und q formuliert. Formulieren Sie nun diese Aussagen p und q so, dass sie zu der Fallunterscheidung in dem Beweis von Satz 4.1 Teil 2) passen.

Lösung:

Die erste Fallunterscheidung, die im Beweis von 4.1 Teil 2) getroffen wird, ist die, ob $a = 0$ oder $a \neq 0$ ist. Diese ist aber nicht die gesuchte Fallunterscheidung für die Aufgabe, weil im Fall $a \neq 0$ die Voraussetzungen des Satzes nicht erfüllt sind (da $b \neq 0$). Die gesuchten Aussagen sind p: $t = 1$ und somit $\neg p$: $t > 1$. Diese sind genau gegensätzlich und erzeugen keinen Widerspruch, da schon gilt $t \neq 0$. Die Aussage q entspricht der Folgerung des Satzes, also q: $a \leq b$.

Genauer: Aus p bzw. $\neg p$ folgt jeweils noch nicht q, sondern aus ihrer Konsequenz p': $a = b$ und $\neg p'$: $a < b$. Da wir diese mit einem „oder" verknüpfen, haben wir die Folgerung $a = b \vee a < b$, was sich zusammenfassen lässt zu $a \leq b$. Also folgt insgesamt q, und man kann schreiben: $(p \vee \neg p \Rightarrow q) \Rightarrow q$.

Aufgabe 3:

Gegeben sei die folgende Darstellung von Zahlen:

$$
\begin{array}{llll}
0 & 2 & \ldots & b \\
2b & 2b + 2 & \ldots & 4b \\
4b & 4b + 2 & \ldots & 5b \\
5b & 5b + 2 & \ldots & 6b \\
\vdots & \vdots & \vdots & \vdots
\end{array}
$$

a) Warum funktioniert der Beweis zu Satz 4.4 mit dieser Darstellung nicht?

b) Stellen Sie die Tabelle so dar, dass sie für den Beweis des Satzes 4.4 mit $a = qx + y$ nutzbar ist. Begründen Sie Ihre Darstellung.

Lösung:

a) – Die natürlichen Zahlen werden als Vielfache von b mit Rest notiert. Hier sind jedoch nicht alle Vielfachen mit ihren Resten vorhanden.

 – Auch kann eine natürliche Zahl nicht ihrem Nachfolger entsprechen, was hier in der Tabelle dadurch dargestellt ist, dass beispielsweise zweifach $4b$ etc. auftaucht. So sind dieselben Vielfachen in der Tabelle vorhanden, sodass sie nicht mehr die Eindeutigkeit der Darstellung gewährleistet.

 – Die zweite ($1b$, $1b+1$,...) und die dritte ($3b$, $3b+1$,...) Zeile und die zweite Spalte (1, $1b+1$, $2b+1$, ...) fehlen vollständig, sodass in der gesamten Darstellung beispielsweise der Rest 1 fehlt und dadurch die natürlichen Zahlen nicht vollständig dargestellt sind.

b)

$$
\begin{array}{llllll}
0 & 1 & 2 & 3 & \ldots & x - 1 \\
x & x + 1 & x + 2 & x + 3 & \ldots & 2x - 1 \\
2x & 2x + 1 & 2x + 2 & 2x + 3 & \ldots & 3x - 1 \\
3x & 3x + 1 & 3x + 2 & 3x + 3 & \ldots & 4x - 1 \\
\vdots & \vdots & \vdots & \vdots & \vdots & \vdots \\
qx & qx + 1 & qx + 2 & qx + 3 & \ldots & ((q + 1)x - 1) \\
\vdots & \vdots & \vdots & \vdots & \vdots & \vdots
\end{array}
$$

Zur Begründung sei auf die Ausführung im Kapitel mit einem entsprechenden Tausch der Variablen verwiesen.

Vorbereitende Übung 4.2:

Aufgabe 1:

$$1113 = 2 \cdot 420 + 273$$

$$420 = 1 \cdot 273 + 147$$

$$273 = 1 \cdot 147 + 126$$

$$147 = 1 \cdot 126 + 21$$

$$126 = 6 \cdot 21 + 0$$

Der Algorithmus liefert Ihnen den $ggT(1113, 420)$, aber warum? Veranschaulichen Sie sich zur Beantwortung der Frage die Division mit Rest als Aneinanderlegen von Streckenlängen.

Lösung (Die gezeichneten Strecken dienen der Veranschaulichung. Es handelt sich um eine Skizze ohne exakte Längenmaße.):

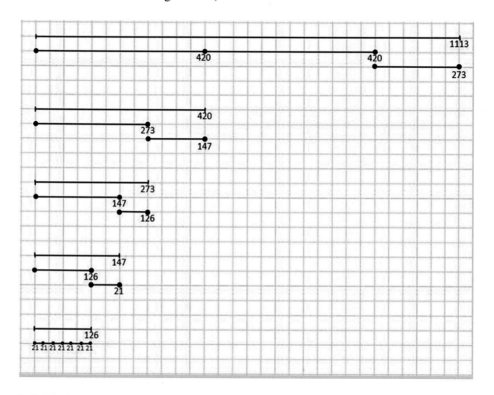

Aufgabe 2:

a) Stellen Sie die Gleichungen aus Aufgabe 1 um, sodass Sie diese folgende Form erhalten: $ggT(a, b) = xa + yb$. Gehen Sie hierzu von der vorletzten Gleichung aus, und setzen Sie die vorherige Gleichung für die jeweiligen Werte ein. Rechnen Sie die multiplikativen Verknüpfungen (Produkte) nicht aus!

b) Geben Sie eine grafische Darstellung des größten gemeinsamen Teilers zweier konkreter Zahlen in der Form $ggT(a, b) = xa + yb$ an.

Lösung:

a)

$$21 = 147 - 1 \cdot 126$$
$$\Leftrightarrow 21 = 147 - (273 - 1 \cdot 147)$$
$$\Leftrightarrow 21 = 147 - 273 + 1 \cdot 147$$

$$126 = 273 - 1 \cdot 147$$

$\Leftrightarrow 21 = 2 \cdot 147 - 273$ $147 = 420 - 273$

$\Leftrightarrow 21 = 2 \cdot (420 - 273) - 273$

$\Leftrightarrow 21 = 2 \cdot 420 - 3 \cdot 273$ $273 = 1113 - 2 \cdot 420$

$\Leftrightarrow 21 = 2 \cdot 420 - 3 \cdot (1113 - 2 \cdot 420)$

$\Leftrightarrow 21 = 2 \cdot 420 - 3 \cdot 1113 + 6 \cdot 420$

$\Leftrightarrow 21 = 8 \cdot 420 - 3 \cdot 1113$

$\Leftrightarrow 21 = 8 \cdot 420 + (-3) \cdot 1113$

$\Leftrightarrow 21 = (-3) \cdot 1113 + 8 \cdot 420$

b)

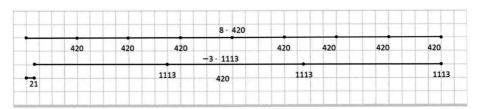

Nachbereitende Übung 4.2:

Aufgabe 1:
In der vorbereitenden Übung haben Sie den euklidischen Algorithmus zeichnerisch dargestellt und den größten gemeinsamen Teiler zweier Zahlen als Teiler der beiden Anfangszahlen anhand von Streckenlängen erklärt. In diesem Kapitel wurde der größte gemeinsame Teiler zweier Zahlen u. a. mittels der Sätze 4.4 und 4.5 und dann durch den euklidischen Algorithmus bestimmt. Erklären Sie die Gemeinsamkeiten und Unterschiede zwischen den beiden Vorgehensweisen.

Lösung:
Einige Gemeinsamkeiten:
- Sowohl in der zeichnerischen als auch der formalen Darstellung lässt sich die Gleichung $a = qb + r$ mit ihren Werten wiederfinden.
- An der Zeichnung (s. Lösung zur vorbereitenden Übung 4.2 Aufgabe 1) ist ersichtlich, dass man den größten gemeinsamen Teiler gefunden hat, wenn es in der letzten grafischen Darstellung von Streckenlängen keinen Rest mehr gibt. Zudem verdeutlichen die verschiedenen Strecken, dass der Rest in den einzelnen Rechenschritten ≥ 0 sein muss. In der untersten Darstellung wird ersichtlich, dass der Rest wegfällt. Dies entspricht dem finalen Schritt beim euklidischen Algorithmus bei dem der sich durch Division letztlich ergebende Rest 0 ist.
- Die Strecken von b und r zusammengefasst zeigen, dass es sich um eine Gleichung wie in den Sätzen 4.4 und 4.5 handeln muss (also $a = qb + r$).

- Die Längen der Strecken zeigen, dass b immer größer als r (Satz 4.4) und a größer b (Satz 4.5) sein muss. In der symbolischen Darstellung wird dies als Bedingung für die Division mit Rest gesetzt. Bei der grafischen Veranschaulichung verhält es sich auch in einer möglichen Anweisung ähnlich: Lege die kürzere Strecke so oft in die längere, wie es möglich ist. Wäre der Rest größer als b, so wäre noch ein „Hineinlegen" möglich.

Unterschied(e):
- Die grafische Darstellung veranschaulicht gut, dass der $ggT(a,b) = ggT(b,r)$ ist (Satz 4.5). Dies wird aber erst dann ersichtlich, wenn man den größten gemeinsamen Teiler von unten nach oben nachverfolgt. In der symbolischen Schreibweise wird $ggT(a,b) = ggT(b,r)$ jedoch als Bedingung zu Beginn gesetzt (durch Nutzung von Satz 4.5).

Aufgabe 2:
Beispiel:
Gesucht: $ggT(64589, 3178)$

$$64589 = 20 \cdot 3178 + 1029$$
$$3178 = 3 \cdot 1029 + 91$$
$$1029 = 11 \cdot 91 + 28$$
$$91 = 3 \cdot 28 + 7$$
$$28 = 4 \cdot 7 + 0$$

Sie sehen unten abgebildet die letzten drei Zeilen einer Berechnung des größten gemeinsamen Teilers mithilfe des euklidischen Algorithmus. Schreiben Sie zwei weitere Zeilen so darüber, dass sie zum Algorithmus passen. Die Ausgangszahlen sollen hierbei zwischen 500 und 1000 liegen. Finden Sie alle Lösungen.

1. Zeile: ____ = _ · __ + __
2. Zeile: ____ = _ · __ + __
3. Zeile: $153 = 3 \cdot 48 + 9$
4. Zeile: $48 = 5 \cdot 9 + 3$
5. Zeile: $9 = 3 \cdot 3 + 0$

Lösung:
Es wäre beispielsweise möglich:
1. Zeile: $\underline{660 = 1 \cdot 507 + 153}$
2. Zeile: $\underline{507 = 3 \cdot 153 + 48}$
3. Zeile: $153 = 3 \cdot 48 + 9$
4. Zeile: $48 = 5 \cdot 9 + 3$
5. Zeile: $9 = 3 \cdot 3 + 0$

In der zweiten Zeile könnte anstatt der 3 auch eine 4 oder 5 eingesetzt werden, sodass die Ausgangszahlen weiterhin zwischen 500 und 1000 liegen.

Aufgabe 3:
Beweisen Sie von Satz 4.6 die Teile d) und e).

▶ **Tipp:** Sie können bereits bewiesene Teile des Satzes 4.6 nutzen.

d) $ggT\left(\frac{a}{c}, \frac{b}{c}\right) = \frac{1}{c}ggT(a,b)$, falls $c|a$ und $c|b$

e) $ggT\left(\frac{a}{ggT(a,b)}, \frac{b}{ggT(a,b)}\right) = 1$

Lösung:
Beweis zu Satz 4.6 d):
Voraussetzung: $a, b, c \in \mathbb{N}$ und $c|a$ und $c|b$
Zu zeigen: $ggT\left(\frac{a}{c}, \frac{b}{c}\right) = \frac{1}{c}ggT(a,b)$

Da $c|a$ und $c|b$, sind $\frac{a}{c}, \frac{b}{c} \in \mathbb{N}$. Mit Teil c) des Satzes 4.6 folgt dann, dass
$c \cdot ggT\left(\frac{a}{c}, \frac{b}{c}\right) = ggT\left(c \cdot \frac{a}{c}, c \cdot \frac{b}{c}\right) = ggT(a,b)$
Betrachten Sie nun den Anfang und das Ende der Gleichungskette: Da $c \in \mathbb{N}$ und somit $c \neq 0$ (Division durch 0 nur bei 0), folgt, dass

$$ggT\left(\frac{a}{c}, \frac{b}{c}\right) = \frac{1}{c} \cdot ggT(a,b)$$

Beweis zu Satz 4.6 e):
Voraussetzung: $a, b \in \mathbb{N}$ und $c|a$ und $c|b$
Zu zeigen: $ggT\left(\frac{a}{ggT(a,b)}, \frac{b}{ggT(a,b)}\right) = 1$

$$ggT\left(\frac{a}{ggT(a,b)}, \frac{b}{ggT(a,b)}\right) \overset{\substack{\text{Satz} \\ \text{4.6 d)}}}{=} \frac{1}{ggT(a,b)} \cdot ggT(a,b) = \left(\frac{ggT(a,b)}{ggT(a,b)}\right) = 1$$

Aufgabe 4:
Zeigen Sie per vollständigen Induktion: $\forall\, n \in \mathbb{N}: 3\,|\,(n^3 + 2n)$. Erklären Sie dabei jeden Schritt Ihrer Induktion.

Lösung:
Voraussetzung: $n \in \mathbb{N}$
Zu zeigen: $3\,|\,(n^3 + 2n)$

IA   Für $n = 1$ gilt $p(1)$: $3\,|\,(1^3 + 2 \cdot 1)$ Ist erfüllt, da $3|3$.
IV   Für ein beliebiges, aber festes $n \in \mathbb{N}$ gelte $p(n)$: $3|(n^3 + 2n), n \in \mathbb{N}$
IS $p(n) \Rightarrow p(n+1)$

Hierzu betrachten wir zunächst nur den hinteren Term für $p(n+1)$:

$(n+1)^3 + 2(n+1)$

DG

$= (n^3 + 3n^2 + 3n + 1) + (2n + 2)$

KG

$= n^3 + 2n + 3n^2 + 3n + 3$

AG

AG

$= (n^3 + 2n) + (3n^2 + 3n + 3)$

DG

$= (n^3 + 2n) + 3(n^2 + n + 1)$

Der erste Summand in der letzten Zeile ist laut Induktionsvoraussetzung (IV) durch 3 teilbar. Der zweite Summand ist ein ganzzahliges Vielfaches von 3 und daher auch durch 3 teilbar. Daher gilt die Aussage $p(n+1)$, wenn $p(n)$ gilt.

Entsprechend dem Satz zur vollständigen Induktion gilt die Aussage $p(n)$ somit für alle $n \in \mathbb{N}$.

Vorbereitende Übung 4.3:

Aufgabe 1:

Unten dargestellt sind zwei Wege zur Bestimmung einer Linearkombination der Form $ggT(a, b) = xa + yb$.

1. Zeile: $408 = 1 \cdot 386 + 22$

2. Zeile: $386 = 17 \cdot 22 + 12$

3. Zeile: $22 = 1 \cdot 12 + 10$

4. Zeile: $12 = 1 \cdot 10 + 2$

5. Zeile: $10 = 5 \cdot 2 + 0$

$ggT(408, 386) = 2$

1. Weg:

I	$22 = 408 - 386$
II	$12 = 386 - 17 \cdot 22$
III	$12 = 386 - 17 \cdot (408 - 386)$
IV	$12 = -17 \cdot 408 + 18 \cdot 386$
V	$10 = 22 - 12$
VI	$2 = 12 - 10$
VII	$2 = (-17 \cdot 408 + 18 \cdot 386) - (22 - 12)$
VIII	$2 = -17 \cdot 408 + 18 \cdot 386 - 22 + 12$

IX	$2 = -17 \cdot 408 + 18 \cdot 386 - (408 - 386)$
	$\qquad\qquad + (-17 \cdot 408 + 18 \cdot 386)$
X	$2 = 37 \cdot 386 - 35 \cdot 408$

2. Weg:

I	$2 = 12 - 10$
II	$2 = 12 - (22 - 12)$
III	$2 = 12 - 22 + 12$
	$2 = 2 \cdot 12 - 22$
IV	$2 = 2 \cdot (386 - 17 \cdot 22) - 22$
V	$2 = 2 \cdot 386 - 34 \cdot 22 - 22$
	$2 = 2 \cdot 386 - 35 \cdot 22$
VI	$2 = 2 \cdot 386 - 35 \cdot (408 - 386)$
VII	$2 = 2 \cdot 386 - 35 \cdot 408 + 35 \cdot 386$
	$2 = 37 \cdot 386 - 35 \cdot 408$

a) Beschreiben Sie das Vorgehen innerhalb der einzelnen Wege Schritt für Schritt.
b) Worin unterscheiden sich die Wege?

Lösung:

a) 1. Weg:

I	$22 = 408 - 386$	1. Zeile nach Rest umgeformt
II	$12 = 386 - 17 \cdot 22$	2. Zeile nach Rest umgeformt
III	$12 = 386 - 17 \cdot (408 - 386)$	I einsetzen in II
IV	$12 = -17 \cdot 408 + 18 \cdot 386$	Klammer auflösen und zusammenfassen
V	$10 = 22 - 12$	3. Zeile nach Rest umgeformt
VI	$2 = 12 - 10$	4. Zeile nach Rest umgeformt
VII	$2 = (-17 \cdot 408 + 18 \cdot 386) - (22 - 12)$	IV und V einsetzen (in VI)
VIII	$2 = -17 \cdot 408 + 18 \cdot 386 - 22 + 12$	Klammern auflösen
IX	$2 = -17 \cdot 408 + 18 \cdot 386 - (408 - 386)$ $+(-17 \cdot 408 + 18 \cdot 386)$	Einsetzen von I und IV (in VIII)
X	$2 = 37 \cdot 386 - 35 \cdot 408$	Klammern auflösen und zusammenfassen

2. Weg:

I	$2 = 12 - 10$	4. Zeile nach Rest umgeformt
II	$2 = 12 - (22 - 12)$	3. Zeile wurde nach Rest umgeformt und in I eingesetzt
III	$2 = 12 - 22 + 12$ $2 = 2 \cdot 12 - 22$	Klammer auflösen und zusammenfassen
IV	$2 = 2 \cdot (386 - 17 \cdot 22) - 22$	2. Zeile nach Rest umgeformt und eingesetzt (in III)
V	$2 = 2 \cdot 386 - 34 \cdot 22 - 22$ $2 = 2 \cdot 386 - 35 \cdot 22$	Klammern auflösen und zusammenfassen
VI	$2 = 2 \cdot 386 - 35 \cdot (408 - 386)$	1. Zeile nach Rest umgeformt und eingesetzt (in V)
VII	$2 = 2 \cdot 386 - 35 \cdot 408 + 35 \cdot 386$ $2 = 37 \cdot 386 - 35 \cdot 408$	Klammern auflösen und zusammenfassen

b) Beim ersten Weg startet man von oben. Der Weg ist etwas komplizierter, weil man den größten gemeinsamen Teiler nach und nach herausarbeiten muss. Beim zweiten Weg beginnt man von unten und startet mit dem größten gemeinsamen Teiler. Der größte gemeinsame Teiler ist also schon zu Beginn gegeben, sodass diese Seite der Gleichung nicht mehr verändert werden muss.

Nachbereitende Übung 4.3:

Aufgabe 1:
Zeigen Sie per vollständiger Induktion: $\forall\, n \in \mathbb{N}$: $5 \big| (n^5 - n)$. Erklären Sie dabei jeden Schritt Ihrer Induktion.

Lösung:
Voraussetzung: $n \in \mathbb{N}$
Zu zeigen: $5 \big| (n^5 - n)$

IA.:
Für $n = 1$ gilt $p(1)$: $5 \big| (1^5 - 1) = 5|0$

IV.:
Für ein beliebiges aber festes $n \in \mathbb{N}$ gelte $p(n)$: $5 | (n^5 - n)$, $n \in \mathbb{N}$.

IS.:
Zeige, wenn $p(n)$ gilt, dann gilt auch $p(n + 1)$. Also: $p(n) \Rightarrow p(n + 1)$.
Wir betrachten zunächst den rechten Term von $p(n + 1)$:

$$(n+1)^5 - (n+1) = (n+1)^5 - n - 1$$
$$= n^5 + 5n^4 + 10n^3 + 10n^2 + 5n + 1 - n - 1$$
$$= \left(n^5 - n\right) + 5\left(n^4 + 2n^3 + 2n^2 + n\right)$$

Der erste Summand in der letzten Zeile ($n^5 - n$) ist laut Induktionsvoraussetzung durch 5 teilbar. Der zweite Summand ist ein ganzzahliges Vielfaches von 5 und daher auch durch 5 teilbar. Daher gilt die Aussage $p(n+1)$, wenn $p(n)$ gilt.

Aufgabe 2:
Beweisen Sie, dass keine Zahl $a > 1$ sowohl n als auch $n + 1, n \in \mathbb{N}$, teilt.
(Hinweis: Führen Sie einen Widerspruchsbeweis durch.)

Lösung:
Dies beweist man am besten mit einem Widerspruchsbeweis: Es wird also angenommen, es gäbe eine Zahl $a > 1$, für die gilt:
$a|n$ und $a|(n+1)$.*
Dann müsste es Zahlen x, y geben mit $x \cdot a = n$ und $y \cdot a = (n+1)$.
Setzt man die erste Gleichung in die Zweite ein, erhält man: $y \cdot a = ((x \cdot a) + 1)$ und somit $(y \cdot a) - (x \cdot a) = 1$, also nach DG: $(y - x) \cdot a = 1$.
Da $a \neq 1$ (s. Voraussetzung $a > 1$) kann dies für keine natürliche Zahl $y - x$ gelten.

*Alternatives Argument: Nach Satz 4.2a)ii): $a|\underbrace{(n+1) - n}_{>0} \Leftrightarrow a|1$

Dies ist ein Widerspruch zu $a > 1$.

Aufgabe 3:
Sei $T_a = \{t_1, t_2, \ldots, t_n\}$. Eine natürliche Zahl heißt vollkommen, wenn gilt: $\sum_{i=1}^{n} t_i = 2a$
Finden Sie zwei vollkommene Zahlen und stellen Sie Ihre Überlegungen schriftlich dar.

Lösungshinweis:
Beispielsweise ist die Zahl 6 (28) eine vollkommene Zahl: $T_6 = (1, 2, 3, 6)$ ($T_{28} = (1, 2, 4, 7, 14, 28)$).
Die Summe der Teiler ergibt
$1 + 2 + 3 + 6 = 12 = 2 \cdot 6$
$(1 + 2 + 4 + 7 + 14 + 28 = 56 = 2 \cdot 28)$
und dies entspricht der o. g. Definition vollkommener Zahlen.

Aufgabe 4:

Hasse-Diagramme ermöglichen die Teilermenge einer Zahl grafisch darzustellen. Im Folgenden finden Sie die Erläuterungen zur Erstellung solcher Hasse-Diagramme.

Ein zweidimensionales Hasse-Diagramm wird genutzt, wenn Zahlen in ihrer Teilermenge zwei Primzahlen enthalten (die Zahl 1 ist keine Primzahl). Dieses Hasse-Diagramm stellt die Teilermenge von der Zahl 24 dar: $T(24) = \{1, 2, 3, 4, 6, 8, 12, 24\}$. Bei der Zeichnung eines Hasse-Diagramms dieser Form wird bei der 1 begonnen und diese mit den Primzahlen, welche in der Teilermenge der Zahl auftreten durch Linien verbunden. Auf den Parallelen sind dabei immer die gleichen Primfaktoren aufgetragen.

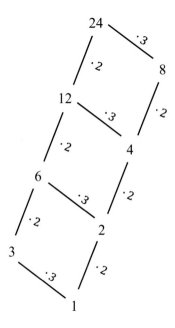

Wenn Zahlen in ihrer Teilermenge drei Primzahlen enthalten, ist ein dreidimensionales Hasse-Diagramm notwendig. Als Beispiel finden Sie ein Hasse-Diagramm für die Zahl 150 dargestellt. Die Teilermenge von 150 lautet: $T(150) = \{1, 2, 3, 5, 6, 10, 15, 25, 30, 50, 75, 150\}$. Es wird bei der 1 begonnen und diese mit den drei Primzahlen durch Linien verbunden.

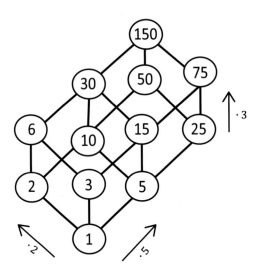

a) Zeichnen Sie die Hasse-Diagramme zu $T(108)$ und $T(350)$.

b) Finden Sie eine Teilermenge $T(a)$ zum Hasse-Diagramm der 1. Form und eine Teilermenge $T(b)$ zum Hasse-Diagramm der 2. Form.

1. Form: 2. Form:

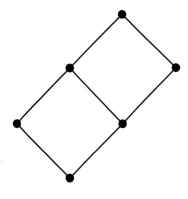   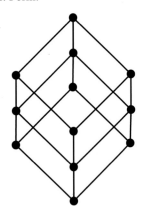

Lösung und Lösungshinweis:

a)   T(108)   T(350)

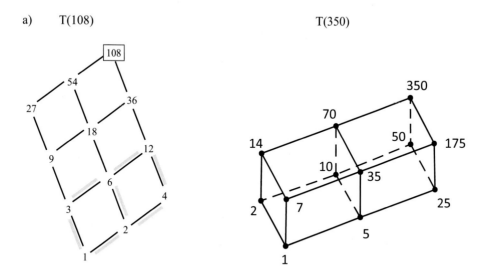

b) Sowohl bei der 1. als auch bei der 2. vorgegebenen Form sind viele verschiedene Teilermengen möglich. Bei der 1. Form haben wir Zahlen mit 2 Primfaktoren (einer mit Exponent 1 und einer mit Exponent 2) und bei der zweiten Form Zahlen mit 3 Primfaktoren (zwei mit Exponent 1 und einer mit Exponent 2) vorliegen.

Die Möglichkeiten hängen von der Wahl der Primzahlen pro ausgehenden Knoten ab. Danach ist alles festgeschrieben. Beispielsweise wäre möglich: bei der 1. Form $T(18)$ und bei der 2. Form $T(60)$.

Aufgabe 5:
Wie können wir an zwei Hasse-Diagrammen den größten gemeinsamen Teiler bestimmen? Erläutern Sie dies anhand zweier Hasse-Diagramme für zwei von Ihnen ausgewählten Zahlen.

▶ **Tipp:** Schieben Sie Ihre beiden Hasse-Diagramme übereinander.

Lösungshinweis:
Beispiel: $ggT(12, 54)$
Zuerst beginnen wir mit den Hasse-Diagrammen, die die Teiler der Zahlen 12 und 54 erfassen:

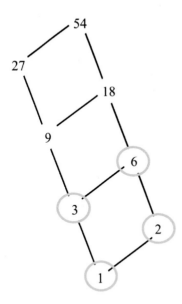

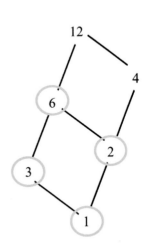

Idee zur ggT-Bestimmung: Die gleichen Teiler werden überlagert (hier 1, 2, 3, 6). Der $ggT(a, b)$ ist diejenige Zahl, die im gemeinsamen (überlagerten) Hasse-Diagramm am weitesten oben steht. Begründung: Die Teiler wachsen pro Schritt mit Faktoren der Primzahlen. In diesem Beispiel ist somit der $ggT(12, 54) = 6$.

Wenn Sie nun noch etwas weiterdenken möchten, so könnten Sie überlegen, wie man mit solchen Hasse-Diagrammen den Satz zur Mächtigkeit von Teilermengen (Satz 5.6) begründen kann.

Lösungen und Lösungshinweise zu Kap. 5: Von den Primzahlen zum Hauptsatz der elementaren Zahlentheorie

Vorbereitende Übung 5.1:

Definition 5.1: Primzahl
Eine natürliche Zahl p heißt *Primzahl* (PZ), falls
1. $p \neq 1$ und
2. $T_p = \{1, p\}$ ist.
Ansonsten heißt diese Zahl zerlegbar.
$\mathbb{P}$ bezeichnet die Menge aller Primzahlen ($\mathbb{P} = \{2, 3, 5, 7, 11, 13, \ldots\}$).

Aufgabe 1:

a) Berechnen Sie:

   i) $ggT(3,9)$

   ii) $ggT(17,29)$

   iii) $ggT(13,28)$

b) Geben Sie mindestens zwei allgemeine Zusammenhänge an, die sich feststellen lassen, wenn bei der Bestimmung eines größten gemeinsamen Teilers zweier Zahlen mindestens eine Primzahl mit im Spiel ist. Formulieren Sie diese Zusammenhänge formal als mathematische Sätze.

c) Beweisen Sie die Zusammenhänge aus Aufgabenteil 1b). Nutzen Sie dabei u. a. die Definition von Primzahlen.

Lösung:

a)

i) $ggT(3,9) = 3$ (Beispiel für Satz 3 in der Aufgabe 1b)

ii) $ggT(17,29) = 1$ (Beispiel für Satz 1 in der Aufgabe 1b)

iii) $ggT(13,28) = 1$ (Beispiel für Satz 2 in der Aufgabe 1b)

b)

Satz 1: Wenn $p \in \mathbb{P}, a \in \mathbb{P}$ und $a \neq p$, dann $ggT(p,a) = 1$

Satz 2: Wenn $p \in \mathbb{P}, a \in \mathbb{N}\backslash\mathbb{P}$ und $p \nmid a$, dann $ggT(p,a) = 1$

Satz 3: Wenn $p \in \mathbb{P}, a \in \mathbb{N}\backslash\mathbb{P}$ und $p \mid a$, dann $ggT(p,a) = p$

c)

Allen Sätzen ist gemein, dass sie eine Aussage mit einer Primzahl p machen. Wichtig ist demnach die Unterscheidung des a und die Beziehung zwischen den Zahlen a und p:

– $a \in \mathbb{P}$ und $a \neq p$

– $a \in \mathbb{N}\backslash\mathbb{P}$ und $p \nmid a$

– $a \in \mathbb{N}\backslash\mathbb{P}$ und $p \mid a$

Satz 1:

Voraussetzung: $p \in \mathbb{P}, a \in \mathbb{P}$ und $a \neq p$

Zu zeigen: $ggT(p,a) = 1$

Nach Definition von Primzahlen gilt:

$p > 1$ und $T_p = \{1, p\}$. Dies gilt auch für a. Demnach ist $T_p = \{1, p\}$ und $T_a = \{1, a\}$.
Da $a \neq p$, ist $T_p \cap T_a = \{1\}$ und damit ist $ggT(p, a) = 1$.

Satz 2:

Voraussetzung: $p \in \mathbb{P}$, $a \in \mathbb{N}\backslash\mathbb{P}$ und $p \nmid a$
Zu zeigen: $ggT(p, a) = 1$

p ist Primzahl, daher gilt $T_p = \{1, p\}$ und $p > 1$.
Da $p \nmid a \Rightarrow p \notin T_a \Rightarrow T_p \cap T_a = \{1\} \Rightarrow ggT(p, a) = 1$.

Satz 3:

Voraussetzung: $p \in \mathbb{P}$, $a \in \mathbb{N}$, $p \mid a$
Zu zeigen: $ggT(p, a) = p$

(1) Wir wissen $p \mid a$ und daraus folgt, dass $p \in T_a$.
(2) Weiter ist p Primzahl. Deshalb ist $T_p = \{1, p\}$ und $p > 1$.
Aus (1) folgt $T_a = \{1, \ldots, p, \ldots, a\}$. Zusammen mit (2) ergibt:
$T_p \cap T_a = \{1, p\} \Rightarrow ggT(p, a) = p$.

Bemerkung:

Natürlich kann man die Beweise auch anders führen, z. B. mithilfe des euklidischen
Algorithmus für Satz 3:
$a = q \cdot p + r$, wobei $r = 0$, da a ein Vielfaches von p ist, da p Primzahl. Somit ist p
bereits der ggT, da kein Rest bleibt.

Aufgabe 2:
Das Sieb des Eratosthenes ist ein Verfahren zum Finden von Primzahlen. Es funktioniert
wie folgt: Zunächst schreibt man eine Liste aller natürlichen Zahlen auf, die dahingehend geprüft werden sollen, ob und welche Primzahlen sie enthalten. Dies sieht dann
z. B. so aus:

1	2	3	4	5	6	7	8	9	10
11	12	13	14	15	16	17	18	19	20
21	22	23	24	25	26	27	28	29	30
31	32	33	34	35	36	37	38	39	40
41	42	43	44	45	46	47	48	49	50
51	52	53	54	55	56	57	58	59	60
61	62	63	64	65	66	67	68	69	70
71	72	73	74	75	76	77	78	79	80
81	82	83	84	85	86	87	88	89	90
91	92	93	94	95	96	97	98	99	100

Gehen Sie wie folgt vor:
1. Man streicht als Erstes die 1 weg.
2. In der Liste folgt die 2. Die 2 wurde bis jetzt nicht weggestrichen. Sie wird nun eingekreist.
3. Wir streichen nun alle durch 2 teilbaren Zahlen, die größer sind als 2.
4. Die 3 ist nun die nächste nicht gestrichene Zahl. Wir kreisen die 3 ein.
5. Wir streichen nun alle durch 3 teilbaren Zahlen, die größer sind als 3.
6. Nun wiederholen wir die Schritte 4 und 5 mit den nächsten nicht gestrichenen Zahlen in der Liste (schrittweise größer werdend) bis alle Zahlen entweder umkreist oder durchgestrichen sind.

a) Machen Sie sich mit dem oben stehenden Verfahren bekannt. Was ist allen „umkreisten Zahlen" gemeinsam und was allen durchgestrichenen Zahlen?
b) Führen Sie das Verfahren bis zur Zahl 150 durch. Woher wissen Sie, dass Sie alle „umkreisten Zahlen" gefunden haben?
c) Wie weit muss man denn immer Zahlen wegstreichen, um sich sicher zu sein, alle Primzahlen unterhalb einer bestimmten Grenze gefunden zu haben?

Lösung:

a) Die umkreisten Zahlen sind Primzahlen, die durchgestrichenen Zahlen haben mehr Teiler als die 1 und sich selbst, da sie als Vielfache einer Zahl weggestrichen wurden.

b)/c) $\sqrt{150} \approx 12{,}25$ zeigt, bis wann das Verfahren durchgeführt werden muss, in diesem Fall bis zur Primzahl 11. Es müssen also alle Zahlen bis $\leq \sqrt{n}$ geprüft werden. Dies hängt damit zusammen, dass jeder Teiler einen Komplementärteiler hat. Wird ein Teiler größer als $\sqrt{n}$ geprüft, so wird der Komplementärteiler kleiner. Jeder dieser kleiner werdenden Komplementärteiler wurde aber schon als Teiler überprüft, wenn man schrittweise vorgegangen ist.

Aufgabe 3: Spiel „Wer zerlegt zuletzt?" (ab Klasse 4 einsetzbar)

a) Lesen Sie die Spielregeln (s. Abb. 9.3). Spielen Sie das Spiel 10 Durchgänge zu zweit.

b) Wie erkennt man, dass man nicht weiter zerlegen kann?

c) Warum ist die 1 verboten?

d) Gibt es Zahlen, bei denen das jüngere Kind direkt gewinnt, also das Spiel gar nicht beginnen würde? Welche Zahlen unter 100 sind das?

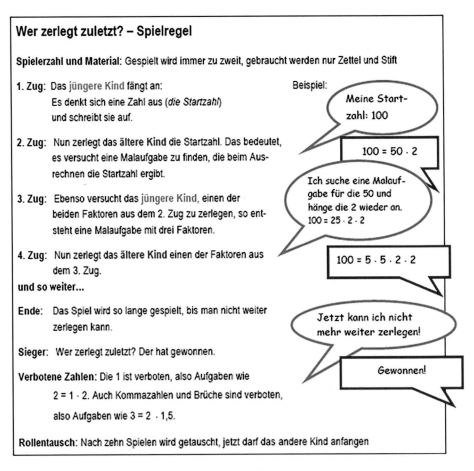

Abb. 9.3 Spielregel des Spiels „Wer zerlegt zuletzt"[1]

---

[1] Susanne Prediger, Thorsten Dirks, Julia Kersting (2009). Wer zerlegt zuletzt? Spielend die Primfaktorzerlegung erkunden. In *PM-Praxis der Mathematik in der Schule*, 25, 51, 10–14. Die Spielregeln aus Abb. 9.3 befinden sich auf Seite 11.

e) Welche Zahlen muss das jüngere Kind wählen, damit es gewinnt? Und welche Zahlen muss das jüngere Kind wählen, damit das ältere Kind gewinnt? Begründen Sie Ihre Antwort anhand von Beispielen und algebraisch (allgemeiner Term).

▶ **Tipp:** Wie hängen anfänglich gewählte Zahl und Nummer des Spielzuges, in dem nicht mehr zerlegt werden kann, zusammen?

Lösungen/Lösungsansätze:

b) Am Ende der Zerlegung dürfen nur noch Primzahlen stehen. $\sqrt{n}$ gibt den Grenzwert an, also bis wann geprüft werden muss (s. Teiler und Komplementärteiler).

c) Wenn die Zahl 1 nicht ausgeschlossen wäre, dann wäre eine Zahl immer wieder zerlegbar. (Zudem ist die 1 keine Primzahl.)

d) Das wären alle Primzahlen. Da die 1 ausgeschlossen wird, kann keine Zerlegung stattfinden.

e) Das jüngere Kind gewinnt bei:
$n = p_1^{k_1} \cdot p_2^{k_2} \cdot p_3^{k_3} \ldots \cdot p_s^{k_s}$ mit n als gewählter Zahl, wenn die Summe $k_1 + k_2 + k_3 + \ldots + k_s$ ungerade ist (mit $p_1, p_2, \ldots, p_s \in \mathbb{P}$ und $k_1, k_2, \ldots, k_s \in \mathbb{N}$).
Das ältere Kind gewinnt entsprechend bei:
$n = p_1^{k_1} \cdot p_2^{k_2} \cdot p_3^{k_3} \ldots \cdot p_s^{k_s}$, wenn die Summe $k_1 + k_2 + k_3 + \ldots + k_s$ gerade ist (mit $p_1, p_2, \ldots, p_s \in \mathbb{P}$ und $k_1, k_2, \ldots, k_s \in \mathbb{N}$).
Die Summe der Exponenten minus 1 gibt an, wie viele Zerlegungen gemacht werden. Die erste Zerlegung macht das ältere Kind, die zweite das jüngere Kind usw.

Vorbereitende Übung 5.2:

Aufgabe 1:
a) Berechnen Sie $7^9 \cdot 7^{13}$, ohne einen Taschenrechner zu benutzen.
b) Berechnen Sie $7^9 : 7^{13}$, ohne einen Taschenrechner zu benutzen.
c) Formulieren Sie Ihre Feststellungen als mathematische Sätze.
d) Beweisen Sie diese Sätze.

Lösung:
a) $7^9 \cdot 7^{13} = 7 \cdot 7$
$= 7^{22} = 7^{9+13}$

b) $7^9 : 7^{13} = \frac{7 \cdot 7 \cdot 7 \cdot 7 \cdot 7 \cdot 7 \cdot 7 \cdot 7 \cdot 7}{7 \cdot 7 \cdot 7 \cdot 7 \cdot 7 \cdot 7 \cdot 7 \cdot 7 \cdot 7 \cdot 7 \cdot 7 \cdot 7 \cdot 7} = \frac{1}{7 \cdot 7 \cdot 7 \cdot 7} = \frac{1}{7^4} = 7^{-4} = 7^{9-13}$

c) Wenn Potenzen mit gleicher Basis a multipliziert werden, dann werden ihre Exponenten $\alpha, \beta \in \mathbb{N}$ addiert.

Wenn Potenzen mit gleicher Basis a dividiert werden, dann werden ihre Exponenten $\alpha, \beta \in \mathbb{N}$ subtrahiert.

d) Voraussetzung: $a \in \mathbb{N}, \alpha, \beta \in \mathbb{N}$

Zu zeigen: $a^\alpha \cdot a^\beta = a^{\alpha+\beta}$

$$a^\alpha \cdot a^\beta = \underbrace{a \cdot a \cdot \ldots \cdot a}_{\alpha-mal} \cdot \underbrace{a \cdot a \cdot \ldots \cdot a}_{\beta-mal} = \underbrace{a \cdot a \cdot \ldots \cdot a \cdot a \cdot a \cdot \ldots \cdot a}_{(\alpha+\beta)-mal} = a^{\alpha+\beta}$$

Voraussetzung: $a \in \mathbb{N}, \alpha, \beta \in \mathbb{N}$

Zu zeigen: $\frac{a^\alpha}{a^\beta} = a^{\alpha-\beta}$

$$\frac{a^\alpha}{a^\beta} = \frac{\overbrace{a \cdot \ldots \cdot a}^{\alpha-mal}}{\underbrace{a \cdot \ldots \cdot a}_{\beta-mal}} = \underbrace{a \cdot \ldots \cdot a}_{(\alpha-\beta)-mal} = a^{\alpha-\beta}$$

Nachbereitende Übung 5.1:

Aufgabe 1:

Beweisen Sie Satz 5.3: „Seien $a, b \in \mathbb{N}$ und $p \in \mathbb{P}$. Dann gilt: $p|a \cdot b \Rightarrow p|a \vee p|b$."

▶ **Tipp:** Führen Sie eine Fallunterscheidung hinsichtlich $p|a$ und $p\nmid a$ durch.

Lösung:

Voraussetzung: $a, b \in \mathbb{N}$ und $p \in \mathbb{P}$

Zu zeigen: $p|a \cdot b \Rightarrow p|a \vee p|b$

Fall 1: Gilt $p|a$, so gilt die Behauptung sofort.

Fall 2: Gilt $p\nmid a$, so ist $ggT(p, a) = 1$, denn $p \in \mathbb{P}$.

Aus Satz 4.8 folgt die Behauptung: Wenn $d|a \cdot b$ und $ggT(d, a) = 1$, dann folgt $d|b$.

Aufgabe 2:

Seit Urzeiten suchen die Menschen nach Mustern in der Verteilung der Primzahlen über die natürlichen Zahlen. Nun behauptet eine gewitzte Studentin, sie habe eine Formel entdeckt, die Primzahlen erzeugt. Die Formel lautet $n^2 + n + 41, n \in \mathbb{N}$.

a) Sie sind skeptisch und überprüfen die Behauptung für $n = 1, 2, 3, \ldots$ Wie fleißig sind Sie? Bei welchem n können Sie ohne Berechnung, aber unter Einsatz des Satzes 4.2a)
   i) (Summenregel) die Behauptung widerlegen?

b) Überzeugen Sie nun, anhand dieser Aufgabe, eine Person Ihrer Wahl, die Beweise (insbesondere Induktionsbeweise) nicht mag und lieber einige Zahlenbeispiele zu betrachten pflegt, dass man auf diesem Wege nicht zu gesicherten Erkenntnissen kommt.

Lösung:

a) Wenn man $n = 41$ einsetzt, sieht man sofort, dass $41 \mid (41^2 + 41 + 41)$ (folgt aus der Summenregel). Also erzeugt die Formel sicher nicht jedes Mal eine Primzahl.

b) Mögliche Argumentation:

Beispiele können nie ausreichend sein, um eine Aussage zu beweisen. Um zu zeigen, dass eine Aussage allgemein gilt, müsste man unendlich viele Beispiele berechnen. (In gewisser Weise macht man das, wenn man die vollständige Induktion durchführt.) Auf der anderen Seite reicht ein einziges Gegenbeispiel, um eine Aussage als falsch zu kennzeichnen. Deswegen kann man niemals durch Beispiele beweisen, dass eine Aussage gilt. Man kann mithilfe von Beispielen höchstens eine Aussage veranschaulichen.

Aufgabe 3:

Beweisen Sie folgenden Satz:

Es sei $a = \prod_{i=1}^{r} p_i^{\alpha_i}$ eine PFZ von $a \in \mathbb{N}, a \geq 2$.
Dann gilt: a ist eine Quadratzahl $\Leftrightarrow 2 \mid \alpha_i$ für $i \in \{1, \ldots, r\}$

Hinweis: Das Zeichen $\prod_{i=1}^{r} p_i^{\alpha_i}$ bedeutet, dass über die Variable i multipliziert werden soll. Für i sind also nacheinander die Zahlen von 1 bis r einzusetzen. Die hierdurch entstandenen Ausdrücke $p_1^{\alpha_1}$, $p_2^{\alpha_2}$, ..., $p_r^{\alpha_r}$ sind dann miteinander zu multiplizieren.

Lösungshinweis:

Wenn ein Exponent in der PFZ gerade ist, dann kann er selbst
* 2 sein, wodurch die zugehörige Primzahl quadriert werden würde oder
* ein höheres Vielfaches von 2 sein, wodurch ein Vielfaches der Primzahl quadriert werden würde.

Wenn nun in der PFZ ein Produkt von Potenzen mit ausschließlich geraden Exponenten auftaucht, so können wir das Potenzgesetz 3 anwenden und die 2 als Exponent „herausziehen". Wieder hätten wir eine Quadratzahl.
Andersherum ist eine Quadratzahl dadurch definiert, dass eine Zahl mit 2 potenziert wird. In der PFZ wäre dies nichts anderes als der Exponent 2 bzw. Vielfache hiervon (ggf. müsste noch entsprechend des dritten Potenzgesetzes umgeformt werden).

Aufgabe 4:

Behauptung: Wenn p eine Primzahl ungleich 2 ist, dann gibt es eine natürliche Zahl k mit $p = 4k + 1$ oder $p = 4k + 3$.

a) Überlegen Sie sich zu jedem Beweistyp aus Kap. 2, ob er zum Beweis dieser Behauptung genutzt werden kann und wie er prinzipiell funktionieren würde.

b) Führen Sie eine Fallunterscheidung durch.

Lösung:

a) Würden wir den direkten Beweis versuchen, so kommen wir schnell an die Herausforderung, dass wir auf zwei Unterschiede hinsteuern müssen (als Ziel). Dies wäre eine Möglichkeit.

Man könnte auch die Kontraposition versuchen, aber auch die wäre schwer, denn man müsste zeigen: Wenn nicht gilt, dass es eine natürliche Zahl k mit $p = 4k + 1$ oder $p = 4k + 3$ gibt, dann gilt nicht, dass p eine Primzahl ungleich 2 ist. Hier müssten wir sehr viele Dinge berücksichtigen (z. B., p ist irgendeine Zahl, p ist 2, ...). Das wäre umständlich.

Ein Widerspruchsbeweis wäre möglich. Hier müsste man die Situation annehmen, dass $p = 4k + 2$ oder $p = 4k + 0$. Diese Situation ist unten bereits im Beweis per Fallunterscheidung enthalten.

Bei Division mit Rest durch 4 können nur die Reste $0, 1, 2, 3$ auftauchen. Die Idee: Es muss gezeigt werden, dass p nicht die Reste 0 und 2 lassen kann.

Wir werden also vier Fälle unterscheiden: Es gibt eine natürliche Zahl k mit ...

Fall 1: $p = 4k$

Fall 2: $p = 4k + 1$

Fall 3: $p = 4k + 2$

Fall 4: $p = 4k + 3$

Da p eine natürliche Zahl ist (nur natürliche Zahlen können per Definition Primzahlen sein), muss einer der obigen vier Fälle auftreten (andere Reste bei Division durch 4 gibt es nicht). Unsere Fallunterscheidung ist damit vollständig.

b) Voraussetzung: $p \in \mathbb{P} \setminus \{2\}$

Zu zeigen: $\exists\, k \in \mathbb{N}: p = 4k + 1$ oder $p = 4k + 3$

Fall 1: $p = 4k$. p ist durch 4 teilbar und damit keine Primzahl. Somit ist die Prämisse der zu beweisenden Implikation falsch und damit die gesamte Implikation wahr.

Fall 2: $p = 4k + 1$. Die Konklusion der zu beweisenden Implikation, und damit ist die gesamte zu beweisende Implikation wahr. Als Beispiel sei die Primzahl 5 angeführt.

Fall 3: $p = 4k + 2$. Es ist $p = 4k + 2 = 2(2k + 1)$. Damit ist p durch 2 teilbar. Da nach Voraussetzung der zu beweisenden Implikation p ungleich 2 ist, kann p also keine Primzahl sein. Somit ist die Prämisse der zu beweisenden Implikation nicht gegeben und damit die gesamte zu beweisende Implikation wahr.

Fall 4: $p = 4k + 3$. Die Konklusion der zu beweisenden Implikation, und damit ist die gesamte zu beweisende Implikation wahr. Als Beispiel sei die Primzahl 7 angeführt.

In jedem der Fälle konnten wir beweisen, dass unter der Bedingung der jeweiligen Fallunterscheidung die zu beweisende Implikation wahr ist. Da unsere Fallunterscheidung vollständig ist, ist die zu beweisende Implikation unabhängig vom jeweiligen Fall wahr.

Lösungen und Lösungshinweise zu Kap. 6: Zahlentheorie – Teil II: Ganze Zahlen

Vorbereitende Übung 6.1:

Aufgabe 1:
Hilberts Hotel[2]:
Stellen Sie sich vor, es gibt ein Hotel mit abzählbar unendlich[3] vielen Zimmern. Es kommen unendlich viele Leute, und sie alle nehmen ein Zimmer, damit ist das Hotel voll. Es kommen aber endlich viele neue Besucher, sagen wir 4, die gerne ein Zimmer hätten. Im Hotel ist jedoch kein Zimmer mehr frei – oder? Der Manager bittet alle Gäste, die schon da sind, jeweils in das Zimmer mit der um 1 höheren Zimmernummer zu gehen (also der Gast von Zimmer 1 geht in Zimmer 2, der Gast von Zimmer 2 ins Zimmer 3, …). Das ist möglich, denn das Hotel ist ja unendlich, dementsprechend gibt es keine höchste Zimmernummer und für jedes Zimmer n auch ein Zimmer $n + 1$. Dadurch ist ein Zimmer frei geworden. Für unsere 4 neuen Gäste machen wir das viermal, und schon haben sie alle einen Platz. Jetzt kommt aber ein Bus mit unendlich vielen Zimmersuchenden. Wir können die Leute nicht dazu auffordern unendlich mal die Zimmer zu wechseln (die werden ja nie fertig). Also was machen wir? (…)

a) Lesen Sie den Text zu „Hilberts Hotel".
b) Überlegen Sie sich, wie auch die Neuankömmlinge alle ein Zimmer bekommen.
c) Es kommen unendlich viele Busse mit unendlich vielen Zimmersuchenden. Wie können diese sich nun verteilen?
d) Wie lässt sich Hilberts Hotel auf die Zahlbereichserweiterung von $\mathbb{N}$ nach $\mathbb{Z}$ übertragen?
e) Die Mächtigkeit welcher Menge ist größer: $\mathbb{N}$ oder $\mathbb{Z}$?

Lösung:
b) *Fortsetzung 1:*
(…) Die Gäste, die schon da sind, werden in das Zimmer geschickt mit der Zimmernummer, die doppelt so groß ist wie ihre. Also der Gast in Zimmer Nr. 1 geht ins Zimmer Nr. 2, der vom Zimmer Nr. 2 ins Zimmer Nr. 4 usw. Das geht, weil die

---

[2] Nach Friedrich Wille (2011). *Humor in der Mathematik.* 6. Auflage. Göttingen: Vandenhoeck & Ruprecht, S. 9 f.

[3] Abzählbar unendlich viele bedeutet, dass man die Zimmer mit den natürlichen Zahlen (1, 2, 3, …) durchnummerieren kann, wobei diese Nummerngebung natürlich unendlich lange dauern würde.

Zimmer im Hotel unendlich sind, also hören die Zimmernummern nie auf – und jede Zahl lässt sich verdoppeln. Dadurch hat man erreicht, dass Zimmer frei werden. Nämlich die Zimmer 1, 3, 5,… mit ungeraden Nummern. (Ihre ehemaligen Bewohner sind in andere Zimmer gegangen und neue kommen nicht, weil es kein Zimmer gab, von dem diese Nummer die doppelten sind.) Es gibt unendlich viele Zimmer, also auch unendlich viele ungerade. Für die unendlich vielen Leute eines Busses ist also schon Platz. (…)

c) *Fortsetzung 2:*

(…) Aber nun kommen unendlich viele solcher Busse, mit unendlich vielen Leuten, die ein Zimmer im Hotel wollen. Das Hotel ist schon voll, also was machen? Wir machen wieder wie vorher die ungeraden Zimmer frei (indem wir die Gäste in das Zimmer mit der doppelten Nummer schicken), nur achten wir diesmal auf die Verteilung. Die Leute des 1. Busses schicken wir in die Zimmern 3, 9, 27, … (also immer 3er-Potenzen (3^x)), die des 2. Busses zu 5, 25, … (also immer 5er-Potenzen (5^x)) …), das geht problemlos, wir müssen nur darauf achten, dass wir die Busse nacheinander zu Potenzen der Primzahlen schicken, damit kein Zimmer zweimal vergeben wird (die des 3. Busses werden zu den 7er-Potenzen (7^x) Zimmern geschickt). Es gibt unendlich viele Primzahlen, also können wir alle Busse zuteilen, und es gibt unendlich viele natürliche Zahlen, die wir in die Potenz schreiben können, also haben alle unendlich viele Passagiere Platz. Also ist für alle Leute Platz, obwohl das Hotel schon belegt war.

d) Das Hotel besitzt unendlich viele Zimmer, die von unendlich vielen Leuten besetzt werden. Wenn die Zimmer mit 1 bis n (bzw. von 0 bis n) nummeriert werden, könnte man dies übertragen auf die natürlichen Zahlen. Es kommt nun noch ein Bus mit unendlich vielen Zimmersuchenden. Das Problem kann gelöst werden, indem die ungeraden Zimmernummern frei gemacht werden. In jede ungerade Zimmernummer kann nun (bildlich gesprochen) eine negative Zahl hineingesteckt werden, sodass in Zimmer Nr. 1 die -1 wohnt, in Zimmer Nr. 2 die 1, in Zimmer Nr. 3 die -2, in Zimmer Nr. 4 die 2 usw.

Obwohl der Zahlbereich erweitert wird, ändert sich nichts an der Anzahl der Zimmer (unendlich viele).

e) Die Mächtigkeiten der Mengen sind gleich (s. Aufgabenteile b)–d)).

Vorbereitende Übung 6.2:

Aufgabe 1:
Stellen Sie sich vor, wir hätten eine Reihe nummerierter Süßigkeiten (s. hierzu Abb. 9.4) auf dem Tisch liegen – nehmen wir z. B. an, diese wären von 1 bis 5335 nummeriert. Diese Süßigkeiten sollen nun nach der Abfolge der Nummern an fünf Kinder verteilt werden (Kind 1 bekommt also Süßigkeit 1, Kind 2 Süßigkeit 2 usw.). Jedes Kind legt seine Süßigkeiten in eine Schachtel.

Abb. 9.4 Bunte Mischung
von Süßigkeiten

a) Welche nummerierten Süßigkeiten befinden sich in der Schachtel von Kind 1, Kind 2, Kind 3, Kind 4 und Kind 5?

b) Wie passen diese Elemente der Schachteln mit den Inhalten aus der Teilbarkeitslehre zusammen?

Lösung:

a) In der Schachtel von Kind 1 befinden sich die Süßigkeiten $1, 6, 11, 16, \ldots$

In der Schachtel von Kind 2 befinden sich die Süßigkeiten $2, 7, 12, 17, \ldots$

In der Schachtel von Kind 3 befinden sich die Süßigkeiten $3, 8, 13, 18, \ldots$

In der Schachtel von Kind 4 befinden sich die Süßigkeiten $4, 9, 14, 19, \ldots$

In der Schachtel von Kind 5 befinden sich die Süßigkeiten $5, 10, 15, 20, \ldots$

b) Der Rest bei Division mit 5 bestimmt, in welcher Box welches Objekt liegt.

Aufgabe 2:
In der vorbereitenden Übung 3.1 haben Sie ein Perlenmodell kennengelernt. Dabei gab es auch eine Kreisanordnung, bei der wir nun einfach mal die 1 als ausgezeichnetes Element setzen:

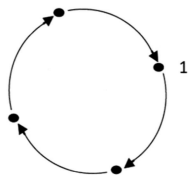

a) Wie könnte die Addition auf einem Kreismodell mit 4 Perlen aussehen (z. B. die Rechnung $5 + 3$)?

b) Finden Sie für das Perlenmodell eine effektive Lösung für Aufgaben wie $3679 + 491$.

Lösung:

a) i)   Wenn zu einer Perle p keine Perle hinzugefügt wird, dann befindet man sich weiterhin auf Perle p $(p + 0 = p)$.

ii)   Wenn der Nachfolger von p das Nullelement ist, so ist $p + 1 = 0$.

iii)   Für alle Perlen gilt $p + 1 = s(p), s(p) \in \{1, 2, 3, 0\}$.

Oder :   Wenn $p = 3$, dann $p + 1 = 0$.
                     Wenn $p = 0$, dann $p + 1 = 1$.
                     Wenn $p = 1$, dann $p + 1 = 2$.
                     Wenn $p = 2$, dann $p + 1 = 3$.

Für das Beispiel $5 + 3$ bedeutet das:
5 entspricht der Perle 1, da $s(3)$ Perle 0 und $s(4)$ dann Perle 1 ist.
$1 + 3$ ist dann die Nachfolgerperle von 3 und $s(3)$ ist 0.
$5 + 3$ entspricht also der Perle 0.

b) Statt wie in a) schrittweise zu überlegen bzw. zurückzuverfolgen, welcher Vorgänger und Nachfolger welche Perle darstellt, kann man einfach die Reste bei Division durch 4 betrachten: Entweder erledigt man dies von beiden Summanden einzeln und überlegt dann, welcher Perle das Ergebnis entspricht, oder man addiert zunächst die Zahlen, und der Rest bei Division der Summe durch 4 entspricht der gesuchten Ergebnisperle.

Aufgabe 3:

Ein Bauer hat Fliegen und Pferde (vgl. Abb. 9.5). Insgesamt haben seine Tiere 160 Beine. Wie viele Fliegen und Pferde hat er?

a) Geben Sie eine Lösung für die obige Aufgabe an. Gibt es womöglich mehrere Lösungen?

b) Die Gesamtanzahl der Beine könnte man variieren. Welche Gesamtanzahl der Beine wäre nicht sinnvoll?

Lösung:

a) Es ergibt sich die Gleichung: $4x + 6y = 160$.
   Lösungsbeispiel: $x = 25$ und $y = 10$.
   Weitere Hinweise: $kgV(4, 6) = 12$

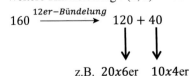

Abb. 9.5 Fliege und Pferd
(gezeichnet von Mirjam Jostes)

Die 120 und 40 können noch auf andere Weisen zerlegt werden.

Zudem fällt bei $160 = 13 \cdot 12 + 4$ auf, dass mindestens ein Pferd in der Menge der Tiere enthalten sein muss, wohingegen aus $13 \cdot 12$ mehrere Mengen von 6 er (Fliegen) und 4 er (Pferde) herausnehmbar sind. Die Anzahl der Fliegen kann hingegen auch 0 sein.

b) Eine ungerade Gesamtanzahl wäre nicht sinnvoll, da $ax + by$ auf jeden Fall gerade ist, weil der Term die Menge an Tierbeinen angibt. Dabei ist anzunehmen, dass diese stets gerade ist, wobei die Ausnahme, dass ein Tier ein Bein verloren und deswegen eine ungerade Anzahl an Beinen hat, ausgelassen wird.

Aufgabe 4:

Beispiel: Division durch 5, Rest 2

7 lässt bei Division durch 5 den Rest 2

12 lässt bei Division durch 5 den Rest 2

…

a) Welche weiteren Zahlen lassen bei Division durch 5 den Rest 2?
b) Geben Sie alle Lösungen für a) an.
c) Überlegen Sie sich neue Beispiele für andere Teiler und Reste.

Lösung:

a) Hier können weitere Beispiele angeführt werden:

17 lässt bei Division durch 5 den Rest 2

22 lässt bei Division durch 5 den Rest 2

27 lässt bei Division durch 5 den Rest 2

32 lässt bei Division durch 5 den Rest 2

...

b) $\forall\, x \in \mathbb{N}: \exists\, a \in \mathbb{N}$, sodass $a = (x \cdot 5) + 2$

c) Beispielsweise:

7 lässt bei Division durch 6 den Rest 1

13 lässt bei Division durch 6 den Rest 1

19 lässt bei Division durch 6 den Rest 1

...

Nachbereitende Übung 6.2:

Aufgabe 1

Lösen Sie folgende Aufgaben:

a) Aus zwei Holzbrettern der Längen 270 cm und 360 cm sollen Regalbretter gleicher Länge geschnitten werden. Es soll dabei kein Holz übrig bleiben. Geben Sie die größtmögliche Länge der Regalbretter an.

b) Anna geht regelmäßig alle 3 Tage zum Schwimmen, Jan trainiert alle 5 Tage, Kati schwimmt jeden 2. Tag. Heute sind alle drei gleichzeitig im Schwimmbad. Wann treffen sie sich das nächste Mal?

c) Ein Bauer kaufte auf dem Markt Hühner und Enten und zahlte dabei für ein Huhn 4 € und für eine Ente 5 €. Kann es sein, dass er 62 € ausgegeben hat? Wenn ja, wie viele Hühner und wie viele Enten könnte er gekauft haben?

Lösung:

a) Wir bestimmen den *ggT* von 270 und 360, denn dies ist die größte Zahl, die in beide Längen „reinpasst":

$$360 = 1 \cdot 270 + 90$$

$$270 = 3 \cdot 90 + 0$$

Also müssen die Regalbretter 90 cm lang sein.

b) Nun müssen wir das *kgV* bestimmen, weil dies eben die kleinste Zahl ist, die durch 2, 3 und 5 teilbar ist. In diesem Falle ist das ganz leicht, da 2, 3 und 5 (verschiedene) Primzahlen sind. Also ist das $kgV(2, 3, 5) = 2 \cdot 3 \cdot 5 = 30$. In 30 Tagen treffen sich demnach Anna, Jan und Kati wieder im Schwimmbad.

c) Folgende Lösungen sind möglich:

$$4 \cdot 13 + 5 \cdot 2 = 62$$

$$4 \cdot 8 + 5 \cdot 6 = 62$$

$$4 \cdot 3 + 5 \cdot 10 = 62$$

Begründung: Da 4 nicht 5 (Primzahl!) teilt, ist der ggT $(4, 5) = 1$, Aus Satz 4.7 folgt, dass es zwei Zahlen $x, y \in \mathbb{Z}$ gibt, sodass $4 \cdot x + 5 \cdot y = 1$ ist. Somit ist auch $4y + 5x = 62$ prinzipiell möglich. Da $ggT(4, 5) = 1$, können nur in 4er- bzw. 5er-Schritten neue Werte entstehen, da sonst ein anderer ggT der Werte vorhanden sein müsste. Wenn also eine Lösung bekannt ist, lassen sich die anderen schnell ermitteln. Weitere als die oben dargestellten Lösungen scheitern „nur" an der Realität (-2 Hühner/Enten gibt es nicht).

Aufgabe 2:
Bestimmen Sie die Eigenschaften der folgenden Relationen:
a) $R_1 = \{(x, y) \in \mathbb{Z} \times \mathbb{Z} | x + y = 6\}$
b) $R_2 = \{(x, y) \in \mathbb{N} \times \mathbb{N} | x \leq y\}$
c) $R_3 = \{(x, y) \in \mathbb{Z} \times \mathbb{Z} | 2 \text{ teilt } x + y\}$
d) $R_4 = \{(x, y) \in \mathbb{N} \times \mathbb{N} | x \text{ und } y \text{ haben die gleiche Stellenzahl im Dezimalsystem}\}$

Welche der Relationen sind Äquivalenzrelationen?

Lösung:
a) $R_1 = \{(x, y) \in \mathbb{Z} \times \mathbb{Z} | x + y = 6\}$
Reflexivität gilt nicht, da $x + x$ nicht 6 ergeben muss. Zum Beispiel $1 + 1 = 2 \neq 6$ und damit ist $(1, 1) \notin R_1$.
Symmetrie gilt, da $\forall x, y \in \mathbb{Z}$ gilt:
$(x, y) \in R_1 \Rightarrow x + y = 6 \overset{KG}{\Longrightarrow} y + x = 6 \Rightarrow (y, x) \in R_1$.
Transitivität gilt nicht, da $(2, 4) \in R_1 \wedge (4, 2) \in R_1$ aber $2 + 2 = 4 \neq 6 \Rightarrow (2, 2) \notin R_1$.
R_1 ist also keine Äquivalenzrelation, da sie nicht reflexiv und nicht transitiv ist.

b) $R_2 = \{(x, y) \in \mathbb{N} \times \mathbb{N} | x \leq y\}$
Reflexivität gilt, denn $x = x$ ist impliziert in $x \leq x$ für alle $x \in \mathbb{N}$.
Symmetrie gilt nicht, denn z. B. ist $1 \leq 2$, aber nicht $2 \leq 1$.
Transitivität gilt, denn falls für $x, y, z \in \mathbb{N}$ gilt $x \leq y \wedge y \leq z$, so gilt auch $x \leq z$.
Genauer:

$x \leq y \Leftrightarrow \exists t_1 \in \mathbb{N}_0$, sodass $y = x + t_1$.

$y \leq z \Leftrightarrow \exists t_2 \in \mathbb{N}_0$, sodass $z = y + t_2$.

Zusammen mit $t_1 + t_2 \in \mathbb{N}_0$ folgt $x + t_1 + t_2 = y + t_2 = z \Leftrightarrow x \leq z$.

R_2 ist also keine Äquivalenzrelation, da sie nicht symmetrisch ist.

c) $R_3 = \{(x, y) \in \mathbb{Z} \times \mathbb{Z} | 2 \text{ teilt } x + y\}$

Reflexivität gilt, da $x + x = 2x$ und $2|2x$. Also: $(x, x) \in R_3$ für alle $x \in \mathbb{Z}$.

Symmetrie gilt, da $\forall x, y \in \mathbb{Z}$: $(x, y) \in R_3 \Rightarrow 2|x + y \overset{KG}{\Longrightarrow} 2|y + x \Rightarrow (y, x) \in R_3$.

Transitivität gilt, da $\forall\, x, y, z \in \mathbb{Z}$:

$(x, y) \in R_3 \Rightarrow 2|x + y$ d. h. $\exists\, t_1 \in \mathbb{Z}$, sodass $x + y = 2t_1$, bzw. $x = 2t_1 - y$

und $(y, z) \in R_3 \Rightarrow 2|y + z$, d. h. $\exists\, t_2 \in \mathbb{Z}$, sodass $y + z = 2t_2$, bzw. $z = 2t_2 - y$.

Demnach ist $x + z = 2t_1 - y + 2t_2 - y = 2(t_1 + t_2 - y) \Rightarrow 2|x + z \Rightarrow (x, z) \in R_3$

Somit ist R_3 reflexiv, symmetrisch und transitiv und entsprechend eine Äquivalenzrelation.

d) $R_4 = \{(x, y) \in \mathbb{N} \times \mathbb{N} | x \text{ und } y \text{ haben die gleiche Stellenzahl im Dezimalsystem}\}$

Reflexivität gilt, denn jedes $x \in \mathbb{N}$ hat die gleiche Stellenzahl im Dezimalsystem wie $x \Rightarrow (x, x) \in R_4$.

Symmetrie gilt, denn wenn x und y die gleiche Stellenzahl im Dezimalsystem haben, dann haben auch y und x die gleiche Stellenzahl. Die Stellenzahl ist unabhängig von der Reihenfolge der Betrachtung. Also $(x, y) \in R_4 \Rightarrow (y, x) \in R_4$.

Transitivität gilt, denn $(x, y) \in R_4 \wedge (y, z) \in R_4 \Rightarrow x$ und y haben die gleiche Stellenzahl und y und z haben die gleiche Stellenzahl. Demnach haben auch x und z die gleiche Stellenzahl.

R_4 ist also eine Äquivalenzrelation, da sie reflexiv, symmetrisch und transitiv ist.

Aufgabe 3:

a) Stellen Sie den $ggT(1584, 210)$ als Linearkombination von 1584 und 210 dar.

b) Bestimmen Sie die Lösungsmenge für: $31979993x + 15978007y = 7992$ $(x, y \in \mathbb{Z})$.

Hinweis zu b): Hier ist es sinnvoll, im Lösungsprozess die Eigenschaft zu nutzen, dass für alle $a \in \mathbb{Z}$ gilt: $ggT(a, a + 1) = 1$.

Lösung:

Der euklidische Algorithmus sei Ihnen überlassen.

a) 1. Weg:

$114 = 1584 - 7 \cdot 210$

$96 = 210 - 114$

$96 = 210 - (1584 - 7 \cdot 210) = 8 \cdot 210 - 1584$

$18 = 114 - 96$

$18 = 1584 - 7 \cdot 210 - (8 \cdot 210 - 1584) = 2 \cdot 1584 - 15 \cdot 210$

$6 = 96 - 5 \cdot 18$

$6 = 8 \cdot 210 - 1584 - 5 \cdot (2 \cdot 1584 - 15 \cdot 210) = -11 \cdot 1584 + 83 \cdot 210$

Demnach ist die Linearkombination des

$ggT(1584, 210) = 6 = -11 \cdot 1584 + 83 \cdot 210$

2. Weg:

$6 = 96 - 5 \cdot 18$

$6 = 96 - 5 \cdot (114 - 96) = 6 \cdot 96 - 5 \cdot 114$

$6 = 6 \cdot (210 - 114) - 5 \cdot 114 = 6 \cdot 210 - 11 \cdot 114$

$6 = 6 \cdot 210 - 11 \cdot (1584 - 7 \cdot 210) = -11 \cdot 1584 + 83 \cdot 210$

b) Zuerst muss wieder der $ggT(a, b)$ bestimmt werden:

$$31979993 = 2 \cdot 15978007 + 23979$$

$$15978007 = 666 \cdot 23979 + 7993$$

$$23979 = 3 \cdot 7993 + 0$$

Damit ist der $ggT(31979993, 15978007) = 7993$. Laut Hinweis gilt $ggT(a, a + 1) = 1$. Demnach ist der $ggT(7992, 7993) = 1$ und die beiden Zahlen sind teilerfremd. Der $ggT(a, b) = d$ muss auch ein Teiler von c sein, damit die diophantische Gleichung $ax + by = c$ lösbar ist $(d|c)$. Da $7993 \nmid 7992$, ist die diophantische Gleichung nicht lösbar.

Aufgabe 4:

Formulieren Sie mithilfe der Kongruenzrechnung Endstellenregeln zur Teilbarkeit durch 4: Eine Regel für das Rechnen im Stellenwertsystem zur Basis 10 und eine für das Rechnen im Stellenwertsystem zur Basis 8. Beweisen Sie diese Regeln.

Lösung:

Endstellenregel zur Teilbarkeit durch 4 im Stellensystem zur Basis 10:
Eine Zahl $a = a_0 \cdot 10^0 + \ldots + a_n \cdot 10^n$ (mit $a_i \in \{0, \ldots, 9\}, i \in \{0, \ldots, n\}$) im Dezimalsystem ist genau dann durch 4 teilbar, wenn $(a_0 + a_1 \cdot 10^1)$ durch 4 teilbar ist. Anders ausgedrückt:

$a \equiv 0 \,(mod\ 4) \Leftrightarrow (a_0 + a_1 \cdot 10^1) \equiv 0 \,(mod\ 4)$.

Zu zeigen: $a \equiv 0 \,(mod\ 4) \Leftrightarrow (a_0 + a_1 \cdot 10^1) \equiv 0 \,(mod\ 4)$.

Variante 1:

Zunächst muss bewiesen werden, dass aus
$10 \equiv 2 \,(mod\ 4)$ folgt $10^n \equiv 0 \,(mod\ 4) \forall\ n \in \mathbb{N}$ mit $n \geq 2$ (Einschub).
$10 \equiv 2 \,(mod\ 4) \overset{6.5i)c)}{\Longrightarrow} 10^2 \equiv 2^2 \equiv 4 \,(mod\ 4)$ und $4 \equiv 0 \,(mod\ 4)$
Also ist $10^2 \equiv 0 \,(mod\ 4)$. Demnach ist $10^3 \equiv 10^2 \cdot 10 \equiv 0 \cdot 10 \equiv 0 \,(mod\ 4)$. Dies kann weitergeführt werden, sodass auch $10^n \equiv 10^2 \cdot 10^{n-2} \equiv 0 \cdot 10^{n-2} \equiv 0 \,(mod\ 4)$.

$a \equiv 0 \,(mod\ 4)$

$\Leftrightarrow a_0 + a_1 \cdot 10^1 + \ldots + a_n \cdot 10^n \equiv 0 \,(mod\ 4)$

$\overset{\text{Einschub}}{\Longleftrightarrow} a_0 + a_1 \cdot 10^1 + a_2 \cdot 0 + \ldots + a_n \cdot 0 \equiv 0 \, (mod \, 4)$

$\Leftrightarrow a_0 + a_1 \cdot 10^1 \equiv 0 \, (mod \, 4)$

Damit ist gezeigt $a \equiv 0 \, (mod \, 4) \Leftrightarrow (a_0 + a_1 \cdot 10^1) \equiv 0 \, (mod \, 4)$.

Variante 2 (gleiches Vorgehen wie in Variante 1, nur etwas anders notiert):
$4|10^2 \Rightarrow 4|10^2 \cdot 10 (= 10^3) \Rightarrow 4|10^3 \cdot 10 \Rightarrow \ldots \Rightarrow 4|10^n$ für alle $n \geq 2$.

$\Rightarrow 10^i \equiv 0 \, (mod \, 4)$ für alle $i \geq 2$. Hinzukommt, dass $a_i \equiv a_i \, (mod \, 4)$.

$\overset{6.5i)c)}{\Longrightarrow} a_i \cdot 10^i \equiv 0 \, (mod \, 4)$ für alle $i \geq 2$

$\overset{6.5i)a)}{\Longrightarrow} \sum_{i=2}^n (a_i \cdot 10^i) + a_0 + a_1 \cdot 10^1 \equiv a_0 + a_1 \cdot 10^1 \, (mod \, 4)$

$\overset{6.5i)a)}{\Longrightarrow} \underbrace{\sum_{i=o}^n a_i \cdot 10^i}_{=a} \equiv a_0 + a_1 \cdot 10^1 \, (mod \, 4)$

$\Rightarrow a \equiv a_0 + a_1 \cdot 10^1 \, (mod \, 4)$

Endstellenregel zur Teilbarkeit durch 4 im Stellenwertsystem zur Basis 8:
Eine Zahl $a = a_0 + a_1 \cdot 8^1 + \ldots + a_n \cdot 8^n$ im Achtersystem ist genau dann durch 4 teilbar, wenn a_0 durch 4 teilbar ist oder: $a_0 \equiv a \, (mod \, 4)$.

Zu zeigen: $a_0 \equiv a \, (mod \, 4)$

$4|8 \Rightarrow 8 \equiv 0 \, (mod \, 4)$

$\overset{6.5i)c)}{\Longrightarrow} 0 \equiv 8^i \, (mod \, 4)$ für alle $i \geq 1 \wedge a_i \equiv a_i \, (mod \, 4)$ für alle $i \geq 1$

$\overset{6.5i)a,c)}{\Longrightarrow} 0 \equiv \sum_{i=1}^n a_i \cdot 8^i \, (mod \, 4) \wedge a_0 \equiv a_0 \, (mod \, 4)$

$\Longrightarrow a_0 \equiv \underbrace{\sum_{i=0}^n a_i \cdot 8^i}_{=a} \, (mod \, 4)$

$\Rightarrow a_0 \equiv a \, (mod \, 4)$

Aufgabe 5:
Zeigen Sie: Eine Zahl a ist genau dann durch 11 teilbar, wenn ihre alternierende Quersumme durch 11 teilbar ist.
Hinweis: Sie müssen die folgende Kongruenz erzeugen und damit weiterrechnen:
$10^n \equiv (-1)^i \, (mod \, 11)$

Lösung:
Für den Beweis benötigen wir:
$10 \equiv -1 \, (mod \, 11)$

$\overset{\text{Satz } 6.5i)c)}{\Longrightarrow} 10^2 \equiv (-1)^2 \, (mod \, 11)$

$\Rightarrow \ldots$

$\Rightarrow 10^n \equiv (-1)^n \, (mod \, 11)$

Die alternierende Quersumme einer Zahl $a = a_0 \cdot 10^0 + a_1 \cdot 10^1 + \ldots + a_n \cdot 10^n$ (mit $a_i \in \{0, \ldots, 9\}, i \in \{0, \ldots, n\}$) ist $Q'(a) = a_0 - a_1 + a_2 - \ldots \pm a_n$.

Zu zeigen: $11 | a \Leftrightarrow 11 | Q'(a)$

$11 | a \Leftrightarrow 11 | (a - 0) \Leftrightarrow a \equiv 0 \ (mod \ 11)$

$\Leftrightarrow a_0 + a_1 \cdot 10^1 + \ldots + a_n \cdot 10^n \equiv 0 \ (mod \ 11)$

Mit dem Einschub und den Sätzen 6.5i)a) und 6.5i)c) können wir folgenden Zusammenhang herstellen:

$$a_0 + a_1 \cdot 10^1 + \ldots + a_n \cdot 10^n \equiv a_0 + a_1 \cdot (-1) + a_2 \cdot (-1)^2 + \ldots + a_n \cdot (-1)^n \ (mod \ 11)$$

$$\Leftrightarrow a_0 + a_1 \cdot 10^1 + \ldots + a_n \cdot 10^n \equiv a_0 - a_1 + a_2 - \ldots \pm a_n \ (mod \ 11).$$

Mit Transitivität und $a_0 + a_1 \cdot 10^1 + \ldots + a_n \cdot 10^n \equiv 0 \ (mod \ 11)$ (so $11 | a$).

folgt $\underbrace{a_0 - a_1 + a_2 - \ldots \pm a_n}_{Q'(a)} \equiv 0 \ (mod \ 11)$

Daraus folgt: $11 | Q'(a) - 0$, also $11 | Q'(a)$

Aufgabe 6:

Das Briefmarkenproblem:

a) Kann ich mit 5-Cent- und 2-Cent-Briefmarken jedes Porto > 3 Cent darstellen? Wenn ja: warum? Wenn nein: welche nicht und warum nicht?

b) Kann ich mit 6-Cent- und 2-Cent-Briefmarken jedes Porto darstellen? Wenn ja: warum? Wenn nein: welche nicht und warum nicht?

c) Worin liegt der entscheidende Unterschied zwischen den Aufgabenstellungen a) und b)?

Lösungshinweise:

a) $5x + 2y = c, \ c > 3$
   - Wichtig ist, dass der größte gemeinsame Teiler festgestellt wird.
   - $ggT(5, 2) = 1$ und $1 | c$, und damit ist die Gleichung prinzipiell lösbar.
   - Eine negative Anzahl an Briefmarken gibt es nicht. Deshalb muss auf $x, y \in \mathbb{N}_0$ geachtet werden.

b) $6x + 2y = c, \ c \in \mathbb{N}_0$
   - $ggT(6, 2) = 2$. Damit können nur Vielfache von 2 als „Gesamtportoeinheiten" erreicht werden.

c) Der entscheidende Unterschied ist der größte gemeinsame Teiler. So dieser 1 ist, kann ich quasi alle Zahlen damit herstellen, wobei auf natürliche Lösungen zu achten ist. Ansonsten muss das herzustellende Ergebnis ein Vielfaches des ggT sein.

Lösungen und Lösungshinweise zu Kap. 7: Grundbegriffe der Funktionenlehre

Vorbereitende Übung 7.1:

Aufgabe 1:
Setzen Sie die gegebenen Zahlenfolgen fort:
a) 2, 4, 6, …
b) 1, 3, 5, 7, …
c) 4, 5, 12, 31, 68, …

Lösungshinweise:
Grundsätzlich muss klar sein, dass eine Zahlenfolge mit endlich vielen Elementen beliebig fortgesetzt werden kann. Im Extremfall denke man an stückweise definierte Funktionen.

Zu a) Die nächste Zahl wäre wohl 8, unter Nutzung der Funktionsvorschrift: $f(x) = 2x$

Zu b) Die nächste Zahl wäre wohl 9, unter Nutzung der Funktionsvorschrift: $f(x) = 2x + 1$

Zu c) Die nächste Zahl wäre wohl 129, unter Nutzung der Funktionsvorschrift: $f(x) = x^3 + 4$

Zugegeben: Aufgabenteil c) war nicht so leicht … Wie ermittele ich eine Vorschrift generell? Die vorherigen beiden sagte uns der gesunde Menschenverstand …
Eigentlich sehr einfach: Wir betrachten die Differenzen zwischen den gegebenen Folgengliedern. Die Folge der Differenzen lautet: 1, 7, 14, 37. Betrachtet man zwischen diesen Differenzen wiederum die Differenzen, so erhalten wir die Folge: 6, 12, 18. Zwischen diesen Zahlen befindet sich die (konstante) Differenz 6 – auch wenn wir nunmehr wenige Zahlen haben. Mit anderen Worten: Bei der dritten Bildung einer Differenzenfolge wurden die Differenzen konstant.
Differenzen zu bilden, heißt aber nichts anderes, als eine Funktion abzuleiten. Wenn die dritte Ableitung eine Konstante herausgibt, dann ist der höchste Exponent eine 3. Der Rest kann einfach hinzugefügt werden.

Aufgabe 2:
Betrachten Sie die Funktion: $f(x) = a(x - b)^2 + c$
a) Diskutieren Sie die Funktion. D. h.: Beschreiben Sie das Aussehen des dazugehörigen Graphen, Extremstellen, …
b) Welchen Definitions- und Wertebereich haben Sie zur Beantwortung des Aufgabenteils a) genommen? Was verändert sich, wenn wir nun $\mathbb{N}$ nehmen?
c) In der Grundschule werden häufig Zahlenfolgen betrachtet. Z. B.: 1, 4, 9, 16, …

i) Bestimmen Sie die nächste Zahl der Zahlenfolge.

ii) Bestimmen Sie eine formale Funktionsgleichung zu dieser Zahlenfolge (inkl. Definitions- und Wertebereich).

iii) Könnten Sie noch eine andere Funktionsgleichung angeben? Wenn ja: Warum? Wenn nein: Warum nicht?

Lösungshinweise:

a) Es handelt sich um eine Parabel (außer bei $a = 0$, dann wäre es eine Parallele zur x-Achse).

1. Ableitung der Funktion: Anwendung der Kettenregel $f'(x) = 2a(x - b)$

2. Ableitung der Funktion: $f''(x) = 2a$

Für $0 < a < 1$ ist die Parabel gestaucht.

Für $a > 1$ ist die Parabel gestreckt.

Für $a = 1$ ist es eine unveränderte Normalparabel.

Für $a = 0$ ist es eine Gerade.

Für $-1 < a < 0$ ist die Parabel gestaucht und nach unten geöffnet.

Für $a < -1$ ist die Parabel gestreckt und nach unten geöffnet.

Für $a = -1$ ist es eine nach unten geöffnete Normalparabel.

Der Scheitelpunkt kann direkt abgelesen werden:

b ist die x-Koordinate und c die y-Koordinate.

b) Wenn die Funktion für die reellen Zahlen definiert wird ($f: \mathbb{R} \to \mathbb{R}, f(x) = a(x - b)^2 + c$), dann lässt sich der zugehörige Graph durchzeichnen, weil wir alle Punkte der Zahlengerade zur Verfügung haben und die Funktion keine Definitionslücken aufweist.

Wenn $f: \mathbb{N} \to \mathbb{R}, f(x) = a(x - b)^2 + c$, dann lassen sich nur Punkte zeichnen, insofern die Funktion nur Werte aus $\mathbb{N}$ nutzen kann. Diese Punkte liegen dann ausschließlich im Definitionsbereich $x \geq 1$.

Wenn $f: \mathbb{R} \to \mathbb{N}, f(x) = a(x - b)^2 + c$, dann lassen sich ebenfalls nur Punkte zeichnen, insofern die Funktion nur Werte aus $\mathbb{N}$ annehmen kann. Diese Punkte liegen dann ausschließlich im Wertebereich $y \geq 1$.

c) i) $\underbrace{1}_{1^2}, \underbrace{4}_{2^2}, \underbrace{9}_{3^2}, \underbrace{16}_{4^2}, \underbrace{25}_{5^2}, \underbrace{36}_{6^2}, \underbrace{49}_{7^2}, \ldots$ oder

$\underbrace{1, \quad 4, \quad 9, \quad 16, \quad 25, \quad 36}_{+3 \quad +5 \quad +7 \quad +9 \quad +11}, \ldots$

ii) $f(x) = x^2$ oder $f(x) = \sum_{i=1}^{x} 2i - 1$

iii) $1, 4, 9, 16, 1, 4, 9, 16, 1, 4, 9, 16, \ldots$

Zahlenfolgen mit endlich vielen Elementen kann man beliebig fortsetzen (s. Aufgabe 1).

Vorbereitende Übung 7.2:

Aufgabe 1:
Füllen Sie die folgende Tabelle startend bei konkreten Werten für x aus:

x	$f(x)$	$g(f(x))$	$g(x)$	$f(g(x))$

$$f(x) = 5x$$
$$g(x) = x^2$$
$$f, g: \mathbb{R} \to \mathbb{R}$$

Beschreiben Sie die Funktionen $g(f(x))$ und $f(g(x))$, indem Sie z. B. ihre grafischen Verläufe betrachten.

Lösung:

x	$f(x) = 5x$	$g(f(x)) = (5x)^2$	$g(x) = x^2$	$f(g(x)) = 5x^2$
-2	-10	100	4	20
-1	-5	25	1	5
0	0	0	0	0
1	5	25	1	5
2	10	100	4	20

$$g(f(x)) = (5x)^2 = 25x^2$$
$$f(g(x)) = 5x^2$$

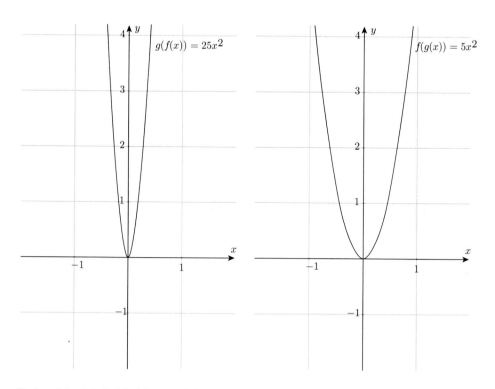

Es handelt sich bei beiden Funktionen um Parabeln, die nach oben geöffnet sind und deren Scheitelpunkt bei S(0;0) liegt. Beide Parabeln sind gestreckt, wobei $g(f(x))$ schneller steigt als $f(g(x))$.

Nachbereitende Übung 7.1:

Aufgabe 1:

Sei $f\colon A \to B$ eine Funktion. Wie verhalten sich die Mächtigkeiten der Mengen A und B zueinander, wenn f

a) surjektiv,

b) injektiv,

c) bijektiv

ist?

Begründen Sie Ihre Antwort!

Lösung:

Voraussetzung: $f\colon A \to B$ sei eine Funktion, d. h. nach Def. 7.6:

1) f ist linkstotal $\overset{\text{Def. 7.5}}{\Longleftrightarrow} \forall x \in A\,\exists y \in B\colon f(x) = y$

2) f ist rechtseindeutig $\overset{\text{Def. 7.5}}{\Longleftrightarrow} f(x) = y_1 \wedge f(x) = y_2 \Rightarrow y_1 = y_2$

a) surjektiv

Behauptung: $|A| \geq |B|$, wenn f surjektiv ist.

Beweis: f surjektiv $\overset{\text{Def. 7.7}}{\Longleftrightarrow} f$ rechtstotal $\overset{\text{Def. 7.5}}{\Longleftrightarrow} \forall\, y \in B\, \exists\, x \in A\colon f(x) = y$

Da f eine Funktion ist (und somit linkstotal), muss jedes $x \in A$ auf mindestens ein $y \in B$ abbilden. Aus der Rechtseindeutigkeit von f folgt, dass jedes Element aus A nur auf höchstens einem Element aus B abbilden kann. Somit bildet jedes $x \in A$ auf genau einem $y \in B$ ab. Da f auf jedes Element aus B mindestens einmal abbilden muss (wegen Surjektivität von f), kann die Anzahl der Elemente aus A nur größer oder gleich der Elemente aus B sein, da auch zwei verschiedene Elemente aus A auf dasselbe Element aus B abbilden können.

Somit gilt: $|A| \geq |B|$.

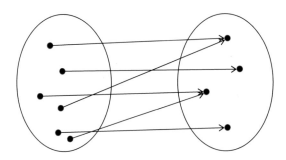

b) injektiv

Behauptung: $|A| \leq |B|$, wenn f injektiv ist.

Beweis: f injektiv $\overset{\text{Def. 7.7}}{\Longleftrightarrow} f$ linkseindeutig $\overset{\text{Def. 7.5}}{\Longleftrightarrow} \forall\, x, x' \in A\colon f(x) = f(x') \Rightarrow x = x'$

Da f eine Funktion ist, bildet jedes $x \in A$ auf genau einem $y \in B$ ab (s. o.). Aus der Injektivität von f folgt, dass es für ein $y \in B$ höchstens ein $x \in A$ geben kann. Denn $f(x) = f(x') \Rightarrow x = x'$.

Es muss jedoch nicht auf jedes Element von B abgebildet werden. Daher kann die Anzahl der Elemente aus B größer oder gleich der Anzahl der Elemente aus A sein.

Also: $|A| \leq |B|$

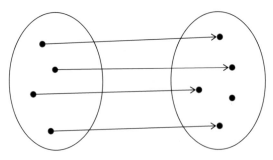

c) bijektiv

Behauptung: $|A| = |B|$, wenn f bijektiv ist.

Beweis: f ist bijektiv, wenn f injektiv und surjektiv ist. (Def. 7.7)

Aus den Aufgabenteilen a) und b) wissen wir: $|A| \leq |B| \wedge |A| \geq |B| \Rightarrow |A| = |B|$

Aufgabe 2:

Sei $f\colon A \to B$ eine Funktion. Zeigen oder widerlegen Sie:

a) $f\colon A \to f(A)$ ist stets surjektiv.

b) $f\colon A \to f(A)$ ist stets injektiv.

Lösung:

a) $f\colon A \to f(A)$ ist stets surjektiv.

Zu zeigen: $\forall\, y \in B\ \exists\, x \in A\colon f(x) = y$

Sei $y \in f(A)$ beliebig.

Nach Definition von $f(A)$ gilt für alle $y \in f(A)$, dass es ein $x \in A$ gibt, sodass $f(x) = y$. Damit ist f surjektiv.

b) $f\colon A \to f(A)$ ist i. Allg. nicht injektiv.

Widerlegung mit Gegenbeispiel:

$f\colon \mathbb{Z} \to f(\mathbb{Z})$

$f\colon x \to x^2$

f ist nicht injektiv, da $f(-1) = f(1)$, aber $-1 \neq 1$.

Aufgabe 3:

Betrachten Sie die folgenden Relationen:

1) $R\colon \mathbb{R} \to \mathbb{R}, x \mapsto x^2$

2) $R\colon \mathbb{N} \to \mathbb{R}, x \mapsto x^2$

3) $R\colon \mathbb{R} \to \mathbb{N}, x \mapsto x^2$

4) $R\colon \mathbb{N} \to \mathbb{N}, x \mapsto x^2$

a) Zeigen oder widerlegen Sie, dass die angegebenen Relationen Funktionen sind.

b) Überprüfen Sie bei den in a) als Funktionen bewiesenen Relationen, ob sie injektiv, surjektiv und/oder bijektiv sind. Geben Sie zudem jeweils Definitionsbereich, Wertebereich und Bildmenge an.

Lösungshinweise:

a)

1) Voraussetzung: $f\colon \mathbb{R} \to \mathbb{R}, x \mapsto x^2$

i) Zu zeigen: f ist linkstotal

Sei $x \in \mathbb{R}$ beliebig, dann existiert ein $y = x^2 \in \mathbb{R}$, sodass $f(x) = x^2 = y$

Also ist f linkstotal.

Anders formuliert: $\mathbb{R}$ beschreibt die lückenlose Zahlengerade. Jede rationale Zahl ergibt durch das Quadrieren wieder eine rationale Zahl.

ii) Zu zeigen: f ist rechtseindeutig

   Annahme: $y_1 \neq y_2$.
   Dann wäre $x^2 \neq x^2$.
   Dies ist aber in $\mathbb{R}$ nicht möglich. Damit ist ein Widerspruch erzeugt, also ist f
   rechtseindeutig.

   Damit ist f eine Funktion mit $D(f) = \mathbb{R}, W(f) = \mathbb{R}, f(\mathbb{R}) = \mathbb{R}_0^+$ (da x^2 immer positiv).

2) Voraussetzung: $f\colon \mathbb{N} \to \mathbb{R},\ x \mapsto x^2$

   i) Zu zeigen: f ist linkstotal

   Sei $x \in \mathbb{N}$ beliebig. Es existiert ein $y = x^2 \in \mathbb{R}$, sodass $f(x) = x^2 = y$. Damit ist f
   linkstotal.
   Anders formuliert: In $\mathbb{N}$ gibt es keinen Wert, den man nicht quadrieren kann.
   Hierdurch ergibt sich immer eine rationale Zahl (sogar eine natürliche).

   ii) Zu zeigen: f ist rechtseindeutig

   Sei $f(x) = y_1 \wedge f(x) = y_2$ mit $x \in \mathbb{N},\ y_1, y_2 \in \mathbb{R}, x^2 = y_1 \wedge x^2 = y_2 \Rightarrow y_1 = y_2$.
   Annahme: $y_1 \neq y_2$.
   Dann wäre $x^2 \neq x^2$.
   Dies ist aber – insbesondere in $\mathbb{N}$ – nicht möglich. Widerspruch erzeugt, also ist
   f rechtseindeutig.

   Damit ist f eine Funktion mit $D(f) = \mathbb{N}, W(f) = \mathbb{R}, f(\mathbb{N}) = \left\{ y \in \mathbb{R} | x^2 = y, x \in \mathbb{N} \right\}$.

3) Voraussetzung: $f\colon \mathbb{R} \to \mathbb{N}, x \mapsto x^2$

   i) Zu zeigen: f ist nicht linkstotal

   Beweis durch Gegenbeispiel:
   Sei $x = 1{,}5 \in \mathbb{R}$. Es existiert kein $y \in \mathbb{N}$, sodass $1{,}5^2 = y = f(x)$.

   ii) Da f nicht linkstotal ist, muss f nicht mehr auf die Rechtseindeutigkeit
   geprüft werden.

   f ist keine Funktion, da sie nicht linkstotal ist.

4) Voraussetzung: $f\colon \mathbb{N} \to \mathbb{N},\ x \mapsto x^2$

   i) Zu zeigen: f ist linkstotal

   Sei $x \in \mathbb{N}$ beliebig. Es existiert ein $y = x^2 \in \mathbb{N}$, sodass $f(x) = x^2 = y$. f ist links-
   total.
   Salopp formuliert: In $\mathbb{N}$ gibt es keinen Wert, den man nicht quadrieren kann.
   Hierdurch ergibt sich immer eine natürliche Zahl.

   ii) Zu zeigen: f ist rechtseindeutig

   Annahme: $y_1 \neq y_2$
   Dann wäre $x^2 \neq x^2$
   Dies ist aber – insbesondere in $\mathbb{N}$ – nicht möglich.
   Also ist f rechtseindeutig.

   f ist also eine Funktion mit $D(f) = \mathbb{N}, W(f) = \mathbb{N}, f(\mathbb{N}) = \left\{ y \in \mathbb{N} | y = x^2, x \in \mathbb{N} \right\}$

b)

1) Injektivität:
   Gegenbeispiel: Sei $x = 1 \wedge x' = -1$. $f(1) = 1 = f(-1)$, aber $1 \neq -1$.
   f ist nicht injektiv.

   Surjektivität:
   Gegenbeispiel: Sei $y = -1$. Es existiert kein $x \in \mathbb{R}$, sodass $f(x) = x^2 = -1$, da $x^2 \geq 0$.
   f ist nicht surjektiv.

   Bijektivität:
   Da f weder surjektiv noch injektiv ist, ist f auch nicht bijektiv.

2) Injektivität:
   Sei $f(x) = f(x')$ mit $x, x' \in \mathbb{N}$.
   Dann $x^2 = x'^2 \Rightarrow |x| = |x'|$. Da $x, x' \in \mathbb{N}$, folgt $x = x'$.
   Somit ist f injektiv.

   Surjektivität:
   Gegenbeispiel: Sei $y = -1$. Es existiert kein $x \in \mathbb{N}$, sodass $f(x) = x^2 = -1$, da $x^2 \geq 0$.
   f ist nicht surjektiv.

   Bijektivität:
   Da f nicht surjektiv ist, ist f auch nicht bijektiv.

3) Da Relation 3) keine Funktion ist, muss sie auch nicht auf die Eigenschaften einer Funktion untersucht werden.

4) Injektivität:
   Seien $f(x) = f(x')$ mit $x, x' \in \mathbb{N}$.
   Dann $x^2 = x'^2 \Rightarrow |x| = |x'|$. Da $x, x' \in \mathbb{N}$, folgt $x = x'$.
   Somit ist f ist injektiv.

   Surjektivität:
   Gegenbeispiel: Sei $y = 3$. Es existiert kein $x \in \mathbb{N}$, sodass $x^2 = 3$.
   f ist nicht surjektiv.

   Bijektivität:
   Da f nicht surjektiv ist, ist f auch nicht bijektiv.

Aufgabe 4:
Beweisen Sie die Aussagen i) bis iv) von Satz 7.5:

Sei $R \subseteq M \times M$ eine Äquivalenzrelation und $K_a = \{x \in M \,|\, (a, x) \in R\}$ die zu a gehörige Äquivalenzklasse. Dann gilt für alle $a, b \in M$:

i) $K_a \neq \emptyset$

ii) $\{x \in M \,|\, x \in K_a$ für ein $a \in M\} = M$

iii) $(a, b) \in R \Leftrightarrow K_a = K_b$

iv) $(a, b) \notin R \Leftrightarrow K_a \cap K_b = \emptyset$

▶ **Tipp:** zu iv): Kontraposition

Lösung:

i) Zu zeigen: $K_a \neq \emptyset$

R ist eine Äquivalenzrelation und als solches reflexiv. Wegen der Reflexivität von R gilt: $(a, a) \in R \Rightarrow a \in K_a \Rightarrow K_a \neq \emptyset$

Zur 1. Folgerung: $(a, a) \in R \overset{\text{Def. 7.11}}{\Longrightarrow} a \in K_a$

Nach Def. 7.11 gilt: $K_a = \{x \in M \,|\, (a, x) \in R\}$,

da $(a, a) \in R$ und $a \in M$, erfüllt a die für x in (a, x) beschriebenen Bedingungen. Also: $a \in K_a$.

Zur 2. Folgerung: $a \in K_a \Rightarrow K_a \neq \emptyset$: Eine Menge heißt leer, wenn sie kein Element enthält. Da K_a mindestens das Element a hat, ist diese nicht leer.

ii) Zu zeigen: $\{x \in M \,|\, x \in K_a$ für ein $a \in M\} = M$

Bemerkung zur Beweisstruktur: Wenn $A \subseteq B$ ist, gilt für alle $a \in A$, dass auch $a \in B$ ist. Ebenso gilt für $B \subseteq A$, dass für alle $b \in B$ auch alle $b \in A$ sind. Wenn alle Elemente von A Elemente von B sind und umgekehrt, so sind die Mengen gleich. Also: $A \subseteq B \land B \subseteq A \Rightarrow A = B$

„$\subseteq$"

Zu zeigen: $\{x \in M \,|\, x \in K_a$ für ein $a \in M\} \subseteq M$

Die Menge enthält Elemente aus M ($x \in M$) und ist somit Teilmenge von M.

„$\supseteq$"

Zu zeigen: $M \subseteq \{x \in M \,|\, x \in K_a$ für ein $a \in M\}$

sei $x \in M$

$\overset{R \text{ reflexiv}}{\Longrightarrow} (x, x) \in R$

$\overset{\text{Def. 7.11}}{\Longrightarrow} x \in K_a$

$\Longrightarrow x \in \{x \in M \,|\, x \in K_a$ für ein $a \in M\}$

Also $M \subseteq \{x \in M \,|\, x \in K_a$ für ein $a \in M\}$

Da $M \subseteq \{x \in M \,|\, x \in K_a$ für ein $a \in M\}$ und $\{x \in M \,|\, x \in K_a$ für ein $a \in M\} \subseteq M$ gilt, folgt: $M = \{x \in M \,|\, x \in K_a$ für ein $a \in M\}$.

iii) Zu zeigen: $(a, b) \in R \Leftrightarrow K_a = K_b$

Bemerkung zur Beweisstruktur: Wir zeigen wiederum die beiden Richtungen der Äquivalenz einzeln.

„$\Rightarrow$"

Teil 1:

Zu zeigen: $K_a \subseteq K_b$

Sei $x \in K_a$

$\overset{\text{Def.7.11}}{\Longrightarrow} (x, a) \in R \wedge (a, b) \in R$

$\overset{R \text{ ist transitiv}}{\Longrightarrow} (x, b) \in R$

$\overset{R \text{ ist symmetrisch}}{\Longrightarrow} (b, x) \in R$

$\overset{\text{Def. 7.11}}{\Longrightarrow} x \in K_b$

$x \in K_a$ wurde beliebig gewählt. Somit gilt es für alle Elemente aus K_a. D. h., alle Elemente aus K_a sind auch in K_b. Daraus folgt $K_a \subseteq K_b$.

Teil 2:

Zu zeigen: $K_b \subseteq K_a$

Sei $x \in K_b$

$\overset{\text{Def. 7.11}}{\Longrightarrow} (x, b) \in R$

$\overset{R \text{ ist symmetrisch}}{\Longrightarrow} (b, a) \in R$

$\overset{R \text{ ist transitiv}}{\Longrightarrow} (x, a) \in R$

$\overset{R \text{ ist symmetrisch}}{\Longrightarrow} (a, x) \in R$

$\overset{\text{Def. 7.11}}{\Longrightarrow} x \in K_a$

Also gilt: $K_b \subseteq K_a$ und insgesamt: $K_a = K_b$

„$\Leftarrow$"

Zu zeigen: $(a, b) \in R \Leftarrow K_a = K_b$

Sei $K_a = K_b$

$\overset{a \in K_a}{\Longrightarrow} a \in K_b$

$\overset{\text{Def. 7.11 für } K_b}{\Longrightarrow} (a, b) \in R$

iv) Zu zeigen: $(a, b) \notin R \Leftrightarrow K_a \cap K_b = \emptyset$

„$\Rightarrow$"

Zu zeigen: $(a, b) \notin R \Rightarrow K_a \cap K_b = \emptyset$

Bemerkung zur Beweisstruktur: Wir führen einen Kontrapositionsbeweis.
Annahme: $K_a \cap K_b \neq \emptyset$.

Dann existiert ein $c \in K_a \cap K_b$. Also $(a,c) \in R$ und $(c,b) \in R$.

Mit der Transitivität folgt nun $(a,b) \in R$.

Somit haben wir gezeigt:

$K_a \cap K_b \neq \emptyset \Rightarrow (a,b) \in R$

Dies ist logisch äquivalent zu:

$(a,b) \notin R \Rightarrow K_a \cap K_b = \emptyset$

„$\Leftarrow$"

Zu zeigen: $(a,b) \notin R \Leftarrow K_a \cap K_b = \emptyset$

Diese Richtung lässt sich quasi analog zu iii) beweisen.

Aufgabe 5:

Seien $f\colon A \to B$ und $g\colon B \to C$ Funktionen. Zeigen oder widerlegen Sie:

a) (f surjektiv $\wedge$ g surjektiv) $\Rightarrow g \circ f$ surjektiv

b) (f injektiv $\wedge$ g injektiv) $\Rightarrow g \circ f$ injektiv

Lösung:

a) Zu zeigen: (f surjektiv $\wedge$ g surjektiv) $\Rightarrow g \circ f$ surjektiv

$f\colon A \to B$ surjektiv, d. h. $\forall y_1 \in B \, \exists x_1 \in A\colon f(x_1) = y_1$

$g\colon B \to C$ surjektiv, d. h. $\forall y_2 \in C \, \exists x_2 \in B\colon g(x_2) = y_2$

$g \circ f\colon A \to C$

Gesucht: $x_1 \in A$ mit $h(x_1) = y_2$ und $h(x_1) = g(f(x_1))$, $y_2 \in C$.

Da g surjektiv ist, gibt es zu jedem $y_2 \in C$ ein $x_2 \in B$ mit $g(x_2) = y_2$, und da f auch surjektiv ist, gibt es zu jedem $y_1 \in B$ ein $x_1 \in A$ mit $f(x_1) = y_1$.

Zu jedem $y_2 \in C$ gibt es somit ein $x_1 \in A$ mit $g(f(x_1)) = y_2$. Damit ist $g \circ f$ surjektiv.

b) Zu zeigen: (f injektiv $\wedge$ g injektiv) $\Rightarrow g \circ f$ injektiv

$f\colon A \to B$ injektiv, d. h., $\forall x, x' \in A\colon f(x) = f(x') \Rightarrow x = x'$

$g\colon B \to C$ injektiv, d. h., $\forall y, y' \in B\colon g(y) = g(y') \Rightarrow y = y'$

Sei $z, z' \in A$ mit $(g \circ f)(z) = (g \circ f)(z')$.

Da g injektiv ist, folgt aus $g(f(z)) = g(f(z'))$, dass $f(z) = f(z')$.

Da f auch injektiv ist, folgt nun $z = z'$.

Also gilt: $g(f(z)) = g(f(z')) \Rightarrow z = z$ und damit ist $g \circ f$ injektiv.

Aufgabe 6:

Seien A, B Teilmengen von M. Betrachten Sie die Relationen:

a) $R_1 = \{(A,B) \subseteq M \times M \,|\, A \subset B\}$

b) $R_2 = \{(A,B) \subseteq M \times M \,|\, A \subseteq B\}$

Um welche Art von Relation handelt es sich jeweils? Begründen Sie Ihre Antwort.

Lösungshinweis:

Es handelt sich in beiden Fällen um Ordnungsrelationen. Die erste Ordnungsrelation ist eine starke, die zweite eine schwache Relation. Wir zeigen die drei benötigten Eigenschaften.

a) Irreflexivität:

Da eine Menge keine echte Teilmenge von sich selbst sein kann, gilt die Irreflexivität.

Antisymmetrie:

Analog zur Antisymmetrie der „<“-Ordnung findet sich kein Paar $A \subset B \wedge B \subset A$. Somit gilt Antisymmetrie.

Transitivität:

$A \subset B \Leftrightarrow \forall x \in A: x \in B \wedge A \neq B.$

$B \subset C \Leftrightarrow \forall x \in B: x \in C \wedge B \neq C.$

Also wenn $A \subset B \wedge B \subset C$, dann gilt für alle $x \in A$ auch $x \in C$.

b) Reflexivität:

$A \subseteq A$ gilt für alle $A \subseteq M$.

Antisymmetrie:

Wenn $A \subseteq B$ und $B \subseteq A$, dann gilt $A = B$.

Transitivität:

$A \subseteq B \Leftrightarrow \forall x \in A: x \in B.$

$B \subseteq C \Leftrightarrow \forall x \in B: x \in C.$

Also wenn $A \subseteq B \wedge B \subseteq C$, dann gilt für alle $x \in A$ auch $x \in C$.

Aufgabe 7:

In Kap. 4 haben Sie Hasse-Diagramme kennengelernt. Welche Beziehung besteht zwischen Hasse-Diagrammen und Ordnungsrelationen?

Lösungshinweis:

Darstellung von Ordnungsrelationen

Für die Darstellung von Ordnungsrelationen können Hasse-Diagramme (HD) genutzt werden.

HD sind Pfeildiagramme, bei denen man …

1) eventuelle Rückpfeile (Reflexivität) weglässt.

2) Überbrückungspfeile (Transitivität) weglässt.

3) das Diagramm stets so anordnet, dass die Pfeile nach oben zeigen, sodass man die Pfeilspitzen weglässt.

Beispiel:

„$\subseteq$“ – Relation auf $P = \{1, 2, 3\}$.

Die leere Menge ist Teilmenge von {1}, {2} und {3}. Diese sind ebenfalls Teilmengen von Mengen, die aus zwei Elementen bestehen. So ist beispielsweise {1} Teilmenge von {1,2} und {1,3}. Dies könnte wie folgt dargestellt werden:

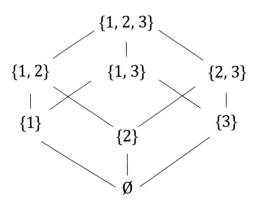

Aufgabe 8:
Eine Firma wollte für 120 € Werbegeschenke zu Weihnachten in Form von Champagnerflaschen und kleinen Tannenbäumen kaufen. Die Flaschen kosten im Einkauf 25 €, die Bäume 9 €.

a) Kann die Firma mit der Wunschliste das gesamte Geld verausgaben? Begründen Sie Ihre Antwort.

b) Geben Sie alle Möglichkeiten an, wie viele Werbegeschenke die Firma von jeder Sorte kaufen könnte, um damit das gesamte Geld zu verbrauchen.

c) Stellen Sie die passende Gleichung als Funktion in einem Koordinatensystem dar. Wo finden Sie die Lösungen der Gleichung? Warum liegen sie nur an diesen Stellen? Begründen Sie Ihre Antworten.

Lösung:
a) Berechnung des $ggT(25,9)$ mit dem euklidischen Algorithmus:

$$25 = 2 \cdot 9 + 7$$
$$9 = 1 \cdot 7 + 2$$
$$7 = 3 \cdot 2 + 1$$
$$2 = 2 \cdot 1 + 0$$

$ggT(25,9) = 1$.
Also kann die diophantische Gleichung $25x + 9y = 120$ prinzipiell gelöst werden. Die Firma kann vermutlich das gesamte Geld ausgeben, wenn sich mindestens ein Paar von zwei nicht negativen ganzen Zahlen als Lösung findet. Eine Möglichkeit besteht aus 3 Champagnerflaschen und 5 Tannenbäumen.

b) Hierzu suchen wir zunächst eine spezielle Lösung über die Linearkombination zum euklidischen Algorithmus:

$1 = 7 - 3 \cdot 2 = 7 - 3 \cdot (9 - 7) = 4 \cdot 7 - 3 \cdot 9 = 4 \cdot (25 - 2 \cdot 9) - 3 \cdot 9 = 4 \cdot 25 - 11 \cdot 9$

Damit ist $1 = 4 \cdot 25 - 11 \cdot 9$

$\Rightarrow 120 = 25 \cdot 480 + 9 \cdot (-1320)$

Eine Lösung ist gefunden: $x_0 = 480$ und $y_0 = -1320$

Alle ganzzahligen Lösungen: $x_t = 480 + 9t$ und $y_t = -1320 - 25t$ mit $t \in \mathbb{Z}$.

An der Aufgabe wird wiederum deutlich, dass zusätzlich gefordert werden muss: $x_t \geq 0$ und $y_t \geq 0$. Eine negative Anzahl an Geschenken kann nicht gekauft werden.

Aus $x_t \geq 0 \Rightarrow 480 + 9t \geq 0 \Rightarrow 9t \geq -480 \Rightarrow t \geq -53$

Aus $y_t \geq 0 \Rightarrow -1320 - 25t \geq 0 \Rightarrow -25t \geq 1320 \Rightarrow t \leq -53$

Folglich kann nur $t = -53$ möglich sein.

$$x_{-53} = 480 + 9 \cdot (-53) = 3$$

$$y_{-53} = -1320 - 25 \cdot (-53) = 5$$

Die Firma kann nur 3 Champagnerflaschen und 5 Tannenbäume kaufen.

c) Geradengleichung: $25x + 9y = 120 \Rightarrow 9y = 120 - 25x \Rightarrow y = \frac{120-25x}{9}$

Der Graph schneidet die y-Achse bei $\frac{120}{9}$, besitzt eine Steigung von $\frac{-25}{9}$ und ist linear. Die Lösung der diophantischen Gleichung ist an dem Punkt, wo der Graph ein ganzzahliges Wertepaar enthält (Hier sind nur positive ganzzahlige Lösungen erlaubt, d. h., wir dürfen nur im ersten Quadranten suchen!).

Lösungen und Lösungshinweise zu Kap. 8: Grundbegriffe der Algebra

Vorbereitende Übung 8.1:

Aufgabe 1:

Betrachten Sie folgende Zahlbereiche und Operationen hierauf:

$(\mathbb{N}, +)$

$(\mathbb{Q}, \cdot)$

$(\mathbb{R}, +, \cdot)$

In welchen Zahlenräumen sind mehr Handlungen mit den unten vorgegebenen Operationen möglich?

Sei M der Zahlenraum wie oben, $a \in M$ und die Operation „+" gegeben.

1. Gilt $\forall\, a \in M: a + a \in M$?

2. Gilt $\exists\, x \in M \, \forall\, a \in M: a + x = a$?

3. Gilt $\forall\, a \in M \, \exists\, a' \in M: a + a' = x$? (mit x wie in Frage 2)

Überlegen Sie sich weitere Handlungen (z. B. KG, AG, DG), die in diesen Zahlräumen mit diesen Operationen möglich sind.

Sortieren Sie die Zusammenstellungen von Zahlenräumen und Operationen nach der Anzahl der hiermit möglichen Handlungen.

Lösungshinweis:

Die Lösungen zu dieser Aufgabe finden sich im Verlauf des nachfolgenden Textes in Kap. 8 wieder.

Aufgabe 2:

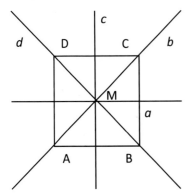

Deckabbildung eines Quadrates: Das Quadrat in der Mitte der obigen Abbildung soll verändert werden: D steht für eine Drehung (gegen den Uhrzeigersinn) um eine gewisse Gradzahl, S steht für eine Spiegelung an einer der Geraden a, b, c oder d. Die Frage ist, was passiert, wenn die verschiedenen Operationen miteinander verkettet werden.

$\circ$	D_0	$D_{90°}$	$D_{180°}$	$D_{270°}$	S_a	S_b	S_c	S_d
D_0	D_0	$D_{90°}$	$D_{180°}$	$D_{270°}$	S_a	S_b	S_c	S_d
$D_{90°}$	$D_{90°}$		$D_{270°}$					
$D_{180°}$	$D_{180°}$							
$D_{270°}$	$D_{270°}$							
S_a	S_a							
S_b	S_b							
S_c	S_c							
S_d	S_d							

1. Füllen Sie die Tabelle aus.
2. Existiert zu a ein x bzw. a', sodass
    i) $a \circ x = a$?
    ii) $a \circ a' = x$? (wobei x wie in i)

3. Ist die Hintereinanderausführung von Drehungen und/oder Spiegelungen kommutativ?

4. Ist die Hintereinanderausführung von Drehungen und/oder Spiegelungen assoziativ?

Lösungshinweis:

Die Lösungen zu dieser Aufgabe finden sich im Verlauf des nachfolgenden Textes in Kap. 8 wieder.

Nachbereitende Übung 8.1:

Aufgabe 1:

Beweisen Sie Satz 8.5.

Zeigen Sie:

$(\mathbb{Z}_m, \oplus, \odot)$ ist ein Körper genau dann, wenn m eine Primzahl ist.

Lösungshinweis:

Für die Restklassen $\bar{a} \in (\mathbb{Z}_m \setminus \{\bar{0}\}, \odot)$ gilt: $ggT(a, m) = 1$, da m eine Primzahl ist mit $T_m = \{1, m\}$. Nach Satz 8.4 gibt es dann ein multiplikativ Inverses.

Die restlichen Eigenschaften wurden bereits im Text für $(\mathbb{Z}_m, \oplus, \odot)$ mit $m \in \mathbb{Z}$ gezeigt (s. Satz 8.3 und nachfolgende Bemerkung) und gelten somit natürlich auch, wenn m aus einer Teilmenge von $\mathbb{Z}$ stammt.

Aufgabe 2:

Welche algebraische Struktur hat

a) $(\mathbb{Q}, +, \cdot)$?

b) $(\mathbb{R}, +, \cdot)$?

Aufgrund von Aufgabe 3 können Sie das Assoziativgesetz der Addition als gültig betrachten.

Lösungshinweis:

Wir gehen an dieser Stelle nicht die einzelnen Körpereigenschaften durch, sondern folgern nur den jeweils letzten Schritt (einzelne Schritte zum Aufzeigen der weiteren Eigenschaften finden sich im Verlauf von Kap. 8):

Da $(\mathbb{Q}, +)$ und $(\mathbb{Q} \setminus \{0\}, \cdot)$ sowie $(\mathbb{R}, +)$ und $(\mathbb{R} \setminus \{0\}, \cdot)$ Abel'sche Gruppen sind, handelt es sich bei $(\mathbb{Q}, +, \cdot)$ und bei $(\mathbb{R}, +, \cdot)$ um Körper.

Aufgabe 3:

Zeigen Sie mittels vollständiger Induktion, dass das Assoziativgesetz der Addition für die natürlichen Zahlen N_0 gilt. Nutzen Sie hierfür die Definition der Addition mittels der Peano-Axiome.

$$\forall n, m, k \in N_0: k + (m + n) = (k + m) + n$$

Lösung:
Wir führen eine Induktion nach n durch.

Voraussetzung: $n, m, k \in N_0$
Zu zeigen: $k + (m + n) = (k + m) + n$

1. Schritt: Induktionsanfang (IA)
   Zu zeigen: $p(0)$ gilt
   Seien also k, m beliebige, aber feste natürliche Zahlen.
   Dann ist $k + (m + 0) = k + m = (k + m) + 0$, da 0 neutrales Element der
   Addition ist.
2. Schritt: Induktionsvoraussetzung (IV)
   Setzung: $p(n)$ ist wahr für ein beliebiges, aber festes $n \in \mathbb{N}$
3. Schritt: Induktionsschritt (IS)
   Folgerung: $\forall\, n \in \mathbb{N}: p(n) \Rightarrow p(n + 1)$

$(k + m) + (n + 1)$	Anwendung von Def. 3.4
$= (k + m) + s(n)$	Anwendung von Def. 3.4
$= s((k + m) + n) = ((k + m) + n) + 1$	Anwendung von Def. 3.4
$= (k + (m + n)) + 1$	Nutzung der IV
$= s(k + (m + n)) = k + s(m + n)$	Anwendung von Def. 3.4
$= k + (m + s(n))$	Anwendung von Def. 3.4
$= k + (m + (n + 1))$	Anwendung von Def. 3.4

Printed in the United States
by Baker & Taylor Publisher Services